Verständliche Wissenschaft

Neununddreißigster Band

Nahrung und Ernährung

Von

Hans Glatzel

erlin · Verlag von Julius Springer · 1939

Nahrung und Ernährung

Altbekanntes und Neuerforschtes vom Essen

Von

Dr. Hans Glatzel

Dozent an der Christian-Albrecht-Universität in Kiel
Oberarzt der Medizinischen Universitätsklinik

1. bis 5. Tausend

Mit 25 Abbildungen

Berlin · Verlag von Julius Springer · 1939

ISBN-13: 978-3-642-98644-4 e-ISBN-13: 978-3-642-99459-3
DOI: 10.1007/978-3-642-99459-3

Softcover reprint of the hardcover 1st edition 1939

Inhaltsverzeichnis.

Die Zeichnungen auf Seite 71, 90, 106, 115, 135, 188/189 und 191 verdankt der Verfasser Frau Sabine Kiepenheuer, Göttingen.

Nach Schädeln aus der Sammlung des Anatomischen Instituts bzw. des Zoologischen Instituts der Universität Göttingen wurden die Abbildungen 15—20 gezeichnet.

Nachstehend aufgeführte Abbildungen wurden nach folgenden Werken umgezeichnet.

Abb. 1: Kraft, Deutsche Medizin. Wochenschrift 1937.

Abb. 6—9: Behre, Kurzgefaßtes Handbuch der Lebensmittelkontrolle Bd II. Leipzig 1935.

Abb. 13: Braus, Lehrbuch der Anatomie des Menschen. Zweiter Band. 2. Auflage. 1934.

Abb. 21: Schade, Physikalische Chemie in der inneren Medizin. 3. Auflage. Dresden/Leipzig 1923.

Zu [illegible] Seite 71, 80, [illegible] [illegible]

[illegible]

[illegible]

[illegible]

[illegible]

I. Nahrung und Ernährung im Tierreich.

Seit Jahrtausenden müht sich die Menschheit um die gleichen Grundrätsel des Lebens. Auf eine jahrtausendealte Geschichte kann die Biologie, die Lehre vom Leben, zurückblicken. Immer wieder stehen aber am Ende des biologischen Fragens die zwei großen Rätsel: *Wie ist das Leben entstanden? Wie erhält sich das Leben?*

Die erste Frage ist trotz jahrtausendelanger Bemühungen, trotz vielen Wissens und vieler Theorien noch nicht gelöst.

Die *Erhaltung des Lebens* ist offenbar an drei Voraussetzungen geknüpft: Der lebende Organismus muß sich seiner Umwelt *anpassen* und sich gegen störende und lebensgefährdende Außeneinflüsse *schützen* können. Der Organismus muß ein *Ganzes mit harmonisch ineinandergreifenden Teilen* sein. Der lebendige Organismus muß schließlich die Möglichkeit besitzen, *Stoffe in sich aufzunehmen* und abgenutzte oder zu Verlust gegangene Bestandteile zu *ersetzen. Kraftzufuhr und Stoffersatz sind aber die Aufgaben der Ernährung*. So ist die Ernährung eine der Grundstützen des Lebens.

An Kraftzufuhr und Stoffersatz ist das Leben des Menschen nicht weniger gebunden als das Leben der einfachsten Pflanze. Ungleich ist nur die *Art* der Ernährung. Es ist immer wieder erstaunlich, wie verschiedenartig der Nahungsbedarf gedeckt werden kann und wie zweckmäßig die Ernährungsbedürfnisse der verschiedenen Lebewesen einander zugeordnet und ineinander gepaßt sind.

In der Einzelentwicklung wie in der Stammesentwicklung geht der Weg vom Einfachen zum Zusammengesetzten. So ist es möglich, die tierischen Lebewesen einerseits, die pflanzlichen andererseits als Glieder *einer* Reihe zu betrachten. An ihrer Wurzel verschmelzen Tierreich und Pflanzenreich. Die Anfangsglieder kann man ebensogut den Pflanzen wie den Tieren zuzählen. Wir glauben, daß die niedersten heute bekannten Lebewesen den ersten irdischen Lebewesen noch am nächsten stehen. Selbst diese „einfachsten" Lebewesen sind aber so verwickelt gebaut, daß sie niemals unmittelbar durch Zusammentreten lebloser Stoffe entstanden sein können. Bei den *Amöben,* nackten Schleimklümpchen, besteht schon eine deutliche Arbeitsteilung zwischen dem Zelleib und dem Zellkern. Die *Bakterien,* „allereinfachste" Pflanzen, besitzen eine äußere Hülle und einen keineswegs einfachen Fortpflanzungsmechanismus. Was wir so schlechthin „einfach" nennen, ist in Wirklichkeit schon sehr verwickelt — so verwickelt, daß es immer noch voll von Rätseln steckt. Das wollen wir nicht vergessen, wenn wir im folgenden von „einfach" reden.

Einfach wie ihr Bau ist die *Ernährung der einzelligen Tiere.* Nährstoffhaltige Flüssigkeit dringt von allen Seiten in die Zelle ein. Feste Nahrungsteilchen werden von dem hüllenlosen Zellorganismus umflossen und auf diese Weise einverleibt. Die Erforschung solcher einfachster Ernährungsvorgänge hat nun ergeben, daß gewisse einzellige Tiere (Geißeltiere) ihren Nahrungsbedarf ausschließlich der *un*belebten Natur entnehmen. Die Biologie spricht hier von *autotrophen Organismen.* Autotroph sind auch alle grünen Pflanzen. Die grüne Pflanze und einige Wesen, die an der gemeinsamen Wurzel von Tier- und Pflanzenreich stehen, können also aus leblosen, anorganischen Baustoffen lebendige, organische Stoffe aufbauen. Weitaus die meisten tierischen Zellen können das *nicht.* Sie brauchen zu ihrer Ernährung organische Stoffe pflanzlichen oder tierischen Ursprungs: Sie sind *heterotroph.* Der Aufbau organischer Stoffe aus anorganischen ist ein ungemein verwickelter Vorgang. Der Botaniker spricht von „*Assimilation*": Die grüne Pflanze nimmt Kohlensäure — auch die vom Tier ausgeatmete Kohlensäure — in sich auf, bildet daraus mit Hilfe des Sonnenlichts für ihren Eigenbedarf Vorratsstoffe, die gleichzeitig für den Tierkörper verwertbare Nahrungsstoffe darstellen, und gibt außerdem jenen Stoff ab, ohne den tierisches Leben unmöglich ist: gasförmigen Sauerstoff. Aus den einfachen Bausteinen, die ihm die Pflanze liefert, bildet dann der Tierkörper die unabsehbare Zahl verwickelt gebauter Stoffe, an die das tierische Leben gebunden ist. Ohne pflanzliches Leben kein tierisches Leben! *Alle Energie, die den Organismen zufließt, kommt also letzten Endes von der Sonne.*

Wir sprachen von „*organisch*" und von „*anorganisch*" und werden diese Worte noch oft benutzen. Was heißt organisch? Chemiker und Biologen waren ursprünglich der Meinung, die Entstehung bestimmter Stoffe sei nur im lebenden Organismus möglich. Sie sei untrennbar *an das organische Leben geknüpft.* Man nannte solche Stoffe deshalb organische Stoffe. Andere, die anorganischen Stoffe, kommen nach dieser Lehre in der unbelebten Natur vor und entstehen *unabhängig vom lebenden Organismus.* Da gelang es 1828 dem Göttinger Chemiker *Friedrich Wöhler* (1800—1882), aus Stoffen der unbelebten Natur einen „organischen" Stoff, den Harnstoff, herzustellen. Damit war die alte Lehre mit einem Schlag erledigt. Wöhler hatte bewiesen, *daß „organische" Stoffe auch außerhalb des Organismus entstehen können.* Heute stellen wir hochkompliziert gebaute Stoffe des lebenden Organismus im Laboratorium her.

Außerhalb des chemischen Laboratoriums sind die Bedingungen für die Entstehung „organischer" Stoffe aus „anorganischen" sehr viel ungünstiger. Immerhin besteht die Möglichkeit, daß „organische" Stoffe, wie Ameisensäure, Formaldehyd und sogar einfache Kohlehydrate auch in der unbelebten freien Natur aus „anorganischen" entstehen. Da der *lebendige* Organismus stets auch unveränderte Stoffe der *unbelebten* Natur enthält, kommen wir zu dem Schluß: *Nach rein stofflichen Gesichtspunkten ist eine Trennung zwischen Lebendigem und Leblosem nicht möglich.* Es gibt im lebenden Organismus *keinen* Stoff, der unabhängig von ihm, aus Leblosen, nicht entstehen könnte. Es gibt im lebendigen Organismus *keinen* chemischen, physikalischen oder physikalisch-chemischen Vorgang, der in der anorganischen Natur *nicht* ablaufen könnte. Freilich entstehen im lebendigen Organismus bestimmte Stoffe ungleich leichter, bestimmte Vorgänge laufen ungleich rascher ab. *Was aber das Leben grundsätzlich vom Unbelebten unterscheidet, das ist die Zusammenfassung der Teile zu einem Ganzen, das sind Wachstum und Vermehrung durch Einverleibung und Eingliederung ursprünglich körperfremder Stoffe.* Eine Ganzheitsbezogenheit der Teile in dieser Art kennt die unbelebte Natur nicht.

Diese Tatsache trägt in die Biologie etwas hinein, was der Chemie und Physik wesensmäßig fremd ist: Die Frage nach der Bedeutung der Teile für das Ganze, nach der *Zweckmäßigkeit der Einzelvorgänge.* Der Biologe erforscht nicht nur die *Ursachen* eines Geschehens wie der Chemiker und Physiker, sondern auch seine *Bedeutung.* Biologisch gesprochen: Neben die *kausale* Betrachtungsweise der Chemie und Physik tritt die *teleologische (finale)* Betrachtungsweise. Wollten wir auf die teleologische Betrachtungsweise verzichten, dann würden wir damit auf das Verständnis jeder Einheitsbildung in der Welt des Lebens verzichten.

Was sind nun aber „organische" Stoffe? Organische Stoffe sind alle Verbindungen des Kohlenstoffs und nur diese. Die Umgrenzung des Gebiets ist heute also rein chemisch bestimmt. Organische Chemie bedeutet heute nicht mehr und nicht weniger als Chemie der Kohlenstoffverbindungen. Die Kohlenstoffverbindungen sind gleichzeitig jene Stoffe, die an Masse den ganz überwiegenden Teil des lebenden Organismus ausmachen. Herkömmlicherweise werden nur einige wenige einfache Kohlenstoffverbindungen (Kohlenoxyd, Kohlensäure und andere) in den Rahmen der *an*organischen Chemie einbezogen. Wenn man alle bekannten nicht-kohlenstoffhaltigen Verbindungen auf der Erde zusammen nimmt, dann macht ihre Zahl erst ein Bruchteil der Summe aller kohlenstoffhaltigen aus. Alle organischen Stoffe enthalten neben Kohlenstoff noch Stickstoff, Sauerstoff und Wasserstoff, einige außerdem Chlor, Brom, Jod oder Schwefel, wenige auch Arsen, Phosphor oder andere Elemente.

Die Lebewesen haben sich von einfachen zu immer komplizierteren Formen entwickelt. *Höherentwicklung bedeutet Entwicklung zu größerer Unabhängigkeit.* Wie das zu verstehen ist, wird am klarsten, wenn wir einmal zwei weit auseinanderliegende Entwicklungsstufen nebeneinanderstellen: Das Leben der *Amöbe* beginnt und endet in einem kleinen Wassertropfen. Ihre Ernährungsmöglichkeiten liegen in dem Nährstoffgehalt der nächsten Umgebung. Mit Nahrungsaufnahme und Verdauung ist der Tag ausgefüllt. Sinkt die Außentemperatur unter den Gefrierpunkt, steigt sie über ein gewisses Maß, wird die Umgebung zu wasserarm oder zu salzreich, dann stellt das Tier seine Lebensäußerungen ein. Feindlichen Angriffen ist es hilflos preisgegeben. Auf der anderen Seite der Entwicklungsreihe steht der *Mensch:* Sein Lebensraum liegt auf, unter und über der Erde, zu Wasser und zu Land. Gegen Kälte und Hitze, gegen Trockenheit und Regen, gegen Strahlungen und Luftdruckschwankungen und andere Außeneinflüsse ist der menschliche Organismus durch tausendfach ineinandergreifende Regulationen geschützt. Jede lebenswichtige Regulation ist gegen Störungen mehrfach gesichert. Der Kreis der nutzbaren Nahrungsmittel reicht so weit wie bei keinem Tier. Die Nahrungsaufnahme erfordert nur noch einen Teil des Tages, weil Speicherorgane größere Mahlzeiten und größere Nahrungspausen ermöglichen. Die Abgabe unverdaulicher und verbrauchter Stoffe beschränkt sich auf wenige Entleerungen.

Erst auf der Grundlage einer solchen Unabhängigkeit von den primitivsten Funktionen der Lebenserhaltung war die Entstehung des spezifisch Menschlichen möglich. *Höherentwicklung bedeutet aber gleichzeitig vielfältigere Verletzbarkeit und stärkere Abhängigkeit von anderen Organismen.* Der niedere autotrophe Pilz kommt mit ein paar anorganischen Salzen vollkommen aus — der Mensch braucht eine Unzahl verschiedenster kompliziert gebauter Stoffe, wenn er leistungsfähig bleiben soll. Voraussetzung höherer Organisation, höherer Leistung ist immer die primitive Organisation und die primitive Leistung eines anderen. Mit fortschreitender Entwicklung wachsen die Möglichkeiten des Lebewesens — hier Pilz, hier Mensch — gleichzeitig wird aber *eine* Abhängigkeit mit einer *anderen* Abhängigkeit vertauscht.

Sicherung des Lebens durch *Sicherung der Ernährung* — vor dieser Aufgabe steht der geistvollste Europäer nicht anders als der einzellige Pilz. Im Laufe einer langen Entwicklung hat eine unerschöpfliche Erfindungskraft *immer neue Formen* hervorgebracht. Zahllose Möglichkeiten der Nahrungsversorgung, der Nahrungsaufnahme, der Nahrungsverdauung und -verwertung hat die Natur verwirklicht. Wir wollen uns hier auf die Tiere beschränken, weil sie uns näherstehen.

Innerhalb der Tierreihe ist es ein Fortschreiten vom Einfachen zum Zusammengesetzten. Wenn das höhere Tier ein *Fleischfresser* ist, dann macht es sich auf einfache Weise die Arbeitsleistung seines Vorgängers zunutze: Es frißt ihn auf. Es erspart sich damit den Aufbau lebensnotwendiger Stoffe und nimmt auf dem Umweg über das erbeutete Tier auch anorganische und pflanzliche Stoffe zu sich. Auf der anderen Seite sind viele hoch organisierte Tiere in der Lage, ihre Bedürfnisse allein *mit pflanzlichen Stoffen* zu decken. Trotz aller Höherentwicklung sind die *anorganischen Nahrungsstoffe* für Tier und Mensch nicht weniger lebenswichtig als für die Pflanze. Sie treten hier nur mengenmäßig mehr in den Hintergrund. Die *Sonnenstrahlen* spielen für unsere Ernährung unmittelbar keine große Rolle. Unentbehrliche „Nährstoffe“ sind dagegen für uns und die meisten Tiere der *Sauerstoff der Luft* und — für alle Lebewesen — das *Wasser*.

Eine Ausdehnung des Bereichs der verwertbaren Nahrungsmittel wie beim Menschen ist nur bei wenigen *Allesfressern* verwirklicht. Die meisten Tiere sind auf eine mehr oder weniger große *Auswahl* pflanzlicher oder tierischer Nahrungsmittel angewiesen. Wenige sind zu „*Nahrungsspezialisten*“ geworden: Gewisse Schmetterlingsraupen ernähren sich ausschließlich von *einer* Pflanzenart. Die Raupe der Pelzmotte frißt nur die Hornsubstanz der Haare, die Raupe der Wachsmotte nur das Wachs in den Bienenstöcken — beides Nahrungsstoffe, die von anderen Tieren nicht begehrt werden. Fäulnisfresser fressen ausschließlich verwesende organische Stoffe.

Die Vielfältigkeit der Nahrung bedingt eine *Vielfältigkeit der Nahrungsaufnahme und der Verdauungsorgane.* Viele Wassertiere strudeln durch Wimper- oder Gliedmaßenbewegung einen Wasserstrom in ihre Mundöffnung hinein: Das Wasser fließt durch Filterapparate ab, die Nahrung bleibt im Tier zurück. Landtiere, die Regenwürmer z. B., fressen sich durch große Mengen Erde hindurch: Die nahrhaften Bestandteile werden aufgenommen, die unverdaulichen am Ende der Passage wieder abgesetzt. – Schlangen und Polypen verschlingen große Nahrungsbrocken ohne sie zu zerkleinern. Viele Fische und die Säugetiere besitzen eigene Zerkleinerungsorgane mit Kiefern, Zähnen, Reibplatten, Schnäbeln und Zungen. – Die Säftesauger bohren Tiere und Pflanzen an und nähren sich auf diese Weise; dazu gehören viele Würmer und Insekten. Andere können Nahrungsstoffe durch die gesamte Körperoberfläche aufnehmen. In der glücklichen Lage des Bandwurmes sind Essen und Baden eines.

Zwecks Ausnutzung der zugeführten Nahrung muß der Körper die Nahrungsstoffe aus den Nahrungsmitteln herauslösen und so verändern, daß sie in den Säftestrom aufgenommen und von den Organen verwertet werden können. Die Gesamtheit jener Vorgänge nennen wir *Verdauung*. Die Amöbe *umfließt* feste Nahrungsbestandteile, verdaut sie *innerhalb* ihres Leibes (intrazellulär) und stößt die unverdaulichen Reste wieder aus. In dieser Art innerhalb des Zelleibs spielt sich die Verdauung nur bei den Einzellern ab. Die Verdauung der meisten Tiere geht *außerhalb* des Zelleibs (extrazellulär) vor sich: Drüsenzellen geben Verdauungssäfte ab, andere Zellen saugen die Nahrung auf. In beiden Fällen – innerhalb wie außerhalb des Zelleibs – werden die Nahrungsstoffe in eine für den Körper verwertbare Form gebracht. Die Unterschiede sind also mehr äußerlicher Natur.

Bau der Verdauungsorgane, Zahl und Art der abgesonderten Verdauungssäfte, Rhythmus der Verdauungsarbeit sind den — von Tierart zu Tierart wechselnden — besonderen Bedingungen der Ernährung angepaßt. Bei manchen Schnekken und Käfern und bei den Spinnen beginnt die Verdauung *außerhalb* des Körpers. Die Verdauungsdrüsen spritzen hier ihre Verdauungssäfte auf die Beutetiere und dauen sie auf diese Weise schon an, ehe die Verdauung *innerhalb* des Körpers zu Ende geführt wird.

Wir dürfen aber nicht nur an jene Organe denken, die *unmittelbar* mit der Ernährung zu tun haben. Der Sicherung der Ernährung dienen ja auch die *Bewegungs- und Sinnesorgane*. Das Hohltier besitzt Fangarme und Nesselkapseln, der Hecht erfaßt seine Beute durch blitzschnelle Bewegungen, der Hund hat seinen Geruchssinn, die Katze ihre Kraft und Gewandtheit, der Raubvogel sein scharfes Auge.

Zusammenschluß und Arbeitsteilung erleichtert das Leben — vorausgesetzt, daß sich alle miteinander vertragen. *Arbeits-, Nahrungs- und Lebensgemeinschaften* finden wir schon bei niederen Meerestieren (Schwämmen, Polypen, Korallen, Moostierchen). Von den Polypen eines Polypenstocks sind die einen zu Wehrpolypen, die andern zu Geschlechtspolypen, die dritten zu Freßpolypen geworden. Die hoch organisierten Insektenstaaten der Bienen, Wespen, Hummeln, Ameisen und Termiten gewähren dem Einzelindividuum Schutz und Nahrung.

Die *Vereinigung zweier verschiedenartiger Organismen* erleichtert oft die Ernährung beider Teile. Wir sprechen von *Symbiose,* wenn zwei verschiedene Organismen zu beiderseitigem Vorteil zusammenleben. Sehr viele Symbiosen sind „Ernährungssymbiosen". Ein bekanntes Musterbeispiel sind die Flechten. Man weiß noch nicht sehr lange, daß die Flechte kein einheitlicher Organismus ist. Sie entsteht aus einer engen Symbiose zwischen Pilz und Alge. Die Pilzfäden umspinnen von allen Seiten die Algenzellen und leiten ihnen Nährstoffe zu. Aus den zugeleiteten Nährstoffen baut die Alge — entsprechend den Fähigkeiten aller grünen Pflanzen — als wertvollen organischen Stoff Stärken auf; von dieser Stärke genießt der Pilz wieder mit. Holzfressende Insekten beherbergen Bakterien in sich, die anscheinend Vitamine bilden und den Insekten damit erst die Verwertung ihrer Nahrung ermöglichen. —

Bei den Wirbeltieren spielt die *Symbiose mit den Darmbakterien* eine große Rolle. Im Darm finden diese Bakterien gute Lebensbedingungen. Dafür machen sie dem Wirbeltierwirt Nahrungsbestandteile nutzbar, die sonst unverwertbar blieben. Bei den Wiederkäuern sind besondere Darmteile zu „Gärkammern" ausgebaut, in denen sich die Bakterienwirkung ungehemmt entfalten kann. Auch im menschlichen Dickdarm wimmelt es von Bakterien. Wahrscheinlich erfüllen sie wichtige Aufgaben. *Was* sie aber eigentlich tun, und *warum* sie erst im Dickdarm in Massen auftreten, das wissen wir nicht genau. Die Symbiose spielt also nicht nur eine Rolle in der Ernährung irgendwelcher merkwürdiger Tiere, die man gelegentlich im Aquarium mit freundlichem Interesse betrachtet.

Die Ameisen pflegen sorgsam ihre Blattläuse und melken ihnen Zuckersaft ab. Wenn wir Kühe und Hühner und Schweine züchten, dann ist das — biologisch gesehen — auch nichts anderes als Symbiose mit diesen nützlichen Tieren. Und der Getreide- und Gemüsebau? Wir bieten den Kulturpflanzen beste Ernährungs- und Fortpflanzungsbedingungen. Was wir von ihnen nehmen, ist der Überschuß ihrer Frucht- und Samenerzeugung, sind nicht lebensnotwendige Pflanzenteile oder Pflanzenindividuen am Ende ihres natürlichen Lebens.

Wenn sich zwei zusammentun zu gegenseitigem Nutz und Frommen, dann nennt man das Symbiose. Wenn das Zusammentun dem einen nützt und dem andern schadet oder nichts nützt, dann sprechen wir von *Parasitismus*. Dabei paßt sich der Parasit dem Wirt an und lebt in dessen Organen, in seinen Leibeshöhlen, in seinem Blut. Finden die Parasiten gute Ernährungs- und Fortpflanzungsbedingungen, dann nehmen sie immer mehr überhand. Schaden stiften sie weniger durch ihren Nahrungsverbrauch, als durch mechanische Behinderung, Gewebszerstörung und Abscheidung giftiger Stoffe. Solche Parasiten sind Fadenpilze, Bakterien, einzellige Tiere, Bandwürmer, Fadenwürmer und Plattwürmer, Läuse, Wanzen, Flöhe und Krätzmilben. Parasitismus ist Kampf: Auf der einen Seite kämpft der Parasit um seine Nahrung, auf der andern Seite der Wirt um sein Wohlbefinden und seinen Bestand.

Mineralsalze, Wasser, Kohlensäure und Sonnenstrahlen sind die wesentlichen Nahrungsquellen der Pflanze. Sie fließen aber nur während eines Teils des Jahres reichlich. Sinkt die Kraft der Sonne, dann gefriert das Wasser, die Flüssigkeitsbewegungen im Boden hören auf: Es wird Winter. Ohne Nahrung kein Leben. Ihre Ernährungsbasis ist den Pflanzen im Winter entzogen. Viele sterben daran. Es sterben aber nicht alle. Bei den Überlebenden sinkt die Intensität der Lebensvorgänge soweit, daß ihr geringer Bedarf aus Vorräten der guten Jahreszeit bestritten werden kann. Wenn dann die Sonne wieder wärmer scheint und der Boden im Frühling auftaut, dann steigt die Lebensintensität und bald ist alles wieder wie zuvor. Wir sehen, wie in *Notzeiten,* wo die Beschaffung ausreichender Nahrung unmöglich geworden ist, eine *ganz neue Möglichkeit der Anpassung* verwirklicht wird: Der Docht der Lebensflamme wird heruntergedreht soweit es nur eben geht.

Eine besondere Fähigkeit in dieser Hinsicht haben die Bakterien entwickelt. Sie bilden *Dauerformen* (Sporen), die jahrzehntelang ohne jede Nahrung am Leben bleiben, Kälte bis zu —190° C überstehen und unter günstigen Ernährungsbedingungen sofort wieder zu wachsen anfangen. Eine ganz ähnliche Art der Anpassung finden wir bei Tieren. *Eingetrocknete,* scheinbar leblose *Einzeller* konnten nach 3 Jahren wieder zum Aufleben gebracht werden; eingetrocknet bleiben sie bei —269° Kälte tagelang am Leben!

In der kalten Jahreszeit wird die Pflanzennahrung knapp. Das bedeutet Tod für alle jene Tiere, die auf Pflanzennahrung angewiesen sind. Es bedeutet Tod, wenn sie nicht, wie Zugvögel und Renntiere, *andere Lebensräume* aufsuchen oder, wie die Pflanzen, gelernt haben, die Lebensintensität zu dämpfen. In einer solchen „*Winterstarre*" überstehen viele Insekten, Weichtiere, Amphibien, Reptilien und Fische die kargen Zeiten. Der eigentliche *Winterschlaf* ist eine Eigentümlichkeit der Säugetiere. Von Winterschläfern sind bei uns heimisch die Fledermaus, der Igel und eine Reihe von Nagetieren. Nicht alle Winterschläfer schlafen *dauernd*. Dachs und Eichhörnchen haben in ausgepolsterten Nestern Vorräte gesammelt; dorthin ziehen sie sich zum Winterschlaf zurück. Alle paar Wochen wachen sie auf, fressen sich satt und schlafen dann alsbald wieder ein. Andere Winterschläfer wachen wiederholt auf, um Harn und Kot zu entleeren.

Wirbellose Tiere mit einjährigem Lebensrhythmus *überwintern oft im Eizustand*. Nur während der warmen Jahreszeit leben sie wirklich aktiv.

Einige unserer heimischen Säugetiere haben in ganz ähnlicher Weise für eine ausreichende Ernährung des tragenden Muttertieres und der Jungtiere gesorgt. Sicherung der Ernährung ist hier gleichbedeutend mit Schutz vor Kälte und Nässe. Im Spätsommer oder Herbst, gegen Ende der futterreichsten Jahreszeit, begatten sich die Tiere. Würde nun — wie meist bei den Säugetieren — die Entwicklung des Jungtiers gleich nach der Befruchtung einsetzen, dann fiele die Tragzeit des weiblichen Tieres in den futterarmen Spätherbst und Winter und die Jungtiere kämen mitten in der futterknappen, kalten Jahreszeit zur Welt. Mutter und Jungtiere würde gerade dann Mangel leiden, wenn sie gute Ernährung am notwendigsten brauchen. Höchst zweckmäßige Anpassungsvorgänge vermeiden diese Gefahr: Bei der *Fledermaus* findet die Begattung im Herbst statt. Ehe es zu einer Befruchtung kommt, erstarrt der männliche Samen im weiblichen Tier. In diesem Erstarrungszustand verharrt er während des ganzen Winterschlafs. Im Frühjahr aber löst er sich, befruchtet eine Anzahl von Eiern und 3 Wochen später — im beginnenden Sommer — wirft das Weibchen die Jungen. Im Juli—August ist die Paarungszeit des *Rehs*. Das befruchtete Ei wächst zu einem kleinen Bläschen heran und bleibt auf dieser Entwicklungsstufe bis Ende Dezember stehen. Dann erst setzt die regelrechte Entwicklung ein mit dem Erfolg, daß die Jungen im beginnenden Frühjahr zur Welt kommen. — Das befruchtete Ei des *Dachses* ruht von Juli bis Januar. Den Abschluß der im Januar beginnenden Entwicklung bildet die Geburt der Jungtiere im Frühjahr.

Nicht immer ist in der Fastenzeit die Lebensintensität vermindert. Wie wird aber dann die Ernährung gesichert? Ein berühmtes Beispiel dafür ist der Lachs. Er zieht vom Meer rheinaufwärts, bleibt 5, 10, ja 15 Monate im Flußgebiet des Rheins und nimmt in dieser ganzen Zeit keine Nahrung zu sich. Seine Geschlechtsorgane wachsen in dieser Zeit auf das Vielfache der ursprünglichen Größe heran. Gleichzeitig leistet er mit dem Stromaufwärtsschwimmen eine mächtige Muskelarbeit. Die *Energiequelle für diese gewaltigen Leistungen ist der große Seitenrumpfmuskel,* der dabei allmählich dahinschwindet. *Fasten und erhöhte Leistung auf Kosten gespeicherter Nahrungsenergie!* Zu nicht ganz so gewaltigen Leistungen bringt es die Larve der Geburtshelferkröte, wenn sie 5 Wochen lang auf Kosten ihres 5 cm langen Ruderschwanzes lebt und dabei Gliedmaßen ausbildet.

Nährstoffspeicherung ist eine Fähigkeit, die jeder Tierkörper besitzt. Kohlehydrate werden als tierische Stärke, andere Vorräte in Gestalt von Fett gespeichert. Auch Pflanzen können Stärke und Zucker speichern. Der Mensch weiß diese Fähigkeit zu schätzen und hat sie bei der Kartoffel, beim Roggen und Weizen, bei vielen Obst- und Gemüsearten in Jahrtausende langer züchterischer Arbeit immer weiter gesteigert. Stärke und Fetttröpfchen findet man schon im Einzeller. Von aufgespeicherten Glykogenbeständen lebt die Schmetterlingspuppe. Die Gliederfüßler besitzen Fettkörper, die im Larvenstadium, dem eigentlichen Freßstadium der Tiere, mächtig anschwellen. Fett speichern alle Weichtiere, Stärke besonders die Muscheln und Schnecken. Bandwürmer, denen es gut geht, bestehen zu einem Drittel aus Stärke! Der Stärkespeicher der Wirbeltiere ist in erster Linie die Leber, der Fettspeicher das Unterhautgewebe. Nur diese Vorräte ermöglichen es auch dem Menschen, wochenlang zu hungern. Hautfettanhäufungen bilden beim Kamel und Buckelochsen stattliche Höcker, die bei guter Ernährung dick und prall, in mageren Zeiten schlaff und leer sind.

Ganz allgemein *halten Pflanzenfresser langes Hungern schlechter aus als Fleischfresser.* Ein Fressen auf Vorrat ist bei ihnen schwerer, weil sie wegen des geringen Nährstoffgehalts der Pflanzennahrung von vornherein viel größere Nahrungsmassen aufnehmen müssen. Das macht eine Steigerung der Nahrungsaufnahme nur begrenzt möglich. Dafür gibt es tausend Beispiele: Die Raupe des Kiefernspinners wiegt 3—4 g; vom Verlassen des Eies bis zur Verpuppung braucht sie 25—30 g Kiefernadeln als Futter. Der Seidenwurm erreicht ein Gewicht von knapp 3 g; im Lauf seines Lebens frißt er etwa 12,5 kg Maulbeerblätter — das 4659-fache seines Gewichts! Die Schlupfwespe lebt im Innern der Holzwespenlarve, d. h. von tierischer Nahrung — sie braucht nur das 5fache ihres Gewichts an Nahrung. Ein Pferd bekommt täglich 13—15 kg Futter, ein Löwe im Zoologischen Garten 6—7 kg Fleisch.

Am stärksten ist die Speicherfähigkeit bei Tieren ohne stetige Nahrungszufuhr. Der Organismus ist hier darauf eingerichtet, einerseits große Futtermengen auf einmal in sich aufzunehmen, andererseits wochenlang zu fasten. Meist handelt es sich um niedere Tiere, höchstens um Reptilien. Der höher entwickelte Organismus — auch der Fleischfresser — kann ohne Beeinträchtigung seiner Leistungsfähigkeit so lange Hungerperioden nicht durchhalten. Schlangen, Eidechsen, Schildkröten hungern monatelang. Dafür würgt eine Riesenschlange unter Umständen 50 kg auf einmal hinunter. Der Blutegel saugt das 4—5fache seines Körpergewichts in sich und reicht 9 Monate damit. Bettwanzen sollen nach reichlicher Nahrungsaufnahme 6 Jahre lang ohne Nahrung auskommen können.

Unser Streifzug durch die Biologie hat den Rahmen umrissen, in dem die Ernährung des Menschen steht. Wenn wir den großen biologischen Komplex „Ernährung“ als ein Ganzes betrachten, dann ist die Ernährung des Menschen nur *eine* von den tausend Möglichkeiten, die im Tierreich verwirklicht werden können. Diese *eine* Möglichkeit geht uns aber am nächsten an. Nur von der Ernährung des *Menschen* wird deswegen im folgenden die Rede sein. Es wird sich dabei auch zeigen, daß für den Menschen Ernährung mehr bedeutet als bloße Befriedigung körperlicher Bedürfnisse.

II. Von den Nährstoffen im allgemeinen, von den Kohlehydraten und von den Fetten.

Körperaufbau, Stoffersatz und Kraftzufuhr sind die Aufgaben der Ernährung. Ein hochentwickelter Organismus wie der menschliche Körper braucht die allerverschiedensten Stoffe, wenn er seine volle Leistungsfähigkeit erreichen und erhalten soll. Er braucht Nährstoffe aus der unbelebten Natur, aus dem Pflanzenreich und aus dem Tierreich. *Der Ablauf jeder Lebenserscheinung ist an bestimmte Mengen bestimmter Stoffe gebunden.* Die Zellen unseres Körpers sind hochqualifizierte Spezialarbeiter: Muskelfasern, Nervenstränge, Drüsenzellen, Samenfäden, Hirnzellen sind ganz verschieden gebaut, erfüllen ganz verschiedene Aufgaben und haben auch ganz verschiedene Bedürfnisse. Es würde nun die Gefahr einer unzureichenden Ernährung beträchtlich erhöhen, müßte die ganze unabsehbare Fülle von notwendigen Stoffen stets mit der Nahrung zugeführt werden. Wir brauchen aber nicht eine fortlaufende Zufuhr all dieser Stoffe, weil der Körper in der Lage ist, die notwendigen Betriebsstoffe zum großen Teil selbst herzustellen, sie aus andern Rohstoffen aufzubauen und umzuwandeln. In Notzeiten können Fähigkeiten aus Säuglingszeiten, die längst „vergessen“ sind, wieder aufwachen. Der Organismus sorgt außerdem in guten Zeiten vor; er füllt seine Speicher und zieht, wenn Not an Mann ist, mit Erfolg auch Ersatzstoffe heran. Nicht weniger wichtig als die Beischaffung der Nahrung ist das Wegräumen des Abfalls. Viele Lebensvorgänge werden durch Anhäufung von Abfall und Schlacken gehemmt. In dem sinnvoll gegliederten Leben des Organismus sind aber die „Abfallstoffe“ eines Vorgangs nicht selten unentbehrliche stoffliche Voraussetzungen eines andern.

Ein Teil der Nährstoffe dient vor allem der Kraftzufuhr. Das Schwergewicht dieses Teils liegt auf der energetischen Seite; wir sprechen von *Energieträgern.* Ein anderer Teil der Nährstoffe bringt ganz bestimmte Baustoffe. Hier steht das *spezifisch Stoffliche* im Vordergrund. Eine scharfe Trennung beider Gruppen ist freilich nicht möglich. Ihre besondere stoffliche Natur ist auch bei den Energieträgern nicht gleichgültig. Und andererseits besitzt die Mehrzahl der Nährstoffe von spezifisch stofflicher Bedeutung einen — wenn auch kleinen — Energiewert für den Organismus. Zur ersten Gruppe pflegt man die Kohlehydrate und Fette zu zählen, zur zweiten die Lipoide, Vitamine und anorganischen Stoffe. Die Eiweißkörper stehen dazwischen.

Der lebende Organismus ist unausgesetzt in irgendeiner Weise tätig. Wir bewegen uns, wir halten unsere Körpertemperatur auf gleicher Höhe, wir hören und sehen, unermüdlich arbeiten die inneren Organe. *Physiologisch gesehen ist jede Lebensäußerung Arbeit.* Jede Arbeit erfordert aber den Aufwand irgendeiner Kraft, den Aufwand an mechanischer, chemischer, elektrischer, magnetischer, strahlender Energie oder an Wärme. Meine Schreibtischlampe setzt elektrische Energie in Licht um, der Automotor chemische Energie in Bewegung, der Dynamo Bewegung in Elektrizität. Mit andern Worten: jeder Vorgang in der unbelebten und belebten Natur bedeutet Energieumsatz.

Nun ist bei jedem Vorgang in der *unbelebten Natur* die Gesamtheit aller aufgewendeten Energien stets gleich der Gesamtheit aller *entstehenden* Energien. Das ist der Inhalt des *Gesetzes von der Erhaltung der Energie* (Robert Mayer, 1814—1878). Wir können genau bestimmen, welche Menge der *einen* Energieart einer bestimmten Menge einer *zweiten* Energieart gleichwertig ist. Es lassen sich damit die verschiedenen Energiearten messend miteinander vergleichen. Ein Energiemaß ist die *Kalorie.* Eine Kalorie entspricht der Wärmemenge, die notwendig ist, um 1 Liter reines Wasser von 14,5 auf 15,5° C zu erwärmen. Eine Kalorie ist aber auch gleichwertig der Arbeit, die man leistet, wenn man 426 kg 1 m hoch hebt (1 Kalorie = 426 Meterkilogramm). In gleicher Weise sind ganz bestimmte Mengen chemischer, elektrischer, magnetischer und strahlender Energie einer Kalorie gleichwertig.

Gelten diese physikalischen Gesetze auch für den *lebendigen Organismus?* Das ist nicht ohne weiteres selbstverständlich. Man wußte es nicht, bis um die Jahrhundertwende der Physiologe Max Rubner (1854—1932) den entscheidenden Nachweis erbrachte, daß das Gesetz von der Erhaltung der Energie im lebendigen Organismus nicht weniger allgemein gilt als in der unbelebten Natur. Rubner entdeckte die grundlegende und praktisch höchst bedeutsame Tatsache, daß sich die einzelnen Energieträger im Krafthaushalt des Körpers nach Maßgabe ihres Kalorienwertes — ihres *Brennwertes,* wie man gern sagt — vertreten können. Das Rubnersche „*Gesetz der Isodynamie*" besagt, daß 100 g Eiweiß hinsichtlich ihres Brennwertes im Körper stets gleichwertig sind 100 g Kohlehdrat oder 44,1 g Fett.

Heute reden viele von der *Überwindung der Rubnerschen Auffassungen.* Sie reden davon, weil sie entweder die Rubnerschen Auffassungen oder die Tatsachen der Ernährungsphysiologie (oder beides) nicht kennen. Kein Sachkundiger glaubt, daß das Ernährungsproblem *nur* ein energetisches Problem ist. Es ist aber *auch* ein energetisches Problem, und da gilt das Isodynamiegesetz nach wie vor. Natürlich sind die Energieträger nicht *nur* Energieträger. Unser Körper braucht jedoch auf alle Fälle ein *Mindestmaß von Brennwerten.* In welcher *Form* diese Brennwerte am zweckmäßigsten zugeführt werden, und was der Körper *sonst noch* braucht — das ist eine zweite Frage!

Unter den *Brennwertträgern* der täglichen Nahrung stehen die *Kohlehydrate* an vorderster Stelle. Im Namen liegt der Hinweis auf ihre Natur. Man kann nämlich die Kohlehydrate auffassen als Verbindungen von Kohlenstoff- und Wasserteilchen (hydor (griechisch) = Wasser). Im Kohlehydrat ist jedem Kohlenstoffteilchen ein Wasserteilchen zugeordnet. Die wichtigsten Kohlehydrate sind Zucker und Stärke.

Wenn wir von den Nährstoffen sprechen und ihre Aufgaben und Wirkungsweisen verstehen wollen, dann können wir an ihrem *chemischen Aufbau* nicht vorbeigehen. Die „*Strukturformel*" enthüllt uns die Geheimnisse der Stoffe. Das klingt schwierig und bedrohlich. Mit dem Wort „Formel" verbinden sich Vorstellungen von unverständlichen und ewig unverstehbaren Dingen. Ganz zu Unrecht, wie sich gleich zeigen wird! Die Strukturformel gibt klar und mit *einem* Blick überschaubar den Aufbau des Moleküls aus Atomen und die Anordnung der Atome im Molekül. Ohne Strukturformel keine moderne Chemie. Nur mit ihrer Hilfe hat die Wissenschaft in die Geheimnisse der organischen Stoffwelt eindringen und die größten Überraschungen erleben können. Ohne sie könnten wir niemals willkürlich neue Stoffe mit bestimmten Eigenschaften aufbauen. Ohne Strukturformel keine Vitamin- und Hormonforschung, kein Holzzucker, keine Zellwolle, kein Buna!

Das wichtigste einfache Kohlehydrat ist der *Traubenzucker,* die *Glukose* (glykys griech. = süß). Traubenzucker ist unbedingt lebensnotwendig. Keine Muskelarbeit, keine Drüsentätigkeit ohne Traubenzucker — das ist seine *energetische Wirkung.* Daneben macht er im Körper entstandene Giftstoffe unschädlich — das ist seine *spezifisch stoffliche Wirkung.* Alle nutzbaren Kohlehydrate gehen im Körper irgendwann einmal in Traubenzucker über und werden in dieser Form verwertet. In Notzeiten wird auch Fett und Eiweiß in Traubenzucker umgewandelt. Seine Strukturformel hat folgende Gestalt:

```
   ┌──────┐
H—C—OH    │
  |       │
H—C—OH    │
  |       O
HO—C—H    │
  |       │
H—C—OH    │
  |       │
H—C───────┘
  |
H—C—H
  |
  O
  H
```

Traubenzucker (α-d-Glukose).

Um die Formel zu verstehen, braucht man nur ganz wenige chemische Kenntnisse. Man muß wissen, daß der Buchstabe C 1 Kohlenstoffatom, der Buchstabe O 1 Sauerstoffatom und der Buchstabe H 1 Wasserstoffatom bedeutet, und daß das Kohlenstoffatom 4-wertig, das Sauerstoffatom 2-wertig und das Wasserstoffatom 1-wertig ist. Die Wertigkeit stellt man sich am einfachsten als Häkchen vor, mit denen die Atome aneinandergehängt sind, und zwar so, daß immer 2 Häkchen aneinander greifen, wenn sich 2 Atome aneinanderbinden. In Wirklichkeit sind es gewaltige elektrische Kräfte, die die Atome aneinanderbinden. 1 Kohlenstoffatom hat also 4 Häkchen usw.

Damit ist die Formel verständlich: Das Traubenzuckermolekül besteht zunächst aus 6 C, die in einer Reihe hintereinandergehängt sind. An den freien „Häkchen“ der Kohlenstoffatome hängen Wasserstoff- und Sauerstoffatome im Verhältnis 2 : 1 (wie im Wassermolekül). Ein Strich in der Formel bedeutet 2 ineinandergehängte Häkchen. Wo O und H nebeneinanderstehen und zusammen die einwertige OH-Gruppe bilden, ist der verbindende Strich der Übersichtlichkeit halber weggelassen. Eines von den 6 O des Traubenzuckermoleküls nimmt dabei eine Sonderstellung ein, indem es mit seinen beiden Häkchen an *verschiedenen* C hängt und dadurch eine „Brücke“ bildet. In der Formel stehen H und OH teils rechts, teils links von der C-Reihe. Das soll andeuten, daß es für die Struktur des Moleküls nicht gleichgültig ist, wie diese Atome *räumlich* zur C-Reihe stehen. Tauschen die OH-Gruppen ihre Plätze jeweils mit den gegenüberliegenden H, dann hat der *neu* entstandene Traubenzucker *andere* Eigenschaften bekommen; er ist z. B. durch Hefepilze nicht mehr vergärbar. Beide Zuckerarten besitzen aber natürlich 6 C, 12 H und 6 O. Die „Bruttoformel“ beider Zuckerarten lautet: $C_6H_{12}O_6$. Sie sind aus *gleichviel* C-, H- und O-Atomen aufgebaut und nur *spiegelbildlich verschieden.*

$C_6H_{12}O_6$ ist aber auch die Bruttoformel von Zuckern, die dem erstgenannten Traubenzucker *nicht* spiegelbildlich gleichen. Solche Zucker sind – um 3 weit verbreitete Nährstoffe zu nennen – die *Galaktose,* die *Mannose* und die *Fruktose.* Alle drei bestehen aus der *gleichen Anzahl* von C-, H- und O-Atomen wie der Traubenzucker, nur sind die H und OH in *anderer Reihenfolge* an die sechsgliedrige C-Kette gehängt. Galaktose, Mannose und Fruktose, 3 Zucker mit ganz verschiedenen Eigenschaften unterscheiden sich voneinander und vom Traubenzucker *lediglich* in der Zueinanderordnung der C-, H- und O-Teile: Sie sind *isomer.*

Zucker kann unser Körper aus *Eiweiß und Fett jederzeit bilden.* Trotzdem treten im Stoffwechselgeschehen bei den meisten Menschen Veränderungen auf, die auf die Dauer nicht belanglos sind, wenn der Kohlehydratanteil der Nahrung eine gewisse Grenze – etwa 10% der Gesamtbrennwerte – unterschreitet. Das Kind ist empfindlicher als der Erwachsene und die verschiedenen Kohlehydrate sind in dieser Hinsicht offenbar nicht gleichwertig. Art der Kohlehydrate und Abbauwege spielen für die Verwertung im Organismus eine Rolle.

Ein Verwandter des Traubenzuckers von größter biologischer Bedeutung ist die Askorbinsäure, das *Vitamin C*. Es leitet sich ab von einem Zucker, der *Gulose*, und ist folgendermaßen gebaut:

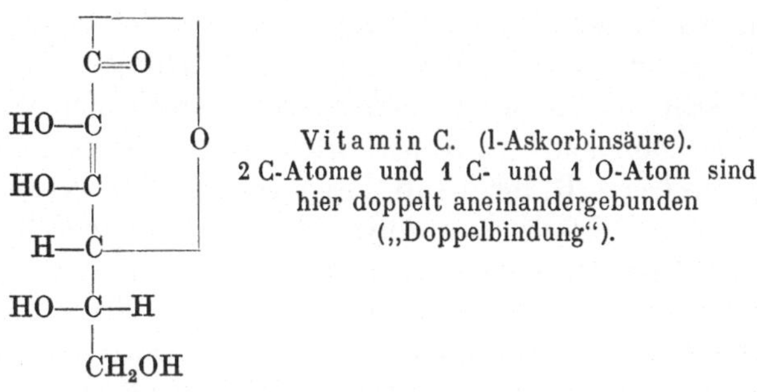

Vitamin C. (l-Askorbinsäure). 2 C-Atome und 1 C- und 1 O-Atom sind hier doppelt aneinandergebunden („Doppelbindung").

Auf die laufende *Zufuhr* von Vitamin C sind nur Mensch, Affe und Meerschweinchen angewiesen; alle andern Tiere bauen es selbst auf oder haben es — wie die Ratte — gar nicht nötig. *Sauerstoffübertragung und Wasserstoffentzug* sind grundlegendste Lebenserscheinungen jeder Zelle. In diese Umsetzungen greift das Vitamin C ein. Seine genaue Aufgabe im Zelleben ist noch ungeklärt. Der Zustand des C-Mangels ist jedenfalls durch das Darniederliegen einer Reihe von Zellfunktionen gekennzeichnet.

Hinter den bisher genannten Zuckern mit 6 C-Atomen, den Hexosen (hex = 6) treten die Zucker mit 5 C-Atomen, die *Pentosen* (penta = 5) an Bedeutung zurück. Für den tierischen Organismus kommen nur wenige als Nährstoffe in Betracht (Arabinose, Xylose, Ribose). Pentosen sind im Pflanzenreich weit verbreitet. Der Mensch kann auch die pflanzlichen Pentosen verbrennen.

Hexosen und Pentosen gehören zur Gruppe der Monosaccharide. Vereinigen sich 2 gleichartige oder verschiedenartige Monosaccharide, dann entsteht ein *Disaccharid*. *Polysaccharide* nennt man die Vereinigung von mehr als 2 Monosacchariden. In der organischen Natur und in unserer Nahrung herrschen die Polysaccharide vor.

Von natürlichen *Disacchariden* kommen für uns nur wenige in Betracht: *Malzzucker* (Maltose) entsteht aus der Vereinigung zweier Glukosemoleküle, *Milchzucker* (Laktose) aus Glukose und Galaktose, *Rohrzucker* (Saccharose) aus Glukose und Fruktose. Rohrzucker ist der gewöhnliche Zuckerrübenzucker. Milchzucker kommt in der Milch vor, Malzzucker im Bier und in großen Mengen als Abbauprodukt der Stärke im Darm.

Die *Polysaccharide* gehören zu den wichtigsten Aufbau- und Energiestoffen des tierischen und pflanzlichen Körpers. Sie haben ganz andere Eigenschaften als die Monosaccharide: Sie schmecken z. B. nicht süß, lösen sich nicht in Wasser und bilden keine Kristalle. Das Polysaccharid *Stärke*, der Reservestoff der Pflanze, entsteht in den Blättern und wandert von dort in die Speicherorgane. Zerlegt man das Stärkemolekül, dann kommt man über Zwischenstufen, die Dextrine, schließlich zum *Malzzucker*. Das Stärkemolekül baut sich also aus einer großen Zahl von Malzzuckermolekülen auf. Die einzelne Stärkemoleküle fügen sich dann zu größeren Komplexen zusammen, die *Micellen* genannt werden. Pflanzliche Stärke und tierische Stärke, Glykogen, sind eng verwandt. Auch das tierische Reservekohlehydrat Glykogen baut sich aus Malzzucker auf. Fast alle tierischen Zellen, vor allem aber die Muskel- und Leberzellen enthalten es. Die Glykogenspeicher sichern eine ausreichende Zuckerversorgung des Körpers. Entleerung der Glykogenspeicher führt zu lebensbedrohlichen Erscheinungen.

Die Bausteine eines dritten Polysaccharids, der *Zellulose*, sind Traubenzuckermoleküle. Andere Polysaccharide bestehen aus Fruktose (Inulin) oder Pentosen. Die Zellulose bildet Micellen, Molekülkomplexe wie die Stärke. Das Molekulargewicht einer solchen Zellulose-Micelle beträgt 1 000 000 oder mehr — das Molekulargewicht des Traubenzuckers 180! Die Molekulargewichte von Stärke und Glykogen sind unbekannt. Die einzelnen Bausteine der Zellulose sind so aneinandergefügt, daß die Verdauungssäfte der höheren Tiere die Bindungen nicht sprengen können. Nur gewisse Bakterien können Zellulose spalten. Für den Menschen ist die Zellulose wesentlich ein — allerdings sehr willkommener — „Ballaststoff".

Wenn wir mehr essen als wir brauchen, dann füllen sich die Vorratskammern. Nichtverbrauchte Nahrungsenergie wird vor allem in Gestalt von *Fett* gespeichert. Der große Wert des Fettes als Nahrungsmittel liegt in seinem konzentrierten Energiewert, d. h. in dem hohen Brennwertgehalt. 1 g Fett liefert dem Körper 9,3 Kalorien, 1 g Kohlehydrat oder Eiweiß nur 4,1.

Fette, genauer gesagt *Neutralfette,* sind Verbindungen eines Alkohols, des *Glyzerins,* mit *Fettsäuren,* in der Hauptsache mit den höheren, d. h. C-reichen Fettsäuren: mit Palmitin-, Stearin- oder Oleinsäure. Fettsäuren bestehen aus einer C-Reihe, deren freie Wertigkeiten mit H und OH besetzt sind. Die Bruttoformel der Palmitinsäure lautet $C_{16}H_{32}O_2$, die der Stearinsäure $C_{18}H_{36}O_2$ und die der Oleinsäure (Ölsäure) $C_{18}H_{34}O_2$. Ein Glyzerinmolekül kann drei gleichartige oder drei verschiedenartige Fettsäuremoleküle binden. Ein Neutralfett mit drei gleichartigen Fettsäuremolekülen ist z. B. das Tripalmitin. Es hat die folgende Zusammensetzung:

$$\begin{array}{l|l}
CH_2O & -OC-CH_2-\cdots C_{13}H_{26}\cdots CH_3 \\
| & \\
COH & -OC-CH_2-\cdots C_{13}H_{26}\cdots CH_3 \\
| & \\
CH_2O & -OC-CH_2-\cdots C_{13}H_{26}\cdots CH_3
\end{array}$$

1 Molekül Glyzerin 3 Moleküle Palmitinsäure

Tripalmitin. (Triglyzerid der Palmitinsäure.)

$C_{13}H_{26}$ bedeutet eine Reihe von 13 C-Atomen, wobei die beiden freien Wertigkeiten eines jeden C-Atoms mit H besetzt sind.

Zwei von den 18 C-Atomen der Oleinsäure sind doppelt aneinandergebunden: Nicht C—C, sondern C=C. Fettsäuren mit einer solchen *Doppelbindung* heißen *ungesättigte Fettsäuren* im Gegensatz zu den *gesättigten* Fettsäuren ohne Doppelbindung. Die tierischen Fette sind Gemische von Neutralfetten gesättigter und ungesättigter Fettsäuren.

Der Gehalt eines Fettes an ungesättigten Fettsäuren bestimmt seinen *Schmelzpunkt.* Je mehr ungesättigte Fettsäuren, desto tiefer der Schmelzpunkt. Der Schmelzpunkt eines Fettes liegt auch um so tiefer, je reicher das Fett an Fettsäuren mit kurzer C-Kette, an sogenannten *niederen Fettsäuren* ist.

Auf dem verschiedenen Gehalt an ungesättigten höheren und an niederen Fettsäuren beruht die verschiedene Schmelzbarkeit des *Speicherfetts* verschiedener Tiere: Am schwersten schmilzt Hammeltalg, leichter Schweine- und Hühnerfett, noch leichter Gänsefett und am leichtesten Menschenfett. Fett innerer Organe schmilzt schwerer als Unterhautfett. Bei gewöhnlicher Temperatur flüssige Fette heißen *Trane oder Öle.* Da die Fettspeicher der Tiere Nahrungsfett speichern, hängt der Schmelzpunkt ihres Speicherfetts auch vom Schmelzpunkt des *Nahrungsfetts* ab.

Nicht nur das Nahrungs*fett* fließt aber in die Fettspeicher. Ohne Schwierigkeit kann der Organismus *Kohlehydrate und Teile des Eiweißmoleküls in Fett umwandeln* und damit seine Fettspeicher füllen, auch wenn die Nahrung praktisch fettfrei ist. In Notzeiten, wenn die Energiezufuhr den Bedarf unterschreitet, muß dann das Speicherfett den fehlenden Brennstoff ergänzen. Ob es dabei zunächst in Kohlehydrat umgewandelt wird, ist eine alte Streitfrage der Physiologie. Wir haben bis heute keine sicheren Beweise für den Übergang von *Fettsäure* in Kohlehydrat. Der *Glyzerinanteil* des Neutralfetts dagegen geht unschwer in Kohlehydrat über. Er macht jedoch nur etwa $^1/_{20}$ des energetischen Werts des Fettmoleküls aus.

Neben dem Speicherfett steht das *Organfett.* Das ist kein Vorrat für Notzeiten, den man schließlich auch entbehren könnte. Keine lebende Zelle ohne Organfett! Seine Aufgaben kennen wir nicht. Die Unentbehrlichkeit des Organfetts ist wahrscheinlich der Grund für die Unentbehrlichkeit der Fettzufuhr überhaupt. Fette sind nicht nur Begleitstoffe und Vitaminträger. Die Unentbehrlichkeit des Fetts scheint an die *Unentbehrlichkeit bestimmter ungesättigter Fettsäuren* gebunden zu sein. Diese Fettsäuren kann der Körper nicht aus anderen Stoffen aufbauen. Erhöhter Brennwertbedarf, Änderungen der Nahrungszufuhr beeinflussen das Speicherfett — fast gar nicht aber das von Tierart zu Tierart, von Organ zu Organ verschiedene Organfett. Dem funktionellen Unterschied entspricht der chemische Unterschied: Speicherfett besteht zum größten Teil aus Neutralfetten, Organfett zum größten Teil aus Lipoiden.

Die *Lipoide*, eine Sippe lebenswichtigster Stoffe, ähneln in ihren Löslichkeitsverhältnissen und der Gleichartigkeit ihrer chemischen Struktur den Neutralfetten. Wir unterscheiden 4 Gruppen von Lipoiden: Die Phosphatide, die Zerebroside, die Sterine und die Karotinoide.

Die *Phosphatide* enthalten außer Glyzerin und Fettsäuren eine stickstoffhaltige Base und Phosphorsäure. Sie sind höchst reaktionsfähige Körper und deshalb trotz ihrer geringen Mengen biologisch bedeutsam. Im menschlichen Körper kommen vor allem 2 Phosphatidarten vor: Die *Kephaline* im Gehirn, die *Lezithine* in den übrigen Geweben, am reichlichsten im Herzmuskel. Die Frage nach ihrer biologischen Bedeutung kann heute noch nicht beantwortet werden. Ob unser Körper selbst Phosphatide aufbauen kann, ist zweifelhaft. Die Ente und der Seidenspinner können es.

Nahe verwandt mit den Phosphatiden sind die *Zerebroside*. Eine höhere Fettsäure, ein Monosaccharid (die Galaktose) und eine stickstoffhaltige Base (das Sphingosin) sind die Bausteine des Zerebrosidmoleküls. Wir wissen vom Vorkommen der Zerebroside im Gehirn und in den Nerven — sonst nichts.

Stoffe von größter allgemeiner Bedeutung sind die *Sterine*. Die Sterinforschung mit ihren ungeahnten theoretischen und praktischen Ergebnissen zeigt eindrucksvoll die Triumphe einer rein wissenschaftlich ausgerichteten Arbeit. Sie ist gleichbedeutend mit dem Namen des Göttinger Chemikers Adolf Windaus (geb. 1876). „Ich habe mir das Studium der Sterine gewählt, weil man über diese Stoffe gar nichts wußte und weil ich glaubte, daß man hier auf unerwartete Ergebnisse stoßen würde. Ich habe mich nie um praktische Erfolge, sondern um wissenschaftliche Erkenntnis bemüht" (Windaus).

Wir müssen noch einmal eine Strukturformel anschreiben. Es ist die Formel des *Cholesterins*, das der Schlüssel zu den überraschendsten Entdeckungen geworden ist.

Die *Sterine* (Cholesterin, Ergosterin, Stigmasterin) unterscheiden sich baumäßig nur wenig. Sie kommen in jeder tierischen und pflanzlichen Zelle vor, sind fähig, gewisse Blutgifte unschädlich zu machen und fehlen wahrscheinlich nur den Bakterien. Daraus erhellt schon ihre grundlegende Bedeutung für alles Leben. Sicher ist, daß der Tierkörper Sterine aufbauen kann — unbekannt, woraus er sie aufbaut.

Schon früh erkannte man die Verwandtschaft der Sterine mit den *Gallensäuren*. Die Gallensäuren der höheren Wirbeltiere gehören zu den Cholsäuren (es gibt auch noch andere Gallensäuren). Von ihrer Bedeutung für die Verdauung wird später die Rede sein. Neuerdings sind enge Beziehungen zwischen Sterinen und anscheinend ganz abliegenden Stoffen

```
                          CH3                      CH3
                          |                       /
                          CH—CH2—CH2—CH2—CH
                   CH3 |                          \
              CH2|     CH                          CH3
               /  \ | /  \
          H2C      C      CH2
           CH3|    |      |
      CH2|    CH   CH————CH2
       /  \ | /  \ /
   H2C      C     CH
    |       |     |
OH—CH       C     CH2
     \     / \\  /
      CH2       CH
```

Cholesterin.

nachgewiesen worden: Zu pflanzlichen *Herzgiften* und den *Heilstoffen der Fingerhutgruppe*. Mit Hilfe der Fingerhutstoffe beeinflußt der Arzt die Tätigkeit des kranken Herzens. Rhythmus und Wirkungsgrad der Herztätigkeit werden also durch gewisse Sterine in ganz charakteristischer Weise verändert. Die Bedeutung anderer (körpereigener) Sterine für die normale Herztätigkeit ist eine Frage von höchstem biologischen und ärztlichen Interesse. Sie ist noch ungelöst.

Zu den erstaunlichsten Entdeckungen der neuesten Zeit gehört die Einordnung der *Geschlechtshormone* in die Gruppe der Sterine. Scheinbar geringfügige Änderungen der Molekülstruktur ändern grundlegend die biologische Wirkung des Sterinabkömmlings. Verkürzung einer Seitenkette, Oxydierung einer Gruppe, Änderung einer Bindung macht aus Cholesterin das Gelb-Körper-Hormon des Eierstocks mit seinem ganz spezifischen Wirkungen (Umbau der Gebärmutterschleimhaut vor und nach der Einbettung des befruchteten Eies). Das *Follikelhormon* bestimmt die Entwicklung der weiblichen Geschlechtsorgane. Wenige Änderungen im Molekül — und aus dem Follikelhormon ist das *Androsteron,* das männliche Geschlechtshormon, geworden, das dem Organismus nun nicht mehr eine weibliche, sondern eine männliche Prägung gibt. Endlich ist das *Nebennierenrindenhormon* ein Gemisch von Sterinabkömmlingen.

Eine vierte biologische Stoffgruppe, die zu den Sterinen gehört, sind *Vitamine.* 1919 teilte der Berliner Arzt Huldschinsky mit, man könne die kindliche Rachitis nicht nur mit Lebertran, sondern auch mit ultraviolettem Licht heilen. Amerikanische Forscher entdeckten dann in den folgenden Jahren, daß es gar nicht nötig ist, den kranken Menschen zu bestrahlen. Es genügt die Bestrahlung der Nahrung. Welcher Stoff in der Haut, welcher Bestandteil der Nahrung wird aber durch die Bestrahlung zum rachitisheilenden Vitamin? Wieder glückte Windaus und seinen Schülern der Nachweis, daß diese Vitaminvorstufe in der Haut und in der Nahrung des *Ergosterin* ist. Bei der Bestrahlung des Ergosterins mit ultraviolettem Licht kommt es zu verwickelten Umlagerungen im Molekül und damit zur Bildung neuer Stoffe (Lumisterin, Tachysterin, Vitamin D, Toxisterin, Suprasterine). Alle Stoffe haben die gleiche Bruttoformel $C_{28} H_{44} O$. Nur *einer* von ihnen, eben das *Vitamin D,* besitzt aber antirachitische Eigenschaften. Andere (Tachysterin und Toxisterin) haben sich in der Behandlung gewisser Krampfzustände, der sogen. Tetanie, bewährt. Überbestrahlung verwandelt das Vitamin in antirachitisch unwirksame giftige Stoffe. Die Formel des natürlichen Lebertranvitamins (es gibt mehrere D-Vitamine) unterscheidet sich nur wenig von der Formel des Cholesterins (siehe Formel S. 26):

Im Gegensatz zum Vitamin C sind der Mensch und fast alle Tiere auf die *Zufuhr von Vitamin D* angewiesen. Auch dort, wo unter dem Einfluß strahlender Energie in der Haut Vitamin D entsteht, kann dies *allein* unsern Bedarf nicht decken. Stoffliche Vorbedingung für regelrechte Verkalkung des Knochens ist eine bestimmte Kalzium-Phosphor-Verbindung; nur sie kann von den Knochenbildungszellen verwertet werden. Wesentlichste Aufgabe des Vitamins D ist — nach unseren heutigen Kenntnissen — die Bildung dieser Kalzium-Phosphor-Verbindung. Daneben scheint das Vitamin bei der Fettverdauung eine Rolle zu spielen.

```
                          CH3                        CH3
                          |                         /
                          CH—CH2—CH2—CH2—CH
                          |                         \
                  HC3     |                          CH3
                 CH2|    CH
                 / \|   / \
              CH2   C     CH2
      HC2      |    |      |
     CH2||    CH2   CH—CH2
     / \||     \   /
  H2C    C       C
   |     |       ||
 OHCH    C       CH
    \   / \\    /
     CH2    CH
```

Vitamin D (D_3).

Wir haben in den Sterinen und ihren Verwandten eine Stoffgruppe von ganz ungewöhnlich vielfältiger biologischer Wirksamkeit vor uns. „Wir stehen staunend vor der Mannigfaltigkeit der Aufgaben, die die Natur mit diesen Stoffen zu lösen vermag" (Windaus).

Als letzte Gruppe der Lipoide wurden die *Karotinoide* genannt — gelbe bis gelbrote Farbstoffe, die im Pflanzenreich weitverbreitet sind und immer mit andern Lipoiden und Fetten zusammen vorkommen. Der Tierkörper, der sie selbst *nicht* bilden kann, nimmt sie mit der Nahrung auf. Die Karotinoide sind hochmolekulare Kohlenwasserstoffe, d. h. lange C-Reihen mit Absättigung der freien Wertigkeiten durch H. Was sie im allgemeinen für den Stoffwechsel der Pflanze, des Tieres und des Menschen bedeuten, wissen wir noch nicht. Wir kennen lediglich die Bedeutung *einer* ringhaltigen Untergruppe, der Karotine.

Die *Karotine*, insbesondere das β-Karotin, sind die Vorstufen des *Vitamins A*. Karotine sind „Provitamine“ des Vitamins A wie Ergosterin das Provitamin des Vitamins D ist. Vitamin A hat die folgende Formel:

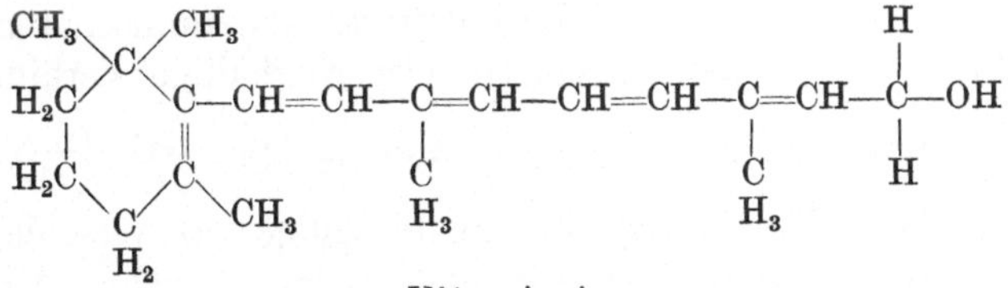

```
CH3\   /CH3                                                    H
    \C/                                                        |
H2C/   \C—CH=CH—CH—C=CH—CH=CH—C=CH—C—OH
 |       ||                    |                  |        |
H2C\    /C\                    C                  C        H
    \C/    \CH3                H3                 H3
    H2
```

Vitamin A.

Vitamin A begünstigt offenbar die Zellregeneration und die Oxydationsfähigkeit. Seine Wirkung ist an die Gegenwart von Eisen gebunden. Enge Beziehungen bestehen zur Bildung und Wirkungsweise der Hormone und anscheinend auch zum Kohlehydrat-, Lipoid- und Fettstoffwechsel.

III. Die übrigen Nährstoffe.

Kohlehydrate und Fette können einander fast völlig ersetzen oder durch Eiweiß ersetzt werden. Unersetzlich ist aber das *Eiweiß*. Der Name Eiweiß rührt von seinem Vorkommen im Eiklar des Hühnereis. Bei mengenmäßiger Betrachtung steht es unter den lebensnotwendigen Stoffen an erster Stelle und hat darum schon früh die Aufmerksamkeit der Biologen und Ärzte auf sich gezogen. Der Energiewert des Eiweißes tritt zurück hinter die spezifischen Aufgaben als Grundstoff des Zellebens, als Stütz- und Gerüststoff, als Träger des Wasserstoffwechsels. Wie die Lipoide und andere Stoffe wird das Eiweiß durch die Lebensvorgänge verbraucht. Es altert, zerfällt und muß deshalb fortlaufend ersetzt werden.

Eiweiß ist noch weniger ein einheitlicher Stoff als Kohlehydrat. Es gibt eine Unzahl *verschiedener Eiweißstoffe*. In den letzten Feinheiten seines Körpereiweißes gleicht kein Mensch dem andern. Die Bedeutung der Eiweißstoffe für die Ernährung einerseits und die besonderen Schwierigkeiten der Eiweißbiologie andererseits machen es verständlich, daß Eiweißfragen immer wieder und oft ohne die nötige Sachkenntnis und Sachlichkeit erörtert werden.

Seit den bahnbrechenden Arbeiten des Münchener Chemikers Emil Fischer (1852—1919) weiß man von dem Aufbau des Eiweißes aus *Aminosäuren.* Als Aminosäuren bezeichnet die Chemie Fettsäuren oder ringhaltige Verbindungen, in den 1 H-Atom durch die Aminogruppe NH_2 $\left(-N\langle{}^{H}_{H}\right)$ ersetzt ist. Wir kennen bis heute einige 20 verschiedene Aminosäuren; wahrscheinlich gibt es noch mehr. Aminosäuren sind — um nur einige zu nennen — das Glykokoll, das Alanin, das Cystin, das Leucin, das Tyrosin, das Prolin, das Tryptophan, das Histidin. Ernährungsphysiologisch sehr wichtig ist die Tatsache, daß unser Organismus außer Phenylalanin, Tyrosin, Tryptophan, Histidin, Cystin und Lysin alle Aminosäuren aus einfacheren Bausteinen *aufbauen* kann. Für unsern Bedarf an diesen 6 Aminosäuren sind wir dagegen restlos auf die Zufuhr angewiesen.

Aus Verkettungen von zwei oder mehr *Aminosäuren* entstehen *Peptide.* Bei mehr als 20 verschiedenen Aminosäuren ist theoretisch eine fast unbegrenzte Zahl verschiedener Peptide möglich. Wie sich im einzelnen aus Peptiden das *Eiweißmolekül* aufbaut, weiß man noch nicht genau. Keinesfalls ist es ein einheitliches chemisches Molekül wie etwa das Traubenzuckermolekül! Das Eiweißmolekül wird nicht nur durch *chemische* Kräfte, sondern auch durch *physikalische* Kräfte von gewaltigem Ausmaß zusammengehalten. Wir sprechen deshalb besser von Eiweiß*körpern* als von Eiweiß*molekülen.* Diese Eiweißkörper erreichen erstaunliche Größen (Molekulargewichte): Eieralbumin 34500, Hämoglobin (roter Blutfarbstoff) 68000, Kasein 75000—375000, Hämozyanin 2000000 bis 5000000. Daneben ist das Molekulargewicht des Traubenzuckers mit 180, das des Kochsalzes mit 58 winzig klein. Als „hochmolekulare" Stoffe bilden die Eiweißkörper im Wasser keine echten Lösungen. Sie verteilen sich in Flüssigkeiten in ganz besonderer Art, und zwar so, daß nicht wie bei den *echten* Lösungen ein einheitlicher Stoff entsteht, sondern so, daß die Eiweißkörper in den Flüssigkeiten in feinste

Teile verteilt sind. Solche Lösungen nennen wir *kolloidale Lösungen,* die Stoffe selbst *Kolloide.* Mit dem kolloidalen Zustand sind eigentümliche Reaktionsweisen von allergrößter biologischer Bedeutung verknüpft.

Alle Eiweißkörper enthalten in ihren *Aminosäuren* Kohlenstoff, Sauerstoff, Wasserstoff und Stickstoff, die meisten Schwefel und Phosphor, einige Eisen, Kupfer, Chlor, Jod oder Brom. Der Stickstoffgehalt der Eiweißkörper schwankt zwischen 16 und 17%.

Im Verlauf der Forschung hat sich nun herausgestellt, daß manche Eiweißkörper außer Aminosäuren noch *andere chemische Gruppen* enthalten. Das sind — im Gegensatz zu den einfachen Eiweißkörpern oder *Proteinen* — die zusammengesetzten Eiweißkörper oder *Proteide.* Zu den Proteiden gehören die phosphorsäurehaltigen *Phosphoproteide* (das Milchkasein u. a.), die zuckerhaltigen *Glykoproteide,* die nukleinsäurehaltigen *Nukleoproteide* und die farbstoffhaltigen *Chromoproteide.* Der rote Blutfarbstoff und der grüne Blattfarbstoff, eng verwandte Stoffe von größter biologischer Bedeutung, sind Chromoproteideabkömmlinge.

Es bleiben uns jetzt zum Schluß noch einige Vitamine zu besprechen, die keiner größeren Gruppe von Körperstoffen zugehören. Vitamin A und D als Lipoidabkömmlinge und Vitamin C als Kohlehydratabkömmling kennen wir bereits.

2 sechsgliedrige Ringe und 1 fünfgliedriger *schwefel*haltiger Ring (Thiazolring) bilden das *Vitamin* B_1. Es ist der erste Thiazolabkömmling, den man bisher in der Natur gefunden hat! Zur Zuckerverbrennung im Muskel und im Gehirn ist Vitamin B_1 nötig. B_1-Mangel führt außerdem zu Störungen des Wasserhaushalts (Wassersucht), der Nebennierenrindentätigkeit und der Kohlehydrat- und Fettverdauung. Wo und wie das Vitamin B_1 hier angreift, läßt sich noch nicht übersehen.

3 sechsgliedrige Ringe mit einer Pentose bilden das *Vitamin* B_2, den Wachstumsfaktor oder das *Laktoflavin.* Meist kommt es gebunden an Phosphor und Eisen vor, frei nur in der Netzhaut und in der Milch. Vitamin B_2 ist als Baustein des sogenannten gelben Ferments unentbehrlicher Baustein

jeder Zelle. Eine besondere Bedeutung hat es für den Vorgang des Sehens im Auge.

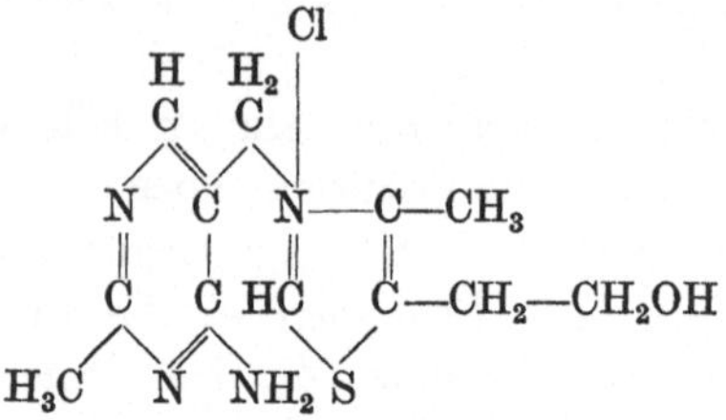

```
                 Cl
    H   H2 |
    C   C  |
   / \\ / \ |
  N    C    N——C—CH3
  ||   |    ||   ||
  C    C  HC    C—CH2—CH2OH
 / \  // \  \  /
H3C  N    NH2  S
```

Vitamin B_1.

```
                        CH2OH
                          |
                        HCOH
                          |
                        HCOH
                          |
                        HCOH
                          |
                         CH2
                          |
      CH3   CH            N        N
        \  // \          / \     // \
         C      C       C    C       CO
         |      ||      |    |        |
         C      C       C             NH
        / \\  /  \   //  \          /
      CH3   CH      N        CO
```

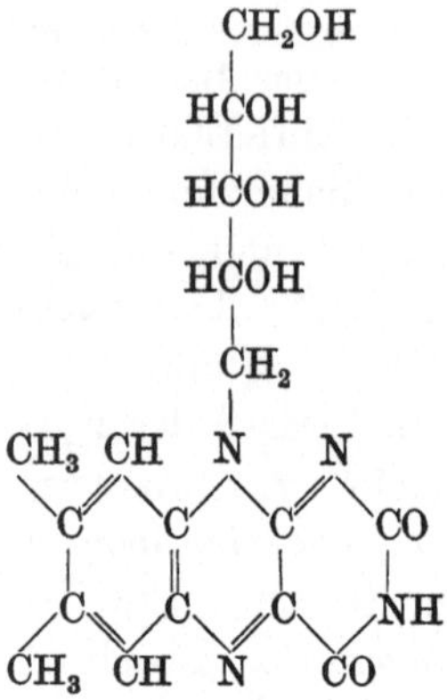

Vitamin B_2
(Laktoflavin).

Die Struktur der *anderen Vitamine der B_2-Gruppe* und der *Vitamine E, H, P, T* und *K* harrt noch der Aufklärung. Die Vitamine der *B_2-Gruppe* bezeichnet man – außer dem genannten Laktoflavin – nach der Krankheit, in der sich der Mangelzustand ausdrückt. Der *Pellagraschutzstoff* greift in nicht näher bekannter Weise in den Schwefel- und Eisenstoffwechsel ein. Auch der „*Filtratfaktor*" entfaltet unabhängig vom Pellagraschutzstoff eine Heilwirkung bei der Pellagra. Der *Anämiefaktor* ist zur regelrechten Blutbildung nötig. Andere Teilfaktoren des B_2-Komplexes dienen gleichfalls der Sicherung einer normalen Blutbildung.

Vitamin E ist kein einheitlicher Stoff. Wir wissen noch nicht sicher, ob der Mensch Vitamin E unbedingt braucht. Sicher brauchen es gewisse Tiere zur Verhütung von männlicher und weiblicher Sterilität und zum normalen Ablauf der Schwangerschaft. – *Vitamin H* erweist sich als unentbehrlich für die normale Beschaffenheit und Funktion der Haut sowie für die Verwertung der Fette und bestimmter Eiweißkörper. – *Vitamin P* – aus der Zitrone gewonnen, daher auch Citrin genannt – dichtet mit Vitamin C zusammen die Wände der kleinsten Blutgefäße. Mangelt es, dann dringen Eiweiß, Flüssigkeit und rote Blutkörperchen durch die Gefäßwand nach außen. — *Vitamin T* und *K* — vielleicht sind beide nur *ein* Stoff — beeinflussen die Entwicklung der Blutplättchen. In Mangelzuständen sinkt die Plättchenzahl des Blutes: es kommt zu verzögerter Blutgerinnung und zu Blutungsneigung. Unser Organismus kann offenbar weder die Stoffe der B_2-Gruppe noch die übrigen zuletzt erwähnten Vitamine selbst aufbauen.

Neben der großen Gruppe der organischen stehen die *mineralischen Nährstoffe.* Unter mineralischen Nährstoffen, Mineralien oder „Asche" verstehen wir jene allereinfachsten Grundbaustoffe des Körpers, die *nicht Kohlenstoff, Wasserstoff, Sauerstoff oder Stickstoff* sind. Die Umgrenzung des Begriffs ist also rein biologisch. Die alte Bezeichnung „*Asche*" geht auf die Beobachtung zurück, daß die organischen Nährstoffe, die ja fast nur aus Kohlenstoff, Wasserstoff, Sauerstoff und Stickstoff bestehen, vollständig verbrennen können. Was als Asche zurückbleibt, sind mineralische Bausteine. Im lebenden Körper kommen die Mineralien entweder als *anorganische Moleküle* vor *neben* den organischen Molekülen oder als Bausteine des organischen Moleküls *innerhalb des organischen Moleküls.*

*Gewichts*mäßig machen die Mineralien nur einen kleinen Teil des Körpers aus. Die Asche eines menschlichen Körpers wiegt etwa 3 kg; $^5/_6$ dieser Menge entstammen allein den Knochen. Dieses Verhältnis ändert sich aber ganz erheblich, wenn man die organischen und anorganischen Teilchen des Körpers nicht wiegt, sondern *zählt.* Dann ergibt sich nämlich die überraschende Tatsache, daß die Menge der mineralischen Bestandteile durchaus nicht kleiner ist als die Menge der organischen. Die organischen Teilchen sind eben nur ungleich größer und schwerer. Wir haben davon gesprochen, daß es Eiweißkörper gibt mit einem Molekulargewicht von 2 Millionen und darüber. Mineralien kommen im Körper aber meist als „niedermolekulare" Verbindungen, als *Moleküle mit wenigen Atomen* vor oder als Ionen, d. h. als elektrisch geladene *Einzelteilchen.* Das Molekulargewicht eines Natriumteilchens ist 23, eines Eisenteilchens 56, eines Schwefelteilchens 32.

Die *Vielheit* und die große Zahl der mineralischen Körperbausteine deutet auf *besondere biologische Aufgaben.* Ganz allgemein läßt sich sagen, daß die Mineralien den *physikalisch-chemischen Aufbau* der Zelle beherrschen. Sie können damit die Lebenserscheinungen entscheidend beeinflussen. Im höher organisierten Lebewesen treten diese *unmittelbaren* Einflüsse auf die Zelle hinter den *mittelbaren* Auswirkungen der Mineralien auf *Fermente, Vitamine und Hormone* zurück. Diese Wirkstoffe ermöglichen ja erst ein sinnvolles Ineinandergreifen der Lebensvorgänge, d. h. das Leben überhaupt. Bestimmte Mengen bestimmter Mineralien, Gleichgewichte zwischen sauren und basischen Wertigkeiten, Gleichgewichte zwischen verschiedenen Ionen sind aber notwendige Voraussetzung jeder Ferment-, Vitamin- und Hormonwirkung. Änderung der Mineralkonstellation zieht Änderungen der Ferment-, Vitamin- und Hormonwirkung nach sich. Wir verstehen so, daß Mineralzufuhr eine Vitaminwirkung hemmen, fördern, u. U. überhaupt erst erkennbar machen kann. Umgekehrt wird aber auch die Mineralkonstellation ihrerseits von den Wirkstoffen bestimmt. Dank ihrer Kleinheit und raschen Beweglichkeit sind die Mineralien in kürzester Zeit überall zur Stelle, wo schnell eingegriffen werden muß. Sie sind die stets alarmbereite „Gliederung" des Organismus — dazu bestimmt, anderen „Organisationen" ihre Lebensarbeit zu erleichtern.

Von den *Sonderaufgaben der einzelnen Mineralien* wissen wir noch nicht allzuviel. Alle tierischen Zellen enthalten Kalium, Magnesium, Eisen, Phosphor und Schwefel, die meisten außerdem Kalzium, Natrium, Mangan, Chlor, Brom, Jod und Silizium. Im menschlichen Körper hat man noch Aluminium, Arsen, Blei, Kupfer, Silber, Zinn und Zink gefunden. Daß in das Molekül gewisser Eiweißkörper Schwefel, Phosphor, Eisen, Kupfer, Chlor, Jod oder Brom eingebaut ist, wissen wir bereits.

Die biologische Bedeutung des *Schwefels und Phosphors* deckt sich annähernd mit der biologischen Bedeutung der schwefel- und phosphorhaltigen Eiweißkörper und Lipoide. Daneben enthält Vitamin B_1 Schwefel. Und *nicht*-eiweißgebundener Phosphor ist unerläßlich für die Muskeltätigkeit, für die Verdauung und für den Knochenbau. Bei starker *Chlor*verarmung des Körpers durch anhaltendes Erbrechen, durch übermäßiges Schwitzen oder durch unstillbare Durchfälle kommt es zu lebensbedrohlichen Störungen. Ohne *Jod* kein Schilddrüsenhormon!

Ohne *Kalium* keine Muskeltätigkeit und keine Reizübertragung vom Nerv auf den Muskel. Trainierte Muskeln sind kaliumreicher. Kalium und *Natrium* wirken vielfach gegensinnig. Kalium findet sich vor allem in den festen Geweben, Natrium in den Körperflüssigkeiten. Auch Natrium und Kalzium sind unentbehrlich für die Erregbarkeit von Muskeln und Nerven. Wassertransport, Wasserbindung und Wasserausscheidung gehören zu den wichtigsten Aufgaben des Natrium. In mancher Hinsicht ist hier das Kalzium sein Gegenspieler. Enge Beziehungen bestehen zwischen Natrium, Nebennierenrindenhormon und Vitamin C, zwischen Natrium, Chlor und dem Bauchspeicheldrüsenhormon Insulin. *Kalzium* dichtet die Zellwände, kittet die Grenzflächen verschiedener Zellen aneinander, macht das Blut und im Magen das Milcheiweiß gerinnbar, beteiligt sich entscheidend an der Wirkung des Vitamin C und D, des Nebenschilddrüsenhormons und vielleicht auch des Schilddrüsenhormons. Es gibt dem Knochen seine Festigkeit und dabei gleichzeitig dem Gesamtkörper einen wertvollen Vorratsbestand. Der Zellkern ist kalziumreicher als das Zellplasma. Die speziellen Aufgaben des *Magnesium* erschöpfen sich bestimmt nicht in seiner — bis heute allein sicher bekannten — Mitwirkung am Knochenaufbau. *Mangan* scheint für Verbrennungsvorgänge von Bedeutung zu sein. Wenig Sicheres wissen wir von den Sonderaufgaben des *Brom* und der anderen Mineralien, die man in kleinsten Mengen im Körper findet. Unser Körper scheidet fortlaufend Mineralien aus. Wir müssen deshalb fortlaufend die folgenden Mineralien regelmäßig zu uns nehmen: Kalium, Natrium, Kalzium, Magnesium, Eisen, Kupfer, Zink, Mangan, Aluminium, Silizium, Chlor, Phosphor, Schwefel, Fluor, Jod, wahrscheinlich auch Arsen und Brom.

Wir haben die stofflichen Grundlagen des Lebens noch nicht erschöpft. Zu den lebensnotwendigen Nährstoffen gehört der *Sauerstoff der Luft* und das *Wasser*. Leben ist Energieumsatz. Die nötige Energie gewinnt unser Körper aus der Verbrennung der Kohlehydrate, der Fette und des Eiweißes. Dazu braucht er Sauerstoff.

Gäbe es in der Luft keinen Sauerstoff mehr, dann wären in kurzer Zeit die meisten Tiere tot. Einige wenige nur, die den Luftsauerstoff nicht brauchen, würden am Leben bleiben. Gäbe es aber plötzlich kein Wasser mehr, dann würde schlagartig alles tierische und pflanzliche Leben erlöschen. 60% des erwachsenen Menschen, 97% des ungeborenen sind Wasser. Wasserverluste in Höhe von etwa 15% des Körpergewichtes führen zum Tod. Es sind höchst verwickelte Vorgänge chemischer, physikalisch-chemischer und physikalischer Art, Mineral-, Ferment-, Vitamin- und Hormonsteuerungen, die die Wasserbindung, Wasserverteilung und Wasserausscheidung sichern und sie den unaufhörlich wechselnden inneren und äußeren Bedingungen anpassen. Wir sprechen von Quellungswasser, von Lösungswasser und wissen, daß Schutz gegen Überhitzung und Beseitigung von Stoffwechselschlacken durch die Niere, den Darm und die Haut ohne Wasser nicht möglich ist.

Schließlich noch die *Sonne!* Sie ist nicht nur auf dem *Umweg* über *die Pflanze* die letzte Quelle unseres Lebens. Sie „nährt" uns auch *unmittelbar,* indem sie in unserer Haut Vitamin D entstehen läßt und damit unsere Vitamin D-Zufuhr mit der Nahrung ergänzt. Wie weit die Sonne in andere Lebensvorgänge eingreift und wie weit sie die Zufuhr von Nährstoffen ersetzt oder eine höhere Nährstoffzufuhr nötig macht, läßt sich noch nicht übersehen. Wachstumssteigerung, erhöhte Stickstoffausscheidung, raschere Blutregeneration und Anregung der Geschlechtsfunktion hat man unter dem Einfluß des Sonnenlichts beobachtet.

Eine Fülle verschiedenartigster Nährstoffe kennen wir jetzt. Jeder hat seine Aufgabe, jeder wird gebraucht. Noch immer sind es aber nicht alle. Müßten wir aus den bisher betrachteten

Nährstoffen und *nur* aus diesen unsere tägliche Nahrung aufbauen — wir hätten am Essen keine Freude mehr. Unsere Nahrung wäre ein Gebräu, das die Bezeichnung „Essen" höchstens im Rahmen entsagungsvoller wissenschaftlicher Selbstversuche verdiente. Woran liegt das? Es liegt daran, daß einer solchen Nahrung alle jene *Stoffe* fehlen, *die den Nahrungsmitteln ihren charakteristischen Geschmack und Geruch geben* und untrennbar mit jedem einzelnen Nahrungsmittel verbunden sind. Reine Eiweißkörper, reine Fette und Stärke sind geschmacklos. Geschmackswert hat von Brennwertträgern nur der Zucker, von Mineralien nur das Kochsalz. Alle anderen Nährstoffe, von denen bisher die Rede war, haben keinen charakteristischen Geruch oder Geschmack — jedenfalls nicht in der Gestalt und Menge, in der sie in unserer täglichen Nahrung enthalten sind. In großen Dosen erst schmeckt reines Vitamin B_2 bitter, Vitamin C sauer.

Die Befriedigung lebensnotwendiger Bedürfnisse hat die Natur überall mit *Lustempfindungen* verknüpft. Lustempfindungen sind immer das sicherste Mittel, um eine ausreichende Befriedigung lebensnotwendiger Bedürfnisse zu gewährleisten. Zum Essen locken *Schmeck- und Riechstoffe*. Zusammen mit dem Hunger und Durst sorgen also die schmeckenden und riechenden Stoffe für die Erhaltung der stofflichen Grundlagen des Einzellebens. Sie sind damit nicht weniger lebenswichtig als alle anderen Nährstoffe auch. Außerdem wissen wir gar nicht, ob sich ihre Wirkungen im Geruchlichen und Geschmacklichen erschöpfen. Sind Anreiz zum Essen und — bei vielen von ihnen — Anregung der Verdauungsvorgänge die einzigen Aufgaben? Wir sehen immer wieder, wie haushälterisch der Organismus arbeitet. Wenn uns Näheres auch nicht bekannt ist — die Annahme, der Organismus benötige und benutze die schmeckenden und riechenden Stoffe auch noch für *andere Zwecke*, liegt doch sehr nahe. Die chemische Natur jener Stoffe harrt noch der restlosen Aufklärung. Wir sprechen von „Aromastoffen" des Brotes und des Apfels, von „Extraktivstoffen" des Fleisches, von „Bratstoffen" und „Röststoffen" ohne zu wissen, was sie im einzelnen immer sind. Abkömmlinge von Aminosäuren scheinen das Aroma von

Früchten, Gemüsen, Wein und Käse zu bedingen. Beim Braten, Backen und Rösten entstehende Aromastoffe sollen Verwandte des Diazetyls sein.

Gewürze und „Genußmittel" schätzt der Mensch ihrer Geschmacks- und Geruchswerte wegen oder weil er sich von ihnen ganz bestimmte Wirkungen erwartet. Oft trifft beides zusammen. Chemisch gehören die wesentlichen Bestandteile, die den Geruchs-, Geschmacks- und Wirkungswert dieser Nahrungsmittel ausmachen, den verschiedensten Stoffgruppen an; zum größten Teil sind sie noch unbekannt.

Beliebte Gewürze sind *Zwiebeln* und *Paprika.* Ihr Vitamin C-Reichtum hat offensichtlich nichts zu tun mit den Geschmackstoffen, deretwegen wir sie als Gewürze schätzen. *Wacholderbeeren und Kiefernadeln,* im hohen Norden als Nahrungswürze gebraucht, enthalten gleichfalls reichlich Vitamin C; den charakteristischen Geschmack verdanken sie aber nicht ihrem Vitamin C-Gehalt. *Zwiebeln und Curry* steigern die Magensaftabscheidung und den Sättigungswert der Nahrung. Sind es dieselben Stoffe, die auf Geruch, Geschmack und Magendrüsen wirken? Wir dürfen in den Gewürzen jedenfalls nicht *nur* Träger riechender und schmeckender Stoffe sehen, in den Genußmitteln nicht *nur* Träger riechender, schmeckender und „anreizender" Stoffe. Gewürze und Genußmittel besitzen darüber hinaus vielfältig wirkungskräftige — im einzelnen zum großen Teil unbekannte — Stoffe und Stoffgruppen (organische Säuren, aromatische Körper, Alkaloide usf.). Ihre jahrtausendealte Verwendung als Arzneimittel beruht darauf. Senf, Mohnsamen, Kümmel, Fenchel, Anis, Lorbeer, Pfefferminze, Salbei, Thymian, Wermut und Rettich schätzt die Küche als *Würzkräuter,* die Heilkunde als *Heilkräuter.*

Auf ihrem Gehalt an Alkohol, Koffein und Nikotin beruht ein Großteil der Wirkung begehrter *Genußmittel.* Chemische Natur und biologische Wirkungen dieser drei *„Genußgifte"* kennt man recht gut.

Der *Alkohol,* ein organischer Stoff von der Formel C_2H_5OH wird im Körper fast völlig verbrannt; in Spuren erscheint er in der Ausatmungsluft. Alkohol regt die Magensaftabscheidung an und erweitert die Blutgefäße der Haut. Dadurch entsteht ein wohliges Wärmegefühl, das die Wärmeabgabe des Körpers — unter Umständen die Gefahr des Erfrierens — erhöht. Ein lebhafter Sprech- und Bewegungsdrang macht sich geltend; das Gefühl der Ermüdung wird hinausgeschoben. Stimmung, Wollen und Denken ändern sich in bekannter Weise. Reichlicher Alkoholgenuß lähmt die Gehirnfunktionen — zunächst die höchsten, mit zunehmender Schwere der Vergiftung immer tiefere; Herz- und Atemtätigkeit lassen nach. Die Nachwirkung kennt jedermann. Vielgestaltig sind die Erscheinungen des chronischen Alkoholismus: Allgemeine Widerstandslosigkeit und Leistungsunfähigkeit, hartnäckige Katarrhe der Luft- und Verdauungswege, Störungen der Haut und der Kreislauforgane, vor allen Dingen aber Charakterveränderungen, Aufregungszustände, Sinnestäuschungen (Delirium tremens) mit schweren Schädigungen des Gehirns und der Nerven machen sich immer stärker bemerkbar. An der Entwicklung von Gicht und Leberzirrhose sind andere Bestandteile alkoholischer Getränke in mindestens gleichem Maße beteiligt wie der Alkohol selbst.

Koffein und Theobromin, eng miteinander verwandt, stehen chemisch dem Purin nahe. Im Körper werden beide fast völlig zersetzt; nur ein kleiner Teil erscheint im Harn. Koffein macht lebendig und lebhaft, regt Herztätigkeit und Harnausscheidung an. Daher seine Beliebtheit als Anregungsmittel und Waffe gegen Ermüdung. Theobromin wirkt stärker auf die Harnausscheidung, weniger stark auf das Nervensystem. Einmalige große Koffeinmengen führen zu Schwindel, Schlaflosigkeit, Aufregungs- und Angstzuständen, Muskelzittern, Brechneigung und Durchfall. Dauerschäden durch Kaffeegenuß sind — auch in Wien — nicht zu befürchten. Chronischen „Koffeinismus" als Krankheit gibt es nicht.

```
          CO
        /    \        CH3
   H3CN       C—N  /
     |        ||     \ CH
    OC        C—N  //
        \    /
         NCH3
```

Koffein.

Eine Base mit einem sechsgliedrigen (Pyridin-) und einem fünfgliedriger (Pyrrol-) Ring ist das *Nikotin.* Nikotin treibt Speichel, regt die Darmbewegungen und die Tätigkeit von Schweißdrüsen, Herz und Gehirn an. Die akute Nikotinvergiftung — durch übermäßiges Rauchen oder als gewerbliche Vergiftung — äußert sich in stürmischen Bewegungen des Magendarmkanals mit Übelkeit, Erbrechen und Durchfall, in heftigem Herzklopfen, kaltem Schweiß, Ohnmachtsgefühl und Sehstörungen. Nikotin in großen Mengen löst Zusammenziehungen der schwangeren Gebärmutter aus. Darin liegt die Ursache der Fehlgeburten bei anhaltendem Nikotinmißbrauch und der Verwendung des Nikotins als Abtreibungsmittel. Anhaltender Mißbrauch, „chronischer Nikotinismus", schädigt die Kreislauf-, Atmungs- und Verdauungsorgane (Blutdrucksteigerung mit Durchblutungsstörungen, Katarrhe der Atemwege und des Magens), das Nervensystem und die Augen.

Was die Alkohollösung zum Wein macht, die Koffeinlösung zum Kaffee und Tee, das Nikotin zum Tabak, wissen wir nur sehr unvollkommen. Der Mensch sucht in seinen Genußmitteln ganz bestimmte Wirkungen. Das sind nicht allein Alkohol-, Koffein- oder Nikotinwirkungen. Von den *„Aromastoffen"* alkoholischer Getränke war schon die Rede; dazu kommen Zucker, Zuckerabkömmlinge und Kohlensäure. Beim Kaffeerösten entstehen (aus Legumin, Zucker und Hemizellulosen) „Aromastoffe". Tee ist reich an ‚ätherischem Öl" (das sind Äthyl- und Methylalkohol, Azeton und unbekannte andere Stoffe). Solchen, nach Herkunft und Zubereitung schwankenden Beimengungen verdanken die Genußmittel ihren spezifischen Geruch und Geschmack. Diese Begleitstoffe sind durchaus nicht ohne Einwirkung auf das Nervensystem und andere Organe. Die Kaffeefrage ist nicht nur eine Koffeinfrage. Und auch an den Erscheinungen der Tabakvergiftung beteiligen sich außer dem Nikotin eine ganze Reihe anderer Stoffe (Pyridine, Kollidin u. a.

Kein sachkundiger Biologe und kein verantwortungsbewußter Arzt zweifelt an der Notwendigkeit, den Genußgiftmißbrauch mit allen Mitteln zu bekämpfen. Gerade der sachkundige Biologe und der verantwortungsbewußte Arzt muß aber auf klare Fronten und einwandfreie Kampfesweise bedacht sein. Man kann den Genußgiftmißbrauch sehr wohl ethisch und weltanschaulich bekämpfen. Es ist aber keine einwandfreie

Kampfesweise mehr, wenn man dem Unkundigen unbewiesene biologische Tatsachen als bewiesen vorsetzt oder halb bewiesene so darstellt, daß sie ihm als schlüssige Beweise erscheinen müssen. Niemand weiß besser als der Arzt, wieviel Verwirrung da oft angerichtet wird. Es war von vornherein zu erwarten, daß heute vor allem auch Vererbungsgesichtspunkte zur Genußgiftbekämpfung herangezogen würden. Solchen Bestrebungen gegenüber muß festgestellt werden: Schädigungen des menschlichen Erbgefüges durch Alkohol, Koffein oder Nikotin hat noch niemand beweisen oder wahrscheinlich machen können. Und wenn man die Häufung von Schwachsinnigen, Psychopathen und Geisteskranken in Trinkerfamilien als Beweis für eine Erbschädigung durch Alkohol anführt, dann liegen hier die Dinge umgekehrt: Diese Menschen sind Trinker, weil sie geistig minderwertig sind — sie sind nicht geistig minderwertig, weil ihre Eltern Trinker waren! Natürlich bleibt es jedem unbenommen, für sich selbst auf Alkohol, Koffein und Nikotin zu verzichten. Wir haben aber keine Veranlassung, aus biologischen Gründen den Alkohol-, Koffein- und Nikotingenuß bedingungslos zu verhindern. Gewiß sind es „Gifte". Es gibt auch Kochsalz- und Wasservergiftungen und Leute, die das Kochsalz als „Gift" mit dem Alkohol und Nikotin auf eine Stufe stellen. Der Arzt aber weiß: „Alle Dinge sind Gift und nichts ohne Gift, allein die Dosis macht, daß ein Ding kein Gift ist" (Paracelsus, 1493—1541).

IV. Korn und Brot.

Wenn einer zu uns kommt und sagt: Ich hätte gern 2 g Eiweiß, 0,2 g Fett, 9 g Kohlehydrate, 60 mg Chlor und 34 γ Vitamin B_1 — dann hören wir ihm, je nach Temperament, verständnislos, empört oder mit freundlich-psychologischem Interesse zu. Und wir verstehen erst allmählich, daß er ein Stück Schwarzbrot will. Der gewöhnliche Mensch verlangt eben nicht *Nährstoffe* sondern *Nahrungsmittel*, wenn er Hunger hat. Aus *Nährstoffen* und aus nicht nährenden Stoffen, „*Ballaststoffen*", bauen sich die Nahrungsmittel auf. Mit Nahrungsmitteln decken wir unsern Nährstoffbedarf. Sie sind teils pflanzlicher, teils tierischer Herkunft. Fast unübersehbar ist ihre Zahl.

Hätte jedes Nahrungsmittel seinen festen, immer und überall gleichen Gehalt an Nährstoffen, dann könnten wir leicht feststellen, wieviel von jedem Nährstoff der Mensch mit seiner Nahrung verzehrt und wieviel Nahrungsmittel er andererseits braucht, um einen bestimmten Nährstoffbedarf zu decken. Das ist aber leider nicht der Fall! Die stoffliche Zusammensetzung gleichartiger *pflanzlicher Nahrungsmittel* — von den tierischen wollen wir erst später reden — unterliegt starken Schwankungen. Erbe, Boden, Wetter und Erntezeit bestimmten in weiten Grenzen den Nährstoffgehalt der Pflanze.

Es gibt Familien, da sind alle mager, auch wenn sie einen noch so gewaltigen Appetit entwickeln und viel mehr essen als jene, die allen Bemühungen zum Trotz immer rundlicher werden. Es gibt Kühe, die beim besten Futter wenig Milch geben. Und es gibt Getreidesorten, Getreiderassen, deren Erträge trotz bester Düngung gering, deren Haltbarkeit und Backfähigkeit schlecht sind. Überall sind den Fähigkeiten der Lebewesen Grenzen gezogen durch die *Erbgebundenheit ihrer Möglichkeiten*. Der „Rahmen" der erbgegebenen Möglichkeiten legt unabänderlich auch die Grenzen fest, innerhalb derer Düngung, Wetter und Pflege den Nährstoffgehalt einer Pflanze zu bestimmen vermögen. Von hier aus erkennen wir die überragende Bedeutung der *Pflanzenzüchtung*. Düngung, Wetter, Pflege — sie müssen Stückwerk bleiben, wenn nicht eine zielbewußte Pflanzenzüchtung dazutritt. Die Züchtung muß die Vorbedingungen zum Erfolg schaffen.

Jahrtausende *züchterischer Arbeit* waren nötig, um aus ertragsschwachen Gräsern nutzbare Kulturpflanzen zu machen. Jeder Bauer baut heute Weizensorten, die ertragreicher sind als die besten Sorten unserer Urgroßväter. Die moderne Erbforschung hat uns neue Züchtungsmöglichkeiten in die Hand gegeben. In verhältnismäßig kurzer Zeit ließen sich damit z. B. die Weizenerträge Schwedens um 15% steigern. Trotzdem fallen unsere heute üblichen Sorten auch unter *gleichen* Lebensbedingungen bezüglich ihres Gehalts an nutzbarem Eiweiß, an Stärke und Zucker, an Öl, Mineralien und Vitaminen noch weit auseinander. Die vergangenen 2 Jahrzehnte haben vor allem durch die Arbeit Erwin Baurs (1875 bis 1933) und seines *Müncheberger Instituts* bedeutende Fortschritte gebracht. Bekannt sind die Bemühungen Baurs um die Züchtung eines Weizens für Sandboden, um die Züchtung winterharter Getreide- und Kartoffelsorten und um die Züchtung der süßen Lupine, die nicht nur ein *wissenschaftlicher* sondern auch ein großer *wirtschaftlicher* Erfolg geworden ist. Nach der Meinung erfahrener Pflanzenzüchter läßt sich der Eiweißgehalt der Getreidearten, Kartoffeln und Rüben ohne große Schwierigkeiten um 50% steigern. Das würde eine Mehrerzeugung von jährlich 1 Million t Eiweiß bedeuten! Den Zuckergehalt der Zuckerrübe — früher 10, jetzt 20% — könnte man durch die Züchtung von Rübensorten mit reichlicher, bis in den Herbst ausdauernder Blattmasse noch weiter steigern. Solche Rüben wären nämlich in der Lage, längere Zeit Zucker aufzubauen als andere Sorten.

Der Zwang, allen verfügbaren Boden auszunützen, fordert von unseren Kulturpflanzen Anspruchslosigkeit, Frost- und Dürrefestigkeit, gute Verarbeitungsfähigkeit (Backfähigkeit) und Haltbarkeit. Während der Winterlagerung verlieren z. B. verschiedene Kartoffelsorten ihren Vitamin C-Gehalt ganz verschieden rasch. Das ist beachtenswert, weil die Kartoffel eine Haupt-Vitamin C-Quelle der Volksernährung ist. Frühreife Gemüse und Obstsorten sind in unseren Breiten höchst erwünscht. Auf Einzelheiten kommt es hier nicht an. Wir wollen nur zeigen, wie weit der Nährstoffgehalt unserer Nutzpflanzen erbmäßig bestimmt und bestimmbar ist und welche Aufgaben und Möglichkeiten daraus für die Züchtungsforschung erwachsen.

Die Pflanze kann ihre Nahrung nicht selbst suchen wie das Tier. Gebunden an ihren Standort, ist sie angewiesen auf das, was ihr der *Boden* gerade dort bietet. Jede Pflanze hat zwar ihren Lieblingsboden. Auf ihm gedeiht sie am besten. Roggen wächst aber nicht *nur* auf norddeutschem Sandboden. Er wächst auch auf tonhaltigen süddeutschen Böden. Roggen wächst auf stallgedüngten, kunstgedüngten und biologisch-dynamisch bewirtschafteten Äckern. Sofern der Boden nur die notwendigen Mindestmengen von Nährstoffen besitzt, kann ein und dieselbe Pflanze auf im übrigen ganz verschiedenen Böden gedeihen, weil sich Größenwachstum und stoffliche Zusammensetzung den Naturgegebenheiten anpassen. Der Nährstoffgehalt der Nahrungsmittel pflanzlicher Herkunft hängt also auch von der *Beschaffenheit des Bodens* ab. Landschaft und Düngung bestimmen den Boden — jedenfalls im alten Europa, wo wir auf regelmäßige Düngung nicht mehr verzichten können. Die Frage heißt also: Wie weit wird die Zusammensetzung unserer pflanzlichen Nahrungsmittel durch die geologischen Eigentümlichkeiten des „gewachsenen" Bodens, wie weit durch die Düngung bestimmt? Fragen der Ertragshöhe und der Wirtschaftlichkeit interessieren uns hier nicht; von Gesundheitsschädigung durch Düngung wird im 11. Abschnitt die Rede sein.

Allgemein anerkannt wird die Tatsache, daß *übersteigerte Düngung* das Pflanzenwachstum verdirbt. Geschmack und Haltbarkeit leiden, der Nährstoffwert sinkt. Die Gefahr einer einseitigen und übersteigerten Düngung ist bei der *mineralischen („Kunst"-) Düngung* besonders groß — vor allem, solange nicht die Möglichkeit besteht, Art und Menge der fehlenden Bodenstoffe festzustellen und danach nur das Fehlende — nicht ein Vielfaches davon! — hinzuzufügen. Daß mineralische Überdüngung vorkommt, steht außer Zweifel. Wenn auch die meisten Einwände gegen den Kunstdünger dem Gefühl und dem Glauben entspringen — über die Urteile kritischer und erfahrener, an kein Ernährungsdogma gebundener Ärzte und Köche kann man nicht hinwegsehen. Es muß zugegeben werden, daß der Kunstdünger den Geschmack von Grünkern, Spargeln und anderen Gemüsen verderben und die Gemüsehaltbarkeit beeinträchtigen *kann.* Die Backfähigkeit des Getreides hingegen ist wesentlich erbbedingt und durch Düngung kaum beeinflußbar. Woran diese störende Nebenwirkung des Kunstdüngers liegt, wissen wir nicht. — Auch mit *Stallmist und Jauche* übermäßig gedüngtes Gemüse verliert an Geschmack und Haltbarkeit. In jüngster Zeit hat eine sachverständige Arbeitsgemeinschaft den Einfluß der Düngung auf eine Reihe von Gemüsequalitäten geprüft: auf Haltbarkeit, Konservierungsfähigkeit, Geruch, Geschmack und chemische Zusammensetzung. Am besten bewertet wurden die Erzeugnisse mit Stallmist+Stickstoff-Phosphor-Kalidüngung, am zweitbesten jene mit Stallmistdüngung allein. Manchmal schnitten auch die allein mineralgedüngten Gemüse am besten ab. — In der Natur der *biologisch-dynamischen Wirtschaftsweise* liegt es, daß Überdüngung kaum vorkommen kann. Die biologisch-dynamische Wirtschaftsweise arbeitet mit Stalldünger und Kompost und *ohne* jede Mineraldüngung. Ehe der Mist auf den Acker kommt, wird er in besonderer Weise behandelt und mit Pflanzenextrakten beimpft. Daneben spielen Bodenbearbeitung, Zeitpunkt der Aussaat und Kombination verschiedener Pflanzenarten im Anbau eine Rolle. Ein endgültiges Urteil läßt sich mangels ausreichender zuverlässiger Vergleichsuntersuchungen noch nicht abgeben. Die Erträge sollen die Erträge mineralgedüngter Böden erreichen. Hervorgehoben werden vielfach die ausgezeichneten Geschmacksqualitäten, die Haltbarkeit von Gemüse und Obst und die bessere Backfähigkeit des Weizens.

Seit langem kennt man die *Schwankungen des Eiweiß- und Stärkegehalts* der Pflanzen auf verschiedenen Böden. Stickstoffreichtum des Bodens und Eiweißreichtum der Pflanze gehen keineswegs Hand in Hand. Reichliche Stickstoffdüngung erhöht zwar den Stickstoffgehalt; der Anteil des Stickstoffs in *Eiweiß*form geht aber zurück. Und Nicht-Eiweißstickstoff hat für unsere Ernährung wenig Wert. Bedeutungsvoll scheint das Verhältnis Stickstoff : Kalium im Boden zu sein. Kaliumreicher Boden hemmt den Stickstoffansatz und fördert die Stärke- und Zuckerbildung.

Der Mineralgehalt des Bodens drückt sich auch im *Mineralgehalt* der Pflanze aus. Schwefel, Phosphor, Jod, Kieselsäure, Kalium, Kalzium können sich in Getreide, Kartoffeln, Gemüse und Obst anreichern. Von 100 Teilen Asche sind bei Haferpflanzen 4—38 Teile Kalzium, 18—54 Teile Kalium, 0—27 Teile Natrium. Chlorhaltige Düngesalze erhöhen den Chlorgehalt von Kartoffeln bis auf das Fünffache. In manchen

Fällen scheint auch hierfür das Mineral*verhältnis* im Boden eine Rolle zu spielen. So beschränkt z. B. hohe Kaliumzufuhr die Aufnahmefähigkeit für Kalzium. Durchweg schwankt der Kaliumgehalt (vielleicht der gesamte Mineralgehalt) in Blättern stärker als in Samen und Wurzelknollen.

Seit einigen Jahren erfreuen sich die *Vitamine* mit Recht steigender allgemeiner Wertschätzung. Der heutige Stand unserer Kenntnisse drängt uns zu der Annahme, daß nicht jede Kostform eine ausreichende Vitaminversorgung gewährleistet. Die verschiedenen Vitamine und die verschiedenen Pflanzen sprechen auf gleiche Nährstoffbedingungen ungleich an. Ganz allgemein scheint eine Hebung des *Vitamin A-* (bzw. des Karotin-)Gehalts durch Düngung leichter zu gelingen als eine Hebung des *Vitamin C*-Gehalts. Jedenfalls hemmt Überdüngung die C-Bildung. Und Spinat bildet auf Hochland- oder Lehmboden 1½ mal soviel Vitamin C als im Mistbeet. *B_1- und B_2-Gehalt* von Weizen und Kartoffeln sollen sich durch Düngung nicht beeinflussen lassen. — Meist entzieht es sich unserer Kenntnis wieweit die Nährstoffschwankungen erbbedingt, wie weit sie umweltbedingt sind, weil wir ihre Herkunft und Geschichte der Pflanze nicht kennen. So werden für den Vitamin C-Gehalt von Tomaten 13—31 mg je 100 g angegeben, für Kohl 20—100 mg (die inneren Blätter sind am C-reichsten), für Zitronen 80—140 mg, für Apfelsinen 60 bis 120 mg, für Spinat 4—8 mg und für Kartoffeln 10 bis 30 mg. Im allgemeinen darf man sagen, daß jede Düngung, die Wachstum und Entwicklung der Pflanze fördert, auch die Vitaminbildung begünstigt.

Und dann das *Wetter!* In einem nassen Sommer taugt das Heu nichts. Das Gras, im Regen aufgewachsen, hat „nichts in sich". Das geschnittene Gras ist vom Regen ausgewaschen, einen Teil seiner löslichen Mineralstoffe hat es verloren. Ähnlich geht's dem Obst und dem Gemüse: Es reift nicht richtig aus, es schmeckt fade und wäßrig, sein Nährstoffgehalt ist gering, es hat „keine Kraft". In sonnenreichen, trockenen Sommern wird die Ernte mengenmäßig vielleicht kleiner, dafür aber hochwertiger, reicher an Nährstoffen aller Art. Sonnenstrahlung ist — unmittelbar oder auf dem Umweg über den

Boden — für Stoffbildung und Stoffumsatz der Pflanze von größter Bedeutung; im Dunkel gehaltene Pflanzen verarmen häufig nicht nur an Stärke sondern auch an Mineralstoffen.

Von der Parteien Gunst und Haß verwirrt schwankt das Charakterbild des *Mondes*. Er genießt einen hervorragenden Ruf in der biologisch-dynamischen Wirtschaftsweise. Aber auch einzelne andere, in dieser Hinsicht ungebundene Landwirte und Gärtner glauben an ihn und säen und pflanzen nur bei zunehmendem Mond. Mondeinflüsse auf den menschlichen Organismus dürfen als erwiesen gelten (Häufung der Menstruationsbeginne, vielleicht auch der Geburten bei Vollmond und Neumond). Ob aber die Mondphase zur Zeit der Aussaat wirklich einen bestimmenden Einfluß auf das Pflanzenwachstum hat, das bedarf doch noch der sachkundigen, unvoreingenommenen Untersuchung.

Der *Zeitpunkt der Ernte* ist nicht gleichgültig. Die *Reife*, d. h. den Abschluß der Frucht- und Samenbildung warten wir nur bei Getreide, Obst, Nüssen und Mandeln und wenigen Gemüsearten ab. Die meisten Gemüse werden unreif, vor Abschluß der Samenbildung geerntet. Nur reifes Getreide läßt sich vermahlen und verbacken. Reife Tomaten, reife Zitronen und Apfelsinen sind Vitamin C-reicher als unreife, kleine Früchte verhältnismäßig reicher als große. Bei Gemüsen, deren Blätter, Wurzeln oder Wurzelknollen wir essen, spielt der Reifezustand der Frucht keine Rolle. Hülsenfrüchte werden sowohl unreif wie reif geerntet. Übrigens pflückt man Spinat am besten *nach* einem Regen, denn dann sind die Blätter Vitamin C-reicher als vor dem Regen.

Neben dem Reifezustand können *periodisch sich wiederholende Stoffwechselvorgänge* die Zusammensetzung der Pflanze im Zeitpunkt der Ernte bestimmen. Stärkebildung, Atmung, Zellteilung, Längenwachstum, Blätter- und Blütenbewegungen — Art und Ausmaß aller dieser Lebenserscheinungen schwankt in 24stündigem Rhythmus wie beim Menschen die Körpertemperatur und vieles andere. Man muß diese Vorgänge genauer erforschen. Wahrscheinlich ergäben sich daraus wichtige Hinweise für die Praxis. Wie der Bauer seinen Klee frühmorgens mäht, weil über Nacht die Nährstoffe aus den unterirdischen Teilen in die Stengel und Blätter gestiegen sind, so sollen auch Erdbeeren frühmorgens gepflückt werden. Vielleicht ist doch für viele Gemüse- und Obstarten die Ernte*stunde* nicht ganz gleichgültig. Bisher wissen wir allerdings so gut wie nichts Sicheres darüber.

Erbe, Boden, Wetter und Erntezeit bestimmen also in weitem Rahmen den Aufbau der Pflanze. Nun steht ja in unseren gebräuchlichen und für praktische Zwecke auch ganz unentbehrlichen Nahrungsmitteltabellen immer nur *eine* Zahl: Für Weizen also z. B. 68 g Kohlehydrat, 6 mg Chlor, 500 γ Vitamin B_1 usf. Das ist falsch, wenn man diese Zahlen als unveränderliche „Naturkonstanten" betrachtet in dem Sinn etwa, wie 426 mkg überall und immer *einer* Kalorie entsprechen, und wie überall und immer Eisen bei 1600° C schmilzt. Die Zahlen der Nahrungsmitteltabellen dürfen lediglich als *Richtzahlen,* als Durchschnittswerte betrachtet werden. Tabellenzahlen erlauben immer nur eine *Schätzung,* niemals eine genaue *Bestimmung* des Nährstoffgehalts. Für praktische Zwecke genügt jedoch in der Regel eine solche Schätzung vollkommen.

Unser täglich *Brot* ist nicht mehr *das* Nahrungsmittel, aber immer noch eines unserer wichtigsten Nahrungsmittel. Weizen und Roggen, die Brotgetreide, können wir aus der täglichen Nahrung nicht wegdenken.

Das rundliche *Weizen- oder Roggenkorn* besteht aus dem Mehlkörper und dem an Eiweiß, Lipoid, Vitamin A, B_1 und B_2 reichen Keimling. Beide umhüllt die Samenschale und darüber die faser- und mineralhaltige Fruchtschale. Im Bereich des Mehlkörpers liegt der Samenschale innen eine Schicht großer, eiweißreicher Zellen, die Aleuronschicht, an. Die Aleuronschicht umschließt den ganzen Mehlkörper. Der Mehlkörper seinerseits baut sich auf aus stärkehaltigen Zellen und dem Kleber. Beim Kneten des Mehls im Seihtuch unter Wasser bleibt der Kleber (ein Gliadin-Glutenin, d. h. ein Eiweißkörper-Gemisch) als fadenziehende Masse zurück.

In der *Mühle* werden äußere Schalenteile und Keimling entfernt, weil die Keime mit ihrem hohen Fett- und Eiweißgehalt die Haltbarkeit des Mehls beeinträchtigen. Das Mahlen wäre sehr einfach, wenn sich Schalen und Aleuronschicht — die Kleie, wie sie der Müller zusammenfassend nennt — leicht und vollständig vom Mehlkern trennen ließen. Da das nicht geht, muß die Trennung durch schrittweises Zerkleinern des Korns, vielfaches Sortieren und wiederholtes Absieben erreicht werden. Je weniger Kleie das Mehl enthält, desto weißer ist es; wir sprechen von „wenig ausgemahlenem" Mehl. Weizenmehl von etwa 41 proz. Ausmahlung („Kaiserauszugsmehl", Type 405) besteht praktisch nur aus dem Mehlkörper. Hoch ausgemah-

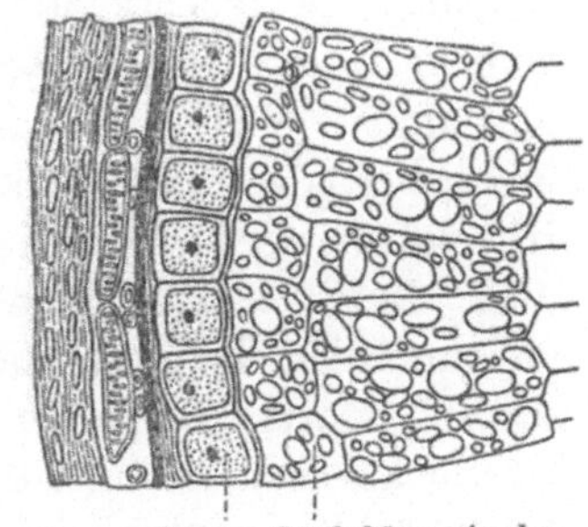

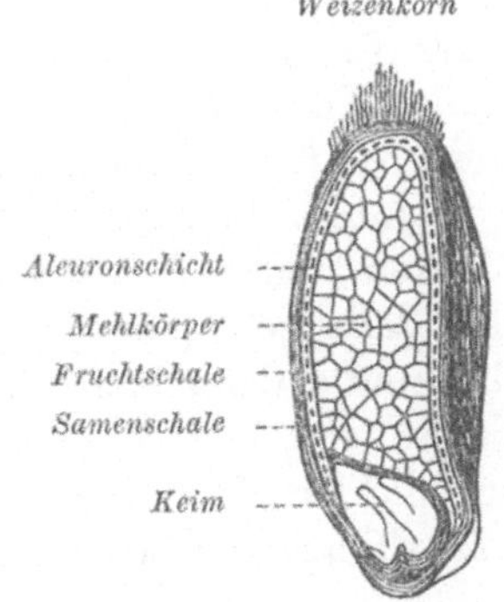

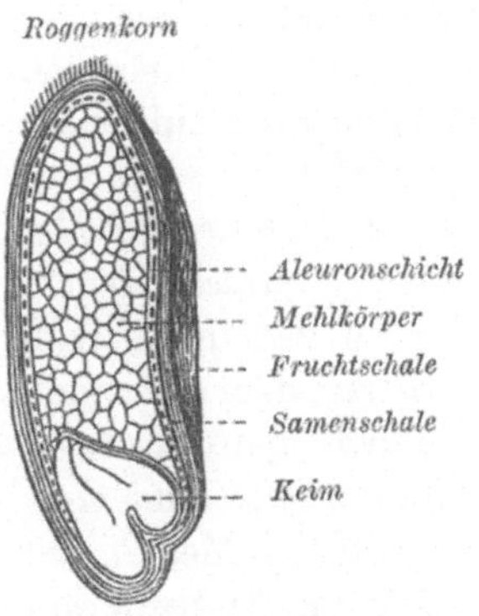

Abb. 1. Der **Bau** des Getreidekorns und die Verteilung der Nährstoffe in ihm. (Nach Kraft).

lenes Mehl ist zufolge seines reichlichen Kleiegehalts dunkel. Den Ausmahlungsgrad des Mehles kennzeichnen wir durch die Typenzahlen. Da ja Frucht- und Samenschalen (die Kleie) sehr viel mineralreicher sind als der Mehlkern, kann der Mineralgehalt des Mehles als Maß der Ausmahlung, d. h. des Kleiegehalts, dienen: Weizenmehl Type 630 = Weizenvollmehl; Roggenmehl Type 1370 = Kommißmehl; Roggenmehl Type 1150 = Roggenmehl, das ausschließlich zur Versorgung der Wehrmacht verwendet werden darf usf.

Im täglichen Leben haben sich besondere *Bezeichnungen für einzelne Mahlprodukte* eingebürgert: *Schrot* = grobes, stark kleiehaltiges, d. h. hoch ausgemahlenes Mehl. *Grütze* = enthülste, in gröbere Stücke zerbrochene Körner von Dinkel, Gerste, Hafer, Buchweizen, Hirse, selten von Weizen, Roggen, Mais oder Reis. *Grieß* = von Schalen und pulverförmigem Mehl befreite Bruchstücke von Weizen-, Mais-, Reis- und Hirsekörnern; grobe Grieße und Grützen gehen ineinander über. *Dunste* = sehr feine Grieße, die jedoch noch nicht die gleichmäßige Feinheit des Mehls erreichen. *Graupen* = geschälte, durch Schleifen kugelig gemachte Weizen- oder Gerstenkörner; die eiweiß- und mineralreiche Randzone des Korns fehlt. In gleicher Weise wird der Reis bearbeitet. Der gewöhnliche Kochreis müßte deshalb eigentlich als Reisgraupe bezeichnet werden. *Stärkemehl* = nach besonderem Verfahren möglichst rein gewonnene Stärke; Eiweiß-, Faser- und Mineralstoffe sind entfernt. Gebräuchlich sind Weizen-, Reis-, Kartoffel- und Maisstärke (Mondamin) und Arrowrootstärke aus den Wurzelknollen tropischer Pflanzen. *Flocken* = enthülste („geschliffene") Hafer-, Weizen- oder Maiskörner werden gedämpft, feucht gewalzt und dann getrocknet. *Sago* wird aus dem Stammmark ostindischer und südamerikanischer Palmen gewonnen, „deutscher Sago" aus Kartoffelmehl. *Kindermehle* sind Gemische von eingedickter Milch mit aufgespaltenen Mehlen, *Suppenmehle* Mischungen verschiedener Mehle mit Suppenkräutern.

Drei Schritte führen vom Mehl zum Brot: *Teigbereitung — Teiglockerung — Ausbacken.* Zuerst wird das Mehl mit Wasser angesetzt und durchmischt. Dann kommt das Lockerungsmittel hinzu — beim Roggenbrot meist Sauerteig, beim Weizenbrot Hefe — und auf 1 Liter Wasser 20 bis 30 g Kochsalz. Jeder Mehlteig, den man sich selbst überläßt, fängt auch ohne alle Lockerungsmittel an zu gären. Überall gegenwärtige Bakterien sind es, die hier zunächst Gase bilden und den Teig lockern. Diese Gärung geht dann immer mehr in eine regelrechte *Sauerteiggärung* über (Hefe- und Sauerteigbakterien-Gärung), je öfter man den Teig neu mit Mehl und Wasser durchmischt. Als Sauerteig für seinen neuen Teig benutzt der Bäcker deshalb jedesmal einen kleinen Teil des gegorenen Teigs vom Vortag. — *Hefe* — sie wird heute fabrikmäßig als Backhefe hergestellt — bildet aus der Stärke des Mehls Alkohol und die den Teig lockernde Kohlensäure. Als lokkernde *Backpulver* für Kuchen und Kleingebäck werden auch Hirschhornsalz (NH_4HCO_3), Natron-Weinsteinmischung ($NaHCO_3$, $KHC_4H_4O_6$) und anderes benutzt.

In der Backofenhitze (200—270° C) platzen die Hüllen der Stärkekörner, die Stärke verbindet sich mit Wasser (Verkleisterung) und zerfällt zum Teil in Dextrine; Eiweiß und Kleber gerinnen. Ein Teil der Dextrine der Rinde geht in Röststoffe und karamelartige Stoffe über, die der Brotrinde ihren Geschmack geben. Praktisch wichtig ist die Tatsache, daß das Vitamin B_1 und B_2 des Mehls durch Backen nicht leidet.

100 Teile Mehl geben 120—125 Teile *Brot.* In manchen Gegenden sind *Zusätze* von 10—20% Kartoffelmehl üblich. Stroh- und Holzmehlbeimischung, während des Kriegs als „Streckmittel" üblich, verschlechtern das Brot und seine Ausnutzung. Andere Zusätze — Fleischmehl, Aleuronatmehl, Magermilchpulver — haben sich bisher nicht durchgesetzt. Gutes Brot muß eine gleichmäßig braune, feste Kruste, angenehm aromatischen (nicht dumpfigen) Geruch und Geschmack und eine lockere Krume haben. Sein Wassergehalt soll 45% nicht wesentlich überschreiten. Sauer wird das Brot, wenn zuviel Sauerteig zugesetzt wird, speckig, mit „Wasserstreifen" durchsetzt, durch zuviel Wasser, ungenügendes Durchkneten oder schlechtes Ausbacken. Im fadenziehenden, klebrigen Brot treibt der Kartoffelbazillus sein Unwesen.

Das „Altbacken"werden beruht nicht auf Wasserverlust, wenn auch der Wasserverlust das Altbackenwerden beschleunigt. Sofern der Wassergehalt nicht unter 30% absinkt, läßt sich der Geschmack des frischen Brotes durch Erwärmen wiederherstellen. Und andererseits verzögert Aufbewahrung in luftdicht schließenden Kapseln das Altbackenwerden nur wenig. Offenbar handelt es sich um physikalisch-chemische Wasserverschiebungen und Bindungen, die durch Erwärmen unter Umständen wieder gelöst werden können.

Immer wieder sind Versuche gemacht worden, die eiweiß- und mineralreichen Kornschichten und die Vitamine, Eiweißstoffe, Mineralien und Lipoide des Keimlings der Ernährung nutzbar zu machen. Einige haben zu brauchbaren Ergebnissen, d. h. zu *neuen Brotsorten* geführt. Es handelt sich da im wesentlichen um 2 Gruppen von Broten: um Schrotbrote und Vollkornbrote.

Zur Herstellung der *Schrotbrote* im engeren Sinn dient das ganze, nur sehr grob zermahlene Getreidekorn einschließlich Kleie und Keimling. Hierher gehören: *Grahambrot* = Weizen-, Roggen- oder Mischbrot. An Stelle von Säuerung oder Hefe trat ursprünglich die Selbstgärung des Teigs; heute wird meist Sauerteig oder Hefe benutzt. Die verschiedenen Graham- oder Schrotbrote (eigentliches Grahambrot, rheinisches Schwarzbrot, Kölner Schwarzbrot) unterscheiden sich durch verschiedene Feinheit des Mehls und der mitvermahlenen oder zugesetzten Kleie. — *Pumpernickel* = Schrotbrot aus grob geschrotetem Roggen. Meist Sauerteig- oder Selbstgärung; sehr langsames (16—24 Stunden langes) Backen bei niederer Temperatur und starker Ofenfeuchtigkeit; dadurch kommt es zu keiner richtigen Krustenbildung. *Knäckebrot* = ungesiebter, grob gemahlener Roggen mit Hefezusatz. Der dünn ausgewalzte Teig wird 7—8 Minuten lang gebacken und anschließend nachgetrocknet. — *Simonsbrot* = Weichen- und Quellenlassen des ganzen Korns. Dann folgt Verreiben der Masse (das Mahlen fällt weg!); Sauerteig- oder Hefezusatz und Ausbacken wie beim Pumpernickel.

Auf der andern Seite stehen die *fein* vermahlenen *Vollkornbrote* aus dem fein vermahlenen ganzen Korn. *Steinmetzbrot* = auf das Schälen des geweichten und wieder getrockneten Getreides (es verliert dabei nur seine Holzfaserschicht) folgt Vermahlung in feines Mehl. — *Schlüterbrot* = den gemahlenen Roggen trennt man in 3 Teile: Feinmehl, Nachmehl, Kleie. Die Kleie wird feucht erhitzt (Dextrinisierung, Bildung von Karamel und Röstprodukten, bis zu 17% ihrer Stärke gehen in Malzzucker über), getrocknet und dem Fein- und Nachmehl wieder zugesetzt. Aus dieser Mischung entsteht dann das Schlüterbrot. Behandelte Kleie kommt mit dem

Nachmehl zusammen auch als „Schlütermehl" in den Handel. Schlütermehl kann jedem gewöhnlichen Mehl zugesetzt werden. — *Klopferbrot* = feinste Zerkleinerung des ganzen Korns durch ein besonderes Verfahren (raschrotierende Wurfscheiben) und dann Verbacken. Neuerdings wird die Kleie für sich allein bei mäßiger Wärme angeteigt, getrocknet, vermahlen und dann dem Mehl wieder zugefügt.

Bei jeder Erhitzung einer Mehl-Wassermischung, d. h. bei jeder Zubereitung von *Mehlspeisen und Teigwaren* gehen grundsätzlich die gleichen Veränderungen vor sich. Brot ist ja nur *eine* Art der Getreidenutzung. Für uns steht sie freilich an vorderster Stelle. Dreiviertel der Menschheit sind aber Breiesser! Für sie gibt es kein Brot. — Unter der Bezeichnung „Teigwaren" sind Makkaroni, Nudeln, Spätzle und ähnliche Dinge im Handel. Nach der Art ihres Weizenrohstoffes werden Grieß-, Hartgrieß- und Mehlteigwaren unterschieden, nach der Art ihrer Beimischungen Wasser-, Milch-, Eier- und Lezithinteigwaren.

In ihrer Bedeutung für die menschliche Ernährung stehen die *anderen Getreidearten* — den Reis ausgenommen — weit hinter Roggen und Weizen zurück. Der *Dinkel* (Spelz) liefert in unreifem Zustand den beliebten „Grünkern". *Gerste* läßt sich als Brotzusatz verwenden. Reine Gerstengebäcke gibt es heute wie in früheren Zeiten nur in Fladenform. Gerstenbrei und Gerstengrütze, in vergangenen Jahrhunderten verbreitete Volksnahrungsmittel, werden heute kaum noch gegessen. Allein die Gerstengraupen erfreuen sich noch der Gunst der Hausfrau. *Hafer* kennen wir als Haferbrei, Hafergrütze, Hafersuppe und Haferflocken. Gerste und Hafer müssen vor dem Gebrauch gedörrt und geröstet werden — ein Verfahren, von dem für den Geschmack sehr viel abhängt. *Buchweizen und Hirse,* uralte Kulturpflanzen, kommen in den letzten Jahren wieder mehr auf. Richtiges Brot läßt sich aus Buchweizen und Hirse nicht backen. Süßer Buchweizenbrei und Hirsebrei mit Milch schmeckt sehr kräftig und angenehm, viel kräftiger als Weizen- oder Reisbrei. In den angelsächsischen Ländern schätzt man diese Breie ungleich höher als in Deutschland. Bei uns kennt man sie kaum. Der „Sterz“ der Tiroler und Steiermärker ist Buchweizenbrei.

Als ausgesprochene „Breifrüchte“ müssen Mais und Reis gelten. *Mais*mehlzusatz zu anderem Backmehl hat sich vielfach bewährt. Unreife Maiskolben schmecken sehr gut, wenn man sie röstet oder kocht und dann mit Butter ißt. Maismehl und Maisgrieß finden für Suppen, Breie, Fladen, Puddinge und Kuchen Verwendung. Die Polenta der Italiener und Balkanvölker ist ein steifer Maisbrei, der mit süßer oder saurer Milch angerichtet und mit Butter oder Gewürz verzehrt wird. Man kann ihn auch in Scheiben formen und backen. Maiskonserven (ganze Maiskolben, von der Spindel getrennte Maiskörner, Maiskörnerbrei) haben in Deutschland noch kaum Eingang gefunden. Den ostasiatischen *Reis* entbehren auch wir Europäer ungern. Keine andere Pflanze dient so vielen Millionen Menschen als Hauptnahrungsmittel. Geschmacklich fast neutral läßt er sich als Suppe und Brei, süß, salzig und gewürzt so vielfältig verwenden wie kaum eine andere Pflanze. „Trockener“ Reis gilt als Prüfstein für die Kunst des Kochs. In dem schwachen Eigengeschmack des Reises liegt wohl der Grund des starken Würzens und des Suchens nach immer neuen Gewürzen und Gewürzmischungen in allen reisessenden Ländern; aus dem reisessenden Osten kamen die Gewürze nach dem Abendland. Seiner Haltbarkeit, seiner geschmacklichen Anpassungsfähigkeit, seinem Nährwert und der einfachen Zubereitungsart verdankt der Reis eine einzigartige Verbreitung. Bemerkenswert — und für die Beurteilung einer Volksernährung höchst beachtenswert — ist seine Eiweißarmut.

V. Gemüse, Obst und andere pflanzliche Nahrungsmittel.

Wenn es beim Getreide die Samenkörner sind, die der Pflanze als Nährstoffspeicher, dem Menschen als Nahrungsmittel dienen, dann sind es bei der *Kartoffel* und manchen anderen Gemüsen die Wurzelknollen und Wurzeln. Aus Deutschlands

Volksernährung läßt sich die Kartoffel heute nicht mehr streichen. Und doch kam sie erst Ende des 16. Jahrhunderts nach Europa. Unter der Aufsicht friderizianischer Grenadiere mußten in Preußen die ersten Kartoffeln angebaut werden.

Der Hauptbestandteil der Kartoffel ist die *Stärke.* Im Keller wandelt die Kartoffel fortdauernd einen Teil ihrer Stärke in Zucker um — sie ist ja nicht „tot" — und verbrennt, „veratmet" ihn. In der erfrorenen Kartoffel steht der Atmungsprozeß still, der entstandene Zucker wird nicht mehr verbrannt — die Kartoffel schmeckt süß. Vom *Kartoffelmehl* als Brotzusatz und vom *Kartoffelsago* war schon die Rede. Verluste durch Frost, Fäulnis, Auskeimen und anderweitiger Verderb können durch Aufarbeitung der Kartoffel in *Kartoffeltrocknereien* vermieden werden. Dort verwandelt sich die Kartoffel in Trockenscheiben, Trockenschnitzel und Kartoffelflocken. Alle 3 Formen finden für die menschliche Ernährung Verwendung. Bei der Flockenherstellung pressen eiserne Walzen die (in überhitztem Dampf gekochten) Kartoffeln zu papierdünnen Schichten. In Flockenform wird dann die verkleisterte Masse von den Walzen abgestreift — ganz ähnlich wie bei der Haferflockenerzeugung.

Die kartoffelähnlichen Wurzelknollen der *Erdartischocke* (Topinambur) haben wir während des Krieges als anspruchloses Gewächs kennengelernt. Heute spielen sie praktisch keine Rolle mehr.

Alle andern *Wurzelgemüse* treten an Bedeutung weit hinter der Kartoffel zurück, schon weil sie — im Gegensatz zur Kartoffel — bei allzuhäufigem Genuß die meisten Menschen anwidern. Wurzelgemüse sind Rote Rübe, Möhre, Teltower Rübe, Schwarzwurzel, Sellerie, Meerrettich, Zwiebel, Rettich und Radieschen, Zuckerrübe, Runkelrübe und Kohlrübe. Wenn die Nährstoffzahlen der Tabellen bei allen Nahrungsmitteln nur einen ganz rohen Näherungswert für den Nährstoffgehalt geben, dann gilt das in ganz besonderem Maße bei den Gemüsen. Bei den Gemüsen muß einmal der oft recht erhebliche *Küchenabfall* bei der Zubereitung berücksichtigt werden, und dann die Tatsache, daß der *Gehalt an wirklich nutzbaren Stoffen* (vgl. 9. Abschnitt) gerade bei Gemüse und Obst oft besonders weit unter den Analysenzahlen liegt. Dem *geringen Brennwert* steht bei allen Gemüsen ihr hoher *Mineral- und Vitamingehalt* gegenüber.

Ein paar Worte zu einzelnen Gemüsearten: Je älter die *Möhren* werden, desto zellulosereicher und schwerer verdaulich werden sie. Gedörrte, geröstete und gepulverte Mohrrüben finden als Kaffee-Ersatz Verwendung. Die Beliebtheit der *Schwarzwurzel* gründet sich auf die Zartheit, die von *Sellerie, Zwiebelgewächsen* und *Rettich* auf die ausgesprochene Besonderheit und Schärfe der Geruchs- und Geschmackswerte. Die Mischung verschiedener Sulfide macht den eigentümlichen Geschmack und die verschieden starke Reizwirkung aus. Die weitaus stärksten Reizwirkungen gehen von der frischen Pflanze aus; beim Lagern schwächen sie sich rasch ab.

Andreas Sigismund Marggraf entdeckte im Jahre 1747, daß Runkelrübe und Zuckerrohr denselben Zucker enthalten. Aber erst von der Mitte des 19. Jahrhunderts an begann die *Rübe* das bisher allein benutzte indische und amerikanische Zuckerrohr langsam zu verdrängen. Heute beherrscht sie den europäischen Markt. Ungereinigter „roher" Rübenzucker wird gelegentlich als „*brauner Zucker*" zum Süßen benutzt. Die Hauptmenge des Rohzuckers wandert aber in die Raffinerien, wo durch Reinigen und Umkristallisieren aus dem braunen Zucker der weiße Verbrauchszucker wird. Das reinste Erzeugnis — der letzte gelbliche Schimmer wird durch Ultramarin beseitigt — heißt *Raffinadezucker*. Zuckerhüte, Würfelzucker, Pulverzucker, Kristallzucker sind Raffinade. *Farinzucker* enthält Abfälle und zerbrochene Stücke, *Kandiszucker* entsteht bei langsamer Auskristallisierung des gereinigten Rohzuckers an ausgespannten rauhen Zwirnsfäden. Seine Farbe verdankt er einem Karamelzusatz (Karamel entsteht bei Erhitzung des Zuckers auf 180—190° C). Die Abfälle der Zuckerindustrie — *Rübenschnitzel, Rübenmelasse* — geben noch ein wertvolles Viehfutter. — Kocht man Zuckerrüben 3 Stunden unter $1^1/_2$—2 Atmosphären Druck und dickt man dann den ausgepreßten, filtrierten Saft ein, so entsteht eine schwarzbraune, zähflüssige Masse: Der *Rübensaft* oder Sirup — als Brotaufstrich und Süßstoff gleich geeignet.

Zucker aus Kartoffelstärke spielt neben dem Rübenzucker keine Rolle. Aus *Maisstärke* läßt sich verhältnismäßig leicht reiner Traubenzucker darstellen. Er kommt als *Dextropur* und — mit Zitronensäurezusatz — als *Dextroenergen* in den Handel und hat sich als leicht verdauliches Nährmittel beim Sport bestens bewährt.

Einst gab es in Europa zum Süßen nur *Honig*. Trotz aller Konkurrenz des Zuckers konnte sich der süße Saft, den die Bienen aus den Nektarien der Blüten saugen, seine Wertschätzung behaupten. Honigzucker ist wesentlich Rohrzucker, Traubenzucker und Fruchtzucker. Schon in der Biene, noch mehr aber in den Waben erfährt er fermentative Veränderungen. So ist schließlich der Honig auf unserem Frühstückstisch etwas ganz anderes geworden als er in der Blüte war. Farbe und Aroma des Honigs hängen von den beflogenen Blüten ab. Berühmt sind gelbroter Heidehonig und tiefgrüner Schwarzwaldhonig. Eiweiß, organische Säuren und Vitamine enthält der Honig nur in Spuren.

Die *Kunsthonig*fabrikation geht aus von Stärkesirup oder Invertzucker (mit Säure behandelter Rohrzucker). Wie stark Kunsthonig an echten Honig erinnert, hängt von der Kunst der Zumischung anderer Stoffe ab. Mehr oder wenig „künstlich“ wird der „echte“ Honig bei Zuckerfütterung der Bienen.

Von *künstlichen Süßstoffen* sind in Deutschland nur Saccharin und Dulcin (oder Sucrol) zugelassen. Saccharin, synthetisch zuerst 1879 als Abkömmling einer Sulfobenzoesäure dargestellt, süßt 550mal so stark wie Rohrzucker. Nährwert hat es nicht.

Unsere heimischen Gemüse sind zum größten Teil nicht Wurzeln und Wurzelknollen, sondern Stengel, Blätter und Blüten. Manche dieser *Blattgemüse* zeichnen sich durch hohen Oxalsäuregehalt aus (Sauerampfer, Spinat, Rhabarber), andere durch Eisenreichtum (Kohlrabiblätter, Grünkohl, Kopfsalat, Sellerieblätter, Spinat, Endivien) oder Reichtum an ätherischen Ölen (Gewürze). Der Weißkohl liefert das Sauerkraut. Als Heil- und Vorbeugungsmittel gegen Scharbock (Skorbut) spielt es in der Geschichte der Entdeckungsfahrten eine große Rolle.

Heute schätzen wir seinen Vitamin C-Reichtum besonders in der Vitamin C-armen Frühjahrszeit. Überhaupt ist der Kohl ein wichtigster Bestandteil unserer Volksnahrung. Im einzelnen können wir es uns wohl ersparen, alle hierher gehörigen Gemüse aufzuzählen.

Geringer Wassergehalt, Eiweiß- und Kohlehydratreichtum kennzeichnet eine dritte Gruppe von Gemüsen, die *Hülsenfrüchte.* Hülsenfrüchte sind die Samen von Erbse, Bohne, Sau- oder Pferdebohne, Linse und Sojabohne. Die Samenschalen sind nur bei den unreifen Gemüsen, bei „grünen" Erbsen und Bohnen genießbar. Wegen ihres hohen Eiweiß- und Fettgehalts und ihrer vielfältigen küchentechnischen Verwendbarkeit wird neuerdings die ostasiatische Sojabohne sehr empfohlen. Sojabohnenmehl soll sich auch als Brotzusatz eignen. Die Anbauversuche in Deutschland haben noch zu keinem befriedigenden Ergebnis geführt.

Was wir *Pilze* nennen, sind Fruchtkörper und Stiele der Pflanzengattung Fungi. Viele sind giftig, andere zersetzen sich leicht, so daß bei längerem Lagern auch in ursprünglich ungiftigen Pilzen Giftstoffe entstehen können. Allgemeine Aufforderungen zum Pilzesammeln sind deshalb gefährlich! Wir haben 1918, als nichts Eßbares mehr verschmäht wurde, besonders viele Vergiftungen mit tödlichem Ausgang gesehen. Der berühmte *Trüffelpilz* — für viele der Inbegriff von Genuß — wird seit langem, namentlich in Frankreich, gezüchtet. Die Zucht erfordert sehr viel Kunst und Sorgfalt. *Champignon*zucht kommt jetzt auch bei uns immer mehr auf. Die chemische Zusammensetzung der Pilze wechselt noch stärker als bei anderen Gemüsen in Abhängigkeit von Standort und Wetter. *Flechten und Algen* spielen nur in den nordischen Ländern als Nahrungsmittel eine Rolle.

Schließlich die *Gemüsefrüchte.* Gurke, Kürbis, Melone und Tomate gehören dazu. Da gekochte *Gurken* fast ihr ganzes Aroma verloren haben, werden Gurken fast nur roh, leicht gedünstet oder als Pfeffer-, Essig- und Salzgurken verzehrt. *Kürbis*kerne sind fettreich. Die *Melone,* ein Volksnahrungsmittel der südlichen gemäßigten Zone, der Subtropen und Tropen, wird bei uns kaum gegessen. Ein deutsches Volksnahrungsmittel oder mindestens ein Nahrungsmittel, das Volksnahrungsmittel werden sollte, ist dagegen die an Vitamin A und C ungemein reiche *Tomate*. Roh und gekocht, als Hauptgericht und als Würze, als ganze Frucht und als Saft — in jeder Form bereichert sie den Speisezettel. Erst nach dem Weltkrieg haben wir unsere Liebe zu ihr so richtig entdeckt, vor allem weil sie erst nach dem Kriege wirklich erreichbar und greifbar wurde.

Die Gemüsefrüchte stehen auf der Grenze zwischen Gemüse und Obst. Als *Obst* bezeichnen wir die süßen wasserreichen Früchte bestimmter Pflanzen. Nicht alle eßbaren Früchte sind Obst, denn in Wirklichkeit sind ja auch Getreidekörner, Nüsse, Erbsen und Bohnen auch nichts anderes als Früchte. Der Hauptnährwert des Obstes an Brennwerten steckt in seinen *Kohlehydraten* — in löslichen Kohlehydraten als Rohrzucker, Traubenzucker, Fruchtzucker und Malzzucker, in unlöslichen Kohlehydraten als Stärke, Stärkeabbaustoffe und Zuckeralkohol (Mannit, Sorbit u. a.). Mit fortschreitender Reife nehmen (auch im nachreifenden Obst) die löslichen Kohlehydrate auf Kosten der unlöslichen immer mehr zu. In keiner Frucht fehlen *Pektine*. Das sind Kittstoffe, die beim Kochen quellen und das Gelatinieren bedingen. Und in keiner Frucht fehlen *Mineralstoffe, Vitamine, aromagebende Stoffe* und *Säuren*. Zitronensäure und Apfelsäure stehen da an vorderster Stelle. Daneben kommen Gerbsäure, Weinsäure, Salizylsäure, Benzoesäure, Ameisensäure und Oxalsäure in Betracht. Beim Reifen nehmen auch die Aromastoffe zu. In langsamerem Tempo setzt sich diese Zunahme während des Nachreifens fort. Die Säuren bedingen den frischen Geschmack. In vielen — nicht in allen — Früchten nimmt die Menge der Säuren gegen die Reife hin ab, namentlich wenn das Wetter heiß und trocken ist. Unter den Mineralien überwiegt Kalium und Phosphor, unter den Vitaminen das Vitamin C.

Frische Säfte von *Kern- und Beerenobst* erfreuen sich mit Recht immer mehr allgemeiner Beliebtheit. Dank seiner Haltbarkeit — bei sachgemäßer Aufbewahrung halten sich Äpfel bis zum Frühsommer — und seiner guten Säuberungsmöglichkeit beherrscht bei uns der *Apfel* den Obstmarkt. — Die Haltbarkeit der *Birne* ist beschränkt. Die „Steinzellen“ der Birne sind harte Gebilde mitten im weichen Fruchtfleisch und können sich störend bemerkbar machen — in erster Linie dann, wenn ängstlich auf ihre Gesundheit Bedachte sie im Stuhlgang entdecken und dann erschreckt Gallensteine feststellen. Zufolge ihres Preises müssen frische *Trauben* und getrocknete Weintrauben (Korinthen, Rosinen) bei uns immer noch als Delikatesse gelten. Nur Zahlungskräftige können sich Traubenkuren leisten. Für die *Ananas* gilt das noch mehr.

Erfrischender Geschmack, Haltbarkeit und Sauberkeit sind unschätzbare Eigenschaften der *Apfelsine,* der *Zitrone* und der *Pampelmuse.* Diese drei verdienten im Hinblick auf ihren Zucker- und Vitaminreichtum weiteste Verbreitung. Apfelsine, Zitrone und Pampelmuse, Vitamin C-reichste Früchte stehen im Frühjahr zur Verfügung, wenn unsere nordländische Kost an C verarmt. Wir glauben heute, daß die „Frühjahrsmüdigkeit“ und alles, was damit zusammenhängt, ein Zeichen ungenügender C-Versorgung ist. Wenn wir unser Volk in den späten Wintermonaten und im Frühling vollkräftig und leistungsfähig erhalten wollen, dann müssen wir ihm eine ausreichende Vitamin C-Versorgung ermöglichen. Es müßte möglich sein, Apfelsinen, Zitronen und Pampelmusen so billig auf den Markt zu bringen, daß sie jeder kaufen kann. Es waren Bestrebungen im Gang, die Zitrone in der Küche überall an die Stelle des Essings zu setzen. Das ist nicht ganz unbedenklich, weil Zitronensäure im Darm Kalzium ausfällt und damit Kalkmangelzustände verschlimmern kann.

Wichtigste Volksnahrungsmittel südlicher Länder sind Feige, Dattel und Banane. Ihre Klebrigkeit macht im Orient die *grüne Feige* allerdings zu einem höchst unerwünschten Überträger und Verbreiter von Seuchenkeimen. — Die Hälfte des Brennwertbedarfs und noch mehr kann mit *Datteln* gedeckt werden. Für uns kommen nur getrocknete Datteln und die billigen und nahrhaften getrockneten Feigen als Volksnahrungsmittel für obstarme Zeiten in Betracht. Getrocknete, geröstete und gepulverte Feigen werden als „Feigenkaffee“ bezeichnet. Die Stellung auch eines deutschen Volksnahrungsmittels scheint sich die *Banane* zu erobern. Ihr Kohlehydratreichtum stellt sie zu den nahrhaftesten Früchten. Bananen für den europäischen Bedarf werden unreif geerntet. Sie reifen beim Lagern nach. In seiner stofflichen Zusammensetzung ähnelt der eßbare Teil der Banane der Kartoffel. Doch verschiebt sich mit der Reifung das Verhältnis so sehr zugunsten des löslichen Kohlehydrats, d. h. des Zuckers, daß sich in den reifen und allmählich erweichenden Bananen nur noch Spuren von Stärke finden. Der eßbare Teil vollreifer Früchte enthält bis zu 26% Zucker. Der Gesamt-Zuckergehalt der neuerdings gern gekauften getrockneten reifen Banane erreicht 63% bei 4% Stärke. Bananenmehl wird wenig verwendet.

Die meisten Gemüse- und Obstarten sind in unserem nördlichen Klima nur zu bestimmten Jahreszeiten ohne weiteres greifbar. Wollen wir unseren Speisezettel möglichst abwechslungsreich gestalten und dabei doch wirtschaftlich leben — wirtschaftlich auch im Hinblick auf die *nationale* Wirtschaft —, dann muß sich die Küche dem *Angebot der Jahreszeit* anpassen. Die ungünstigsten Monate sind November bis März. Da gibt es von heimischen Erzeugnissen eigentlich nur Kohl und Wurzelgemüse, vielleicht noch Äpfel. Zitrone, Apfelsine, Banane, Feige und gute Konserven sind in diesen Monaten von unschätzbarem Wert. Im April kommen schon Rhabarber und Spinat, im Mai auch Salat und frische Radieschen. Alle Arten von Gemüse, Beeren und Kirschen stehen uns von Juni bis August zur Verfügung. Das sind die drei besten Monate des Jahres. September und Oktober bringen Äpfel, Birnen, Pflaumen und Zwetschgen. Dafür wird die Gemüseauswahl schon wieder kleiner. Sie beschränkt sich jetzt auf Kohl, Gurken, Tomaten, Bohnen, Salat, Spinat und Pilze und schrumpft gegen das Frühjahr hin immer mehr zusammen. Die Anpassung des Verbrauchs an die Jahreszeit liegt im Interesse des einzelnen wie im Interesse der Allgemeinheit. Dem einzelnen spart sie Geld — dem Gärtner erleichtert sie seinen Absatz — der Volksernährung macht sie alle verfügbaren Nährstoffquellen bestmöglich nutzbar.

Geringer Wasser- und Kohlehydratgehalt, Stickstoff- und Fettreichtum kennzeichnen *Nüsse, Mandeln, Kastanien und Oliven.* Ist der Reservestoff des Getreidekorns das Kohlehydrat, so bildet hier das *Fett* den Reservestoff. Beim Lagern werden die Nußöle trocken, verfilzen Zellwände und Zellinhalt und erschweren dadurch das richtige Zerkauen. Fast alle Nutzpflanzen enthalten sehr reichlich *nicht*eiweißgebundenen Stickstoff. Der Stickstoff der Nüsse und Mandeln dagegen ist — wie etwa der Stickstoff der Milch — zum größten Teil *Eiweißstickstoff!* Als Brennwert- und Eiweißträger sind Nüsse und Mandeln hoch geschätzt. Der Blausäuregehalt einer bitteren Mandel wird auf etwa 1 mg geschätzt (tödliche Blausäuredosis für den Erwachsenen 60 mg). — *Marzipan* besteht aus gestoßenen Mandeln, Zucker, Eiklar und Gewürzstoffen. *Mandelmilch* — fein gemahlene Mandeln mit Wasser und Milch verrührt und durchgeseiht — verwendet vor allem die Kinderheilkunde für Kinder, die tierische Milch nicht vertragen. Gelegentlich dient sie auch Gesunden als angenehm schmeckendes Erfrischungsgetränk.

Schließlich liefern Mandeln, Nüsse und Oliven wertvollste *Speisefette.* Wir kennen sie vor allem aus südlichen Ländern. Die Küche des sonnenarmen Nordens bevorzugt tierische Fette, weil ihr die Natur keine Pflanzenfette beschert hat. Der Trioleinreichtum der Pflanzenfette bedingt ihre Dünnflüssigkeit. Im übrigen stehen sie den tierischen Fetten nicht nach. Gebräuchlich sind Olivenöl, Sesamöl, Erdnußöl, daneben Kokosbutter (aus der Kopra, der Samenschale der Kokosnuß), Palmkernöl (aus den Samen einer Ölpalme) und Palmbutter (aus dem Fruchtfleisch derselben Ölpalme). „*Pflanzenbutter*" kommt als solche oder als Bestandteil der Margarine in den Handel. Mohnöl, Bucheckernöl, Rüböl und Rapsöl haben eine landschaftlich begrenzte Bedeutung.

Edelkastanien, in südlichen Ländern Volksnahrungsmittel, kommen bei uns selten auf den Tisch. Nur der Maronibrater gehört ins Stadtbild von Wien. — *Eichelkaffee und Eichelkakao* sind Stopfmittel für Kinder.

Von „Genußgiften" und „Genußmitteln" war schon im 3. Abschnitt die Rede. Unter tausend Formen kann man sich

Alkohol einverleiben. Wein — wenn diese Bezeichnung erlaubt ist — läßt sich aus fast allen Früchten machen: aus heimischem Kernobst und Steinobst, aus Beeren, aus Ananas, Apfelsinen, Feigen, Datteln und Bananen. Das Verfahren der Weinbereitung ist grundsätzlich immer dasselbe. Bei der Bereitung des Traubenweins werden die Trauben zunächst zerquetscht und ausgepreßt. In Fässern überläßt man dann den Most der Gärung. Hefebazillen, die den Früchten anhaften, wandeln den Zucker der Traube — im ganzen 10—30%, im Süden bis zu 40% — in Alkohol und Kohlensäure um. Es folgen mehrfaches Umfüllen des Weins in andere Fässer („Abstechen") und ein zwei- bis dreijähriges, oft sehr viel längeres Lagern. In dieser Zeit entstehen die wesentlichen Geschmackstoffe. Erst wenn er „flaschenreif" geworden ist, wird der Wein in Flaschen abgefüllt. *Schaumwein* gärt noch in der Flasche weiter. Unendlich verschieden sind Geschmack und Geschmacksnuancen des Traubenweins. Gewiegte Weinkenner probieren und wissen damit, in welcher Lage, in welchem Weinberg der Wein gewachsen ist. Solche Kennerschaft erfordert natürlich jahrzehntelange Übung und Arbeit.

Branntweine werden durch Destillation alkoholischer Flüssigkeiten gewonnen. Der Ausgangsstoff gibt dem Destillat seinen Namen: Kartoffelschnaps und Wotka (aus Kartoffeln) — Kornbranntwein — Melassebranntwein (der beste ist der Rum) — Kognak (aus Traubenwein) — Kirschwasser — Zwetschgenwasser und vieles andere. Zusatz von Zucker und aromatischen Stoffen macht den Branntwein zum Likör.

Das deutsche Nationalgetränk ist immer noch das *Bier*. Gerste, deren Stärke beim Keimen zum Teil in Zucker übergegangen ist, wird gedörrt (Trockenmalz), mit Wasser angesetzt (Maische) und erhitzt. Danach siebt man die „Stammwürze" von den ungelösten Bestandteilen ab, versetzt sie mit Hopfen — er gibt dem Bier seinen eigentümlichen Geschmack —, kocht und beimpft nach dem raschen Abkühlen mit Hefe. Im untergärigen Bier (Münchner, Dortmunder, Pilsener) sitzt die Hefe auf dem Boden des Gärbottichs, bei Obergärung steigt sie nach oben. Obergärige deutsche Biere sind u. a. die Berliner Weiße, Lichtenhainer Bier, Malz- und Kraftbiere und Porter.

Die Samen der Kaffeepflanze heißen *Kaffeebohnen.* Reife Bohnen geben den besten Kaffee. Neben dem in Europa alteingewurzelten Alkohol ist der Kaffee ein jugendlicher Eindringling: 1686 entstanden in Nürnberg und Regensburg die ersten deutschen Kaffeehäuser. Das Kaffeerösten — ungerösteten Kaffee verwenden wir nicht — erfordert viel Kunst und Erfahrung. Zuckerzusatz macht die Bohnen schön glänzend und braun. Für mittelstarken Kaffee, d. h. Kaffee*aufguß,* rechnet man 5—7 g Kaffeepulver je Tasse. Da der Koffeingehalt in der Trockensubstanz der Bohne 1—2% beträgt, enthält die $^1/_8$-Liter-Tasse 50—75 mg Koffein. Während man bei uns das Kaffeepulver mit kochendem Wasser angießt, wird im Orient das feingemahlene, stark gezuckerte Pulver in Messingkannen mit kaltem Wasser übergossen, nach kurzem Stehen zum Sieden erhitzt und dann mit dem Satz zusammen ausgeschenkt.

Koffeinfrei, aber sonst vollwertig ist der allbekannte Kaffee „Hag". Unvollkommene *Kaffee-Ersatzstoffe* sind Zichorienwurzel, Rüben, Löwenzahnwurzel, Feigen, Getreide und Malz, Eicheln und die unzähligen Kerne, die wir in reicher Auswahl 1916—1920 kennengelernt haben.

Auch der *Tee,* die getrockneten Blattknospen und jungen Blätter der Teepflanze, gelangte erst im 17. Jahrhundert nach Europa. Je nach Behandlung der Blätter entsteht grüner, gelber oder der in Europa bevorzugte schwarze Tee (Koffeingehalt 2,5—3,5% in der Trockensubstanz der Blätter; „Thein" ist nichts anderes als ein anderer Name für Koffein). Oft stört die Eigenschaft des Tees, so leicht fremde Gerüche anzunehmen und den Eigengeruch zu verlieren. Weiches Wasser gibt bei den meisten Sorten besseren Tee — übrigens auch besseren Kaffee — als hartes Wasser. Die Stärke des Teeaufgusses, d. h. sein Koffeingehalt, läßt sich nach Farbe, Geruch und Aroma nicht sicher beurteilen. Man rechnet gewöhnlich 5 g trockene Teeblätter auf $^1/_4$ Liter Getränk. Da rund 80% des Koffeins in den Aufguß übergehen, enthält $^1/_4$ Liter Tee etwa 0,1 g Koffein, eine $^1/_8$-Liter-Tasse also rund 50 mg.

An der Zubereitung hängt alles! Oft genug ist das, was als Tee serviert wird, nichts als eine braune lauwarme Brühe. Allzu langes Ziehen macht den Tee herb und bitter, gerbsäurereicher; er bekommt damit eine Stopfwirkung bei Durchfall. Der russische Samowartee ist sehr dünn, der friesische Haustee sehr stark.

Man kann aus vielen Dingen Tee machen: aus Pfefferminze, Fenchel, Kümmel, Hagebutten, Kamillen, Linden- und Holunder- (Flieder-) Blüten, Erdbeer-, Brombeer- und Preißelbeerblättern und vielem anderen. Diese Tees spielen in der Heilkunde, aber auch als tägliche Gebrauchstees eine gewisse Rolle, und vor allem in Kriegszeiten, wenn es keinen „echten“ Tee gibt. — Aus den koffeinhaltigen Zweigen südamerikanischer Bäume (Ilexarten) wird der *Mate* bereitet. Sein wirksamer Bestandteil ist gleichfalls das Koffein (etwa 1 % in der Trockensubstanz).

Von koffeinhaltigen Pflanzen ist noch die *Kolanuß* zu erwähnen, weil sie in vielerlei Form anregenden Getränken die Wirkung — oder auch nur den Namen — gibt, ohne daß sich der Verbraucher immer darüber im klaren ist, daß er Koffein zu sich nimmt. Erzeugnisse dieser Art, die in jüngster Zeit aufkamen, sind Erfrischungsgetränke wie Coca-Cola und Afri-Cola. Eine Flasche Coca-Cola enthält 50 mg Koffein und mehr — so viel Koffein wie eine Tasse guten Kaffees —, aber *keine* Bestandteile der Kolanuß. Es muß deshalb verlangt werden, daß koffeinhaltige Erfrischungsgetränke *eindeutig* als solche gekennzeichnet werden.

Endlich noch der *Kakao,* ein Einwanderer aus Mexiko! Kakaobohnen sind die bohnenförmigen Samen der gurkenähnlichen Frucht. Beim Rösten der getrockneten Bohne fällt die Samenschale ab. Durch Zerreiben der fettreichen Samen entsteht eine knetbare Masse, aus der sich in der Wärme Fett abpressen läßt. Von dem Kakaoalkaloid Theobromin, einem sehr nahen Verwandten des Koffeins, enthält die unentfettete Kakaomasse 1,5 %, stark entfettetes Kakaopulver etwa 3 % und Schokolade rund 0,5 %. Der Fettgehalt dieser drei Zustandsformen beträgt 56, 14 und 17 %. Man rechnet 20—30 g Kakaopulver auf $^1/_4$ Liter Getränk. Das wären etwa 0,4 mg

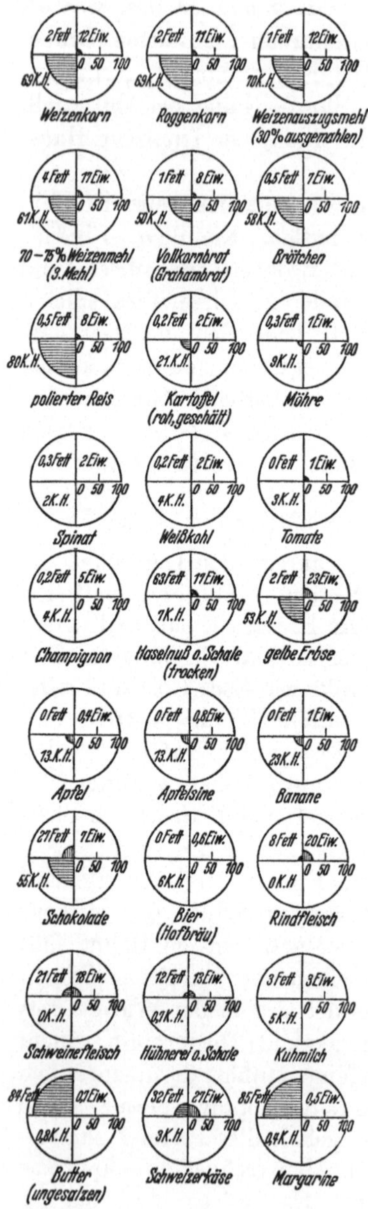

Abb. 2. Eiweiß-, Fett- und Kohlehydratgehalt von Nahrungsmitteln (g in 100 g des Nahrungsmittels).

Theobromin in einer 1/8-Liter-Tasse Kakao. Kakaofett wird unter dem Namen *Kakaobutter* in der Heilkunde verwendet. *Eichelkakao* und *Haferkakao* (Kakaopulver mit Eichel- und Hafermehl) erfreut sich großer Beliebtheit als Stopf- und Nährmittel. Aus Kakao, Zukker, Milch oder Sahne oder Kakaobutter und Gewürzen besteht die *Schokolade*. Schokolade ist kein bloßes „Genußmittel". Ihre anregende Wirkung zusammen mit ihrem Nährwert und ihrer Handlichkeit macht sie zu einem unserer wertvollsten Nährmittel, das der Kranke und der Sportsmann nicht weniger schätzt als der Soldat und der Geistesarbeiter.

Es würde zu weit führen, wollten wir uns hier eingehender mit der fast unübersehbaren Menge der *Gewürze* und *Gewürzpflanzen* befassen. Im 3. Abschnitt haben wir ihre physiologischen Wirkungen kennengelernt. Andere Länder — andere Gewürze. Jede nationale Küche, ja jede Hausfrau hat ihre Lieblingsgewürze und ihre eigene Art der Gewürzmischung. Ganz allgemein scheint heute die Wertschätzung

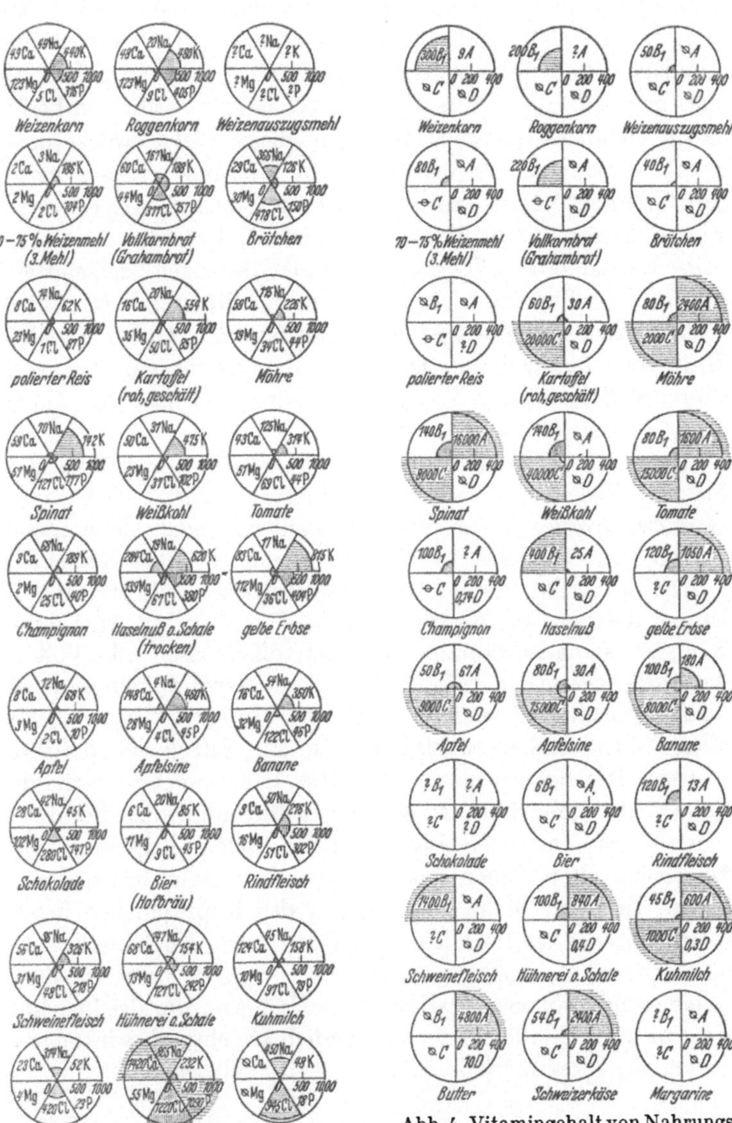

Abb. 3. Mineralgehalt von Nahrungsmitteln (mg in 100 g des Nahrungsmittels).

Abb. 4. Vitamingehalt von Nahrungsmitteln (Vitamin B_1, C und D ausgedrückt in γ in 100 g des Nahrungsmittels, Vitamin A ausgedrückt in γ Karotin in 100 g. 1 $\gamma = 0{,}001$ mg).

einer wirklichen *Geschmacksverfeinerung* durch Gewürze zu steigen, nachdem sie – im Gegensatz zu früheren Jahrhunderten und ohne ersichtlichen Grund – im 19. Jahrhundert ganz auffallend versunken waren. Gewürze schätzen heißt nicht: möglichst „scharf" essen, möglichst *viel* Gewürze nehmen! — das wäre Gewürz*mißbrauch*. Gewürze schätzen heißt „differenziert" und „individualisierend" kochen. Als Gewürze dienen Samen (Senf, Mohn, Muskatnuß), Früchte (Anis, Vanille, Kardamomen, Fenchel, Koriander, Kümmel, Nelkenpfeffer, Pfeffer, Paprika, Curry), Blüten und Blütenteile (Gewürznelken, Kapern, Safran), Blätter und Kräuter (Dill, Petersilie, Esdragon, Bohnenkraut, Gurkenkraut, Minzenkraut, Lorbeer, Majoran, Salbeiblätter, Thymian, Waldmeister), Rinden (Zimt) und Wurzeln (Ingwer, Kalmus).

Als Gewürze dienen außerdem *Tafelessig* (er enthält 3,5 bis 4% Essigsäure), verschiedenartigste *Fleisch-, Hefe- und Gemüseextrakte, Gewürzessenzen* (wäßrige oder alkoholische Auszüge von Gewürzen) und — nicht zuletzt — das *Kochsalz*.

Kochsalz, das einzige rein mineralische Nahrungsmittel, ist viel mehr als ein Gewürz und Genußmittel. Mit Ausnahme weniger Nomadenstämme und Polarvölker essen alle Völker der Erde regelmäßig Salz. Kein anderes Gewürz, kein anderes Nahrungsmittel ist so weit verbreitet. Blutige Kriege sind zu allen Zeiten und in allen Erdteilen um Salzquellen geführt worden. Die Salzgewinnung aus dem Meer und aus salzhaltigen Quellen gehört zu den ältesten Kulturtätigkeiten des Menschen. Diese Tatsachen zeigen deutlich, welche Bedeutung die Menschen aller Zeiten und Völker dem Salz beigemessen haben. In Deutschland kommen auf den Kopf jährlich 5 bis 6 kg Salz, das sind täglich 13–16 g. Unser Küchensalz enthält neben Natriumchlorid (97—98%) Spuren anderer Salze. Gelegentlich gibt man bestimmte Stoffe hinzu, um das Feuchtwerden zu verhindern oder um andere Geschmackswirkungen zu erzielen (Zwiebelsalz, Petersiliensalz, Selleriesalz).

VI. Die tierischen Nahrungsmittel.

Erde, Boden, Wetter und Erntezeit bestimmen die Zusammensetzung des pflanzlichen Nahrungsmittels. Was für die Pflanze Boden und Wetter, das ist für das Tier sein Futter. Von *unmittelbaren* Witterungseinflüssen auf die stoffliche Zusammensetzung des Tierkörpers wissen wir so gut wie nichts, und dieses „so gut wie nichts" bezieht sich allein auf das best untersuchte Säugetier: den Menschen. Was für den Menschen gilt, gilt noch lange nicht für jedes Tier. Befunde am Menschen bedeuten uns nicht viel mehr als die Aufforderung, die Forschung am Tier in bestimmter Richtung anzusetzen.

Wir wissen, daß sich unter dem Einfluß der *ultravioletten Sonnenstrahlen* in der menschlichen Haut aus Ergosterin Vitamin D bildet (vgl. Abschnitt II), und daß dieses im eigenen Körper gebildete Vitamin eine wichtige Ergänzung der Nahrungszufuhr darstellt. Da Vitamin D unter dem Einfluß der Sonnenstrahlung offenbar leicht gebildet werden kann — Sonnenstrahlen und „künstliche" Ultraviolettbestrahlung erhöhen die rachitisverhütende Kraft des Rauhfutters —, und da anscheinend fast alle Tiere Vitamin D brauchen, darf man wohl annehmen, daß nicht nur in der menschlichen Haut eine Vitamin D-Bildung aus Ergosterin stattfindet. Damit wäre also der Vitamin D-Gehalt des Nutztiers wetter-, d. h. sonnenabhängig. — Im 3. Abschnitt haben wir von Wachstumssteigerung, erhöhter Stickstoffausscheidung, rascherer Blutregeneration und Anregung der Geschlechtstätigkeit durch Sonnenlicht gesprochen.

Andererseits lehrt die sog. *Meteoropathologie*, daß Beziehungen bestehen zwischen gewissen menschlichen Krankheiten und atmosphärischen Vorgängen. Welcher Art diese atmosphärischen Vorgänge sind — Dampfdruckänderungen, Änderungen der Luftelektrizität, Luftdruckschwankungen oder was sonst —, entzieht sich freilich unserer Kenntnis. Wer auf dem Land aufgewachsen ist, weiß, daß Kühe bei plötzlichem Wetterumschlag und Gewitter oft weniger und fettärmere Milch geben. Schließlich hat die „*geographische Pathologie*" festgestellt, daß *Klima und Höhenlage*, nicht nur das Wetter, viele Stoffwechselvorgänge tiefgreifend verändern. In den Beobachtungen der Meteoropathologie und geographischen Pathologie handelt es sich um Änderungen der Ansprechbarkeit des Körpers. Es ist durchaus wahrscheinlich, daß dabei stoffliche — und nicht immer nur *vorübergehende* — Zustandsänderungen der Gewebe stattfinden und daß das Tier sich hierin nicht grundsätzlich anders verhält als der Mensch. Vielleicht wird also auch die stoffliche Zusammensetzung des *Tierkörpers*, nicht nur die stoffliche Zusammensetzung des *Pflanzenkörpers*, durch Wetter, Klima und Höhenlage bestimmt. Wenn wirklich solche Schwankungen bestünden, dann wäre es nicht gleichgültig, *wo* das Tier aufwächst und *wann* das tierische Nahrungsmittel „geerntet", d. h. wann das Tier geschlachtet wird.

Zu den wetter- und klimabedingten Schwankungen treten *Jahreszeit- und 24-Stunden-Rhythmen.* Mit der Jahreszeit schwankt beim Menschen der Gesamtumsatz des Körpers, die Zahl der weißen und roten Blutkörperchen, der Kalzium- und Phosphorgehalt des Bluts u. a. m. Die letzten Ursachen dieser Schwankungen liegen noch im Dunkel. In 24stündigem Rhythmus, unabhängig von Tätigkeit und Schlaf, schwankt u. a. die Körpertemperatur, der Kohlensäuregehalt des Bluts, die Harnausscheidung und die Schmerzempfindlichkeit des Menschen. Die Morgenmilch der Kuh ist am amylasereichsten. Für die Leber hat sich wahrscheinlich machen lassen, daß sie während der Nacht Glykogen aufbaut — man schätzt beim Menschen etwa 170 g —, um es im Laufe des Tages zu verbrauchen. Frühmorgens ist also die Leber am kohlehydratreichsten. Unterliegen Muskulatur und Nieren einer ähnlichen Periodik? Bestehen auch periodische Schwankungen im Gehalt der Organe an Eiweiß, Fett, Mineralien und Vitaminen? Die geheimnisvolle Rhythmik des Tierkörpers fesselt uns nicht nur als wissenschaftliches Problem. Sie kann eines Tages unmittelbare praktische Bedeutung gewinnen.

Nicht anders als beim Pflanzenbau müssen in der Tierhaltung Züchtung und Ernährung zusammenwirken, wenn höchstwertige Nahrungsmittel erzeugt werden sollen. Auch der *Tierzucht* haben sich mit der Entdeckung der Erbgesetze neue Möglichkeiten eröffnet. Damit sollen die züchterischen Leistungen vergangener Jahrtausende keineswegs verkleinert werden. Wildlebende Vögel legen einmal im Jahr wenige Eier — ein Haushuhn legt heute durchschnittlich 200 Eier jährlich. Wie jedes andere Säugetier gibt das wildlebende Rind nur Milch, solange das Kalb sie braucht — beste Milchkühe geben heute im Jahre mehr als 11000 kg (11300 Liter) Milch, mehr als 400 kg Fett. Fleisch und Milch soll uns das Rind liefern. Höchstleistungen in beidem zugleich sind nicht möglich. Die züchterischen Bemühungen mußten sich deshalb einerseits auf *raschwachsende Rinderrassen* mit geringer Milchergiebigkeit, andererseits auf fleischarme Rassen mit *hoher Milchleistung* richten. So betrug — um nur ein Beispiel zu nennen — im Jahre 1935 in Schleswig-Holstein die durchschnittliche Milchleistung der fleischwüchsigen Shorthornrasse 3052 kg Milch mit 103 kg Fett, die des fleischarmen schwarzbunten Niederungsviehs 3899 kg mit 123 kg Fett je Kopf.

Neben den rassebedingten Unterschieden der Milch-, Fleisch- und Eier*menge* sind für die menschliche Ernährung vor allem rassenbedingte Unterschiede der Milch-, Fleisch- und Eier*beschaffenheit* von Bedeutung. Schwarzbunte und rotbunte Niederungsrassen geben fettärmere Milch als Fleckvieh, mitteldeutsches Rotvieh und andere Höhenrinder (3,2—3,3 gegenüber 3,8—4,0% Fett). Im ganzen liefern die Niederungsrassen aber doch mehr Fett, weil sie eben sehr viel mehr Milch geben. Der Anteil des Fetts am Körpergewicht, d. h. das Verhältnis Fett:Eiweiß, liegt bei Masttierrassen höher als bei nicht mastfähigen. Der Eiweiß-, Kohlehydrat-, Lipoid- und Mineralgehalt des Muskelfleisches zeigt deutliche Unterschiede von Tierart zu Tierart.

100 g Fleisch enthalten bei

Hase	Taube	Reh	Rind	Kalb	Huhn	Hammel	Schwein	Fettgans
23,0	22,1	20,8	20,3	20,2	20,0	18,9	16,2	15,9

Gramm Eiweiß

Gibt es ähnliche Schwankungen bei verschiedenen Rassen

ein und derselben Tierart? Anscheinend hat man die tierischen Nahrungsmittel in dieser Richtung noch nicht systematisch untersucht. Vielleicht liegt das an äußeren Schwierigkeiten. Denn wenn man das Fleisch zweier Rinderrassen, die Eier zweier Hühnerrassen auf rassenbedingte, d. h. erbbedingte Unterschiede untersuchen will, dann müssen die verschiedenrassigen Tiere unter genau gleichen Lebensbedingungen und bei genau dem gleichen Futter aufgezogen werden. Das ist nicht immer einfach, und das kostet viel Geld!

Von den *futterbedingten Schwankungen* wissen wir kaum mehr als von den erbbedingten. Krankheiten durch unzureichende Ernährung lassen wir hier unberücksichtigt. Schlecht ernährte Tiere magern ab, Fett und Muskulatur schwinden, Milch und Legeleistung gehen zurück. Ein und dieselbe Rinderrasse (schwarzbuntes Niederungsvieh) gibt in Hannover 3989 kg Milch mit 127 kg Fett je Kuh und Jahr, in Sachsen-Anhalt 3594 kg Milch mit 115 kg Fett. Klimatische Unterschiede mögen da mitspielen.

Die Züchtung hat Rassen herausgearbeitet, die einen weit größeren Teil des Futters ansetzen als die Ausgangsrassen. Immerhin werden auch bei guten *Mastrassen* nur etwa 30 bis 40% der Futterbrennwerte als Körpergewebe angesetzt und damit dem Menschen als Nahrung nutzbar gemacht. 60—70% verwendet der tierische Organismus zur Selbsterhaltung. Und sobald ein gewisser Fleisch- und Fettansatz erreicht ist, wird das Verhältnis zwischen Ansatz und Eigenverbrauch immer ungünstiger. Da also 60—70% des Futters „verloren"gehen, ist jede Mästung ein Rechenexempel. Muß man hochwertiges Futter füttern — Getreide, Zucker, Kartoffeln —, das auch *unmittelbar* als menschliche Nahrung dienen kann, dann erhebt sich die Frage: Übersteigt der durch die Mästung erzielte Wertzuwachs wirklich wesentlich den Wert des aufgewendeten Futters? Jedes Tier hingegen, das mit billigen oder gar für den Menschen *wertlosen* Futterstoffen Fleisch und Fett ansetzt und Milch gibt, dient natürlich in *unersetzbarer* Weise der menschlichen Ernährung. Solche Tiere ermöglichen nicht selten menschliches Leben in Landstrichen, wo der Mensch, allein auf sich gestellt, keine Nahrung fände.

Der Arzt weiß, daß die Ernährung der Mutter die Güte der Muttermilch bestimmt und daß manche *Stoffe* (Koffein und Nikotin z. B.) *in die Milch übergehen.* Ganz ähnlich ist es bei der Kuh. Die Güte der Kuhmilch schwankt jahreszeitlich entsprechend den jahreszeitlichen Schwankungen von Futter und Lebensweise (Weidegang – Trockenfutter). Beste Weide – beste Milch. *Geschmacklich* wird die Milch der Alpenweidekühe am höchsten geschätzt. Lupinen und Steckrübenfutter geben oft einen bitteren Geschmack. — In den Monaten Dezember bis Februar ist die Milch am *fettesten,* im Juni, Juli und August am magersten. — Der Mineralgehalt wird durch Fütterung kaum beeinflußt. Eine Ausnahme macht nur das *Jod* und vielleicht das *Kalzium:* Bei oberbayrischen Kühen liegt der Jodgehalt der Milch zwischen 3,0 und 3,8 γ, bei Kühen aus dem schleswig-holsteinischen Seengebiet zwischen 4,7 und 13,2 γ je 100 g. Jede Jodzufütterung erhöht den Jodgehalt. Aus Karotin entsteht bekanntlich sehr leicht *Vitamin A.* In der Milch derselben Holsteiner Kuh fanden sich bei gleichem Fettgehalt im November 89, im Januar 58, im März/April 124 und im Mai 160 γ Karotin je 100 g. Bei Weidetieren ist im Mai/Juni die Milch *Vitamin D*-reicher als im Oktober/November. Zufütterung von Vitamin D erhöht ihren D-Gehalt. Wintermilch soll *Vitamin C*-ärmer sein als Sommermilch.

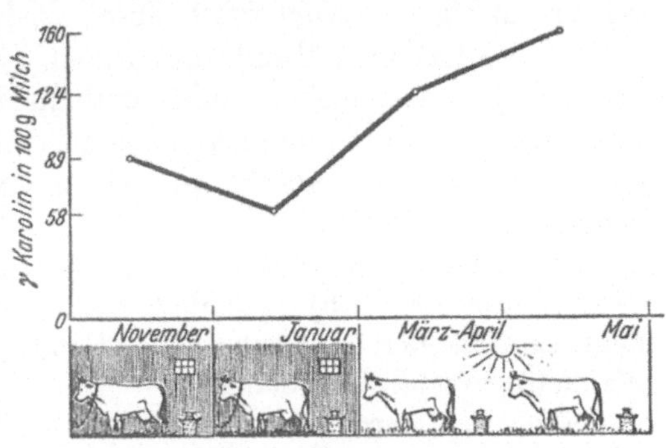

Abb. 5. Die jahreszeitlichen Schwankungen des Vitamin A- (Karotin-) Gehalts der Kuhmilch.

Der *Vitamingehalt der Butter* geht dem Vitamingehalt der Milch parallel. Im Frühjahr ist auch die Butter am reichsten an A- und D-Vitamin („Grasbutter"). Erstaunlich schwankt die Vitamin A-bildende Kraft verschiedener Grasarten. Man fand 492 γ Karotin je 100 g Butter bei gewöhnlichem Winterfutter, 960 γ bei Timotheeheu, 2000 γ bei Sojaheu, 2560 γ bei Alfalfaheu und noch mehr bei Zufütterung von Leinsamen.

Fleisch von Schweinen, die mit Fischabfällen gefüttert wurden, schmeckt tranig. Milchgefütterte Kälber, mit Nüssen gefütterte Puter sind hoch geschätzt. Und zum klassischen Bestand der Physiologie gehören jene Versuche, in denen es gelang, arteigenes *Körperfett* durch Nahrungsfett zu verändern: füttert man Hunde mit Rüböl, dann findet man in ihrem Fettgewebe die im Rüböl enthaltene Erucasäure. Das Bauchfett eines ursprünglich mageren, mit reichlich Butter gefütterten Hundes gleicht in seinem Schmelzpunkt dem Butterfett.

Den Gehalt von Muskulatur und inneren Organen an Eiweiß, Fett, Kohlehydrat, Mineralien und Vitaminen unter dem Einfluß der Fütterung scheint man bisher noch nicht planmäßig verfolgt zu haben.

Hühnereier werden in ihrem Eiweißaufbau durch die Art des Futters bestimmt. In bebrüteten Eiern verschiebt sich das Verhältnis der Eiweißstoffe zueinander; gleichzeitig nimmt das Fett zu, das Cholesterin ab. Sie sind außerdem zu Beginn der Legezeit vier- bis fünfmal reicher an *Vitamin A* als am Ende. Je mehr Eier das Huhn legt, desto vitaminärmer geraten die einzelnen Eier. Doch kann man Vitamin A zufüttern und so die Eier anreichern. Sommereier sind die *Vitamin D*-reichsten: 100 g Ei besitzen im Februar 3,5 γ Vitamin D, im April 6,8 γ, im Mai 8,0 γ und im Juni 9,8 γ. Lebertranfütterung, Bestrahlung des Futters oder Bestrahlung der Tiere macht die Eier D-reicher.

Wenn für die pflanzlichen Nahrungsmittel die *Zahlen der Nahrungsmitteltabellen nur als Richtzahlen* betrachtet werden dürfen, dann gilt für die tierischen Nahrungsmittel dasselbe — selbst unter der Annahme, daß ihre stoffliche Zusammensetzung in engeren Grenzen schwankt.

Wenn wir uns schließlich noch fragen: *Warum „brauchen" wir eigentlich tierische Nahrungsmittel,* worin liegt ihre Bedeutung für die Nährstoffversorgung und worin liegt die Bedeutung der *pflanzlichen* Nahrungsmittel?, dann muß zunächst festgestellt werden, daß man, ohne Schaden zu nehmen, auf die Dauer ebensogut von fast rein pflanzlicher wie von fast rein tierischer Nahrung leben kann! Es muß aber weiter festgestellt werden, daß wir *unsern Nährstoffbedarf mit einer gemischten Kost weitaus am leichtesten und sichersten decken können.* Ausreichende Vitamin C-Mengen und größere Mengen leicht verwertbarer Kohlehydrate stellt uns nur die Pflanze zur Verfügung. Fleisch und Milch sind ausgesprochen C- und kohlehydratarm. In den tierischen Nahrungsmitteln bekommen wir dafür hochwertige Eiweißkörper und Fett in einer so konzentrierten Form, wie sie keine Pflanze liefern kann. Die tierische Nahrung deckt auch die Hauptmenge unseres Bedarfs an Vitamin D und Natrium. Von Pflanzen enthalten nur die Pilze nennenswerte D-Mengen. Natürlich darf man nicht vergessen, daß unter dem Einfluß der Sonne — also vor allem in südlichen Ländern mit überwiegender Pflanzennahrung — im Körper Vitamin D entstehen kann. *So hat jede Nahrungsmittelgruppe ihre besonderen „Aufgaben" im Dienste der menschlichen Ernährung.*

Fleisch, Muskeln — „Tierleichen", wie geschmackvolle Fleischhasser sagen, die nur von „Pflanzenleichen" leben — bilden die Hauptnahrung ganzer Völker. Für uns kommt Rindfleisch, Ochsen- und Kalbfleisch, Schweinefleisch, Schaf- und Hammelfleisch, Wild und Geflügel in Betracht. Jede Fleischart hat ihren Eigengeschmack. Viele Menschen mögen Hammelfleisch nicht, andere essen kein Wild. Pferdefleisch schmeckt süßlich und gilt für weniger wertvoll, weil der Durchschnittseuropäer an den süßen Geschmack nicht gewöhnt ist.

Die Zusammensetzung des Fleisches schwankt von Tierart zu Tierart, wenn auch die Grundbausteine immer dieselben sind: Eiweißkörper, stickstoffhaltige „Extraktivstoffe" (Kreatin, Purinkörper u. a.), stickstofffreie „Extraktivstoffe" (Glykogen, Milchsäure u. a.), Fett, Mineralien, Vitamine und Wasser. Das Muskelfleisch ein und desselben Tieres ist nicht überall gleichwertig. Aus diesem Grund haben sich besondere

Namen für verschiedenwertige Körpergegenden eingebürgert. Beim Ochsen werden Hohe Rippe, Lende, Hüfte und Schwanzstück als die zartesten und wohlschmeckendsten Teile geschätzt. Kopf, Hals und Bein sind die billigsten. Bei vierfüßigem Wild rechnet nur der Rücken, beim Geflügel nur die Brustmuskulatur als erstklassiges Fleisch. Die „Zartheit" des Fleisches, seine Kaubarkeit wird durch Bindegewebe und Muskelfasern bestimmt. Im allgemeinen geben Geflügel und Kälber das zarteste Fleisch. (Natürlich erfreut sich aber ein jugendliches Rind größerer Beliebtheit als ein alter Hahn.)

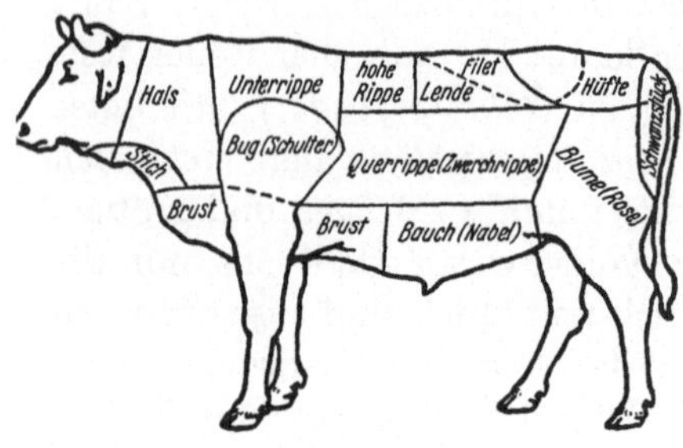

Abb. 6. Rind. 1. Zum Braten: Hohe Rippe, Rostbeef, Keule, Filet. 2. Zum Schmoren: Blume, Unterrippe, Schwanzstück. 3. Zum Kochen: Brust, Bug, Querrippe. (Nach Behre.)

Die *Lebensgeschichte des Tieres* spiegelt sich im Geschmack und in der Beschaffenheit seines Fleisches. Wässeriges, nährstoffarmes Fleisch stammt von allzu jungen Tieren. Je älter das Tier, je schwerer es gearbeitet hat, desto zäher und geschmackärmer ist sein Fleisch. Es gehört viel Erfahrung dazu, den richtigen Schlachttermin zu bestimmen. Bei Mastochsen rechnet man 4—6 Jahre, bei Kühen 3—5 Jahre, bei Maststieren $1^1/_2$—2 Jahre, bei Mastkälbern 6—10 Wochen, bei Hammeln $1^1/_2$—2 Jahre, bei Schweinen 1—$1^1/_2$ Jahre, bei Geflügel 4—6 Monate, bei Hasen 3—8 Monate und bei Reh und Hirsch 10—15 Monate. Fettreiches Fleisch ist nicht nur nahrhafter, sondern auch schmackhafter. In der Brunst-

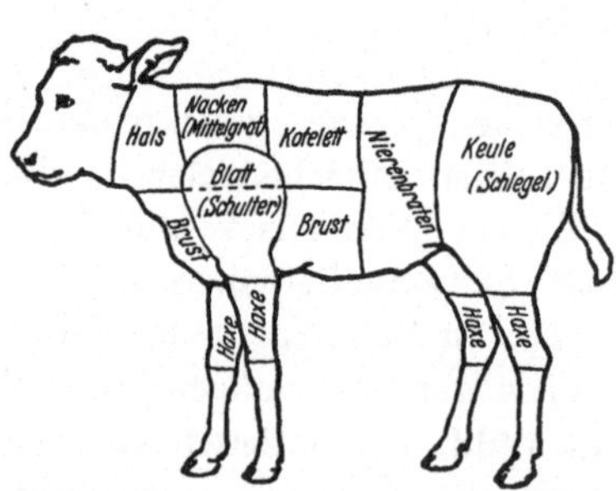

Abb. 7. Kalb. 1. Zum Braten: Schulter, Brust, Keule, Kotelett. 2. Zum Kochen: Hals, Brust, Haxe, Nierenstück. (Nach Behre.)

zeit nimmt das Fleisch der meisten Säugetiere einen unangenehm starken Geschmack an. Fleisch kastrierter Tiere gilt als besonders schmackhaft.

30—45% des Körpergewichts (des Lebendgewichts) macht die Muskulatur aus. Der Rest sind Haut, Magen, Darm, Gekröse, Knochen, Knorpel, Blut und innere Organe. Je blutärmer das Fleisch, desto besser hält es sich. In heißen Ländern werden die Tiere vielfach durch Halsschnitt getötet, weil sie dabei am vollständigsten ausbluten (rituelle Schlachtmethoden der Mohammedaner und Juden).

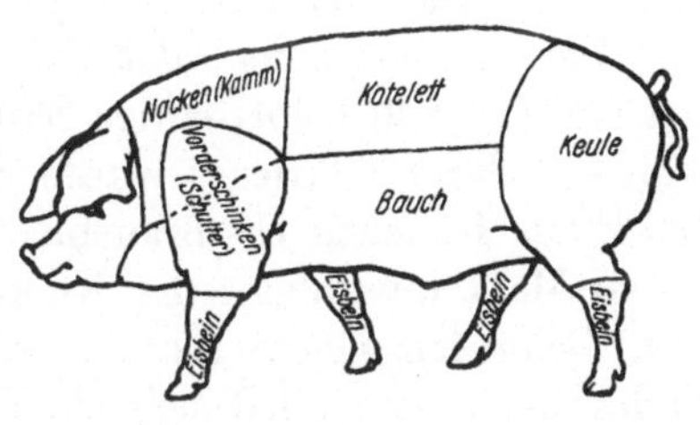

Abb. 8. Schwein. 1. Zum Braten: Kotelett, Keule, Nacken. 2. Zum Schmoren: Rippchen, Nacken. 3. Zum Kochen: Eisbein, Bauch. (Nach Behre.)

Was nicht Muskelfleisch ist, wandert zum größten Teil in die Wurst. Nur von wenigen Tieren werden *Leber, Milz, Niere, Thymus (Bries), Hirn und Bauchspeicheldrüse* in der Küche verwendet. Die Leber von Kalb, Reh, Geflügel und Schwein kennzeichnet ihr Eisen- und Glykogenreichtum. Glykogenreiche Lebern enthalten bis zu 15% Kohlehydrat. Aus fettreichen Gänselebern wird Gänseleberpastete. — Kalbsbries und Hirn, gleichmäßig weich, geben reizlose, besonders in der Krankenküche geschätzte Gerichte. — Die Zunge ist eines der zartesten und schmackhaftesten Organe. — Derber sind Magen und Gekröse. Im Norden Deutschlands kommen sie als Königsberger Fleck, im Süden als Kutteln auf den Tisch. — Das *Blut* der Schlachttiere wird heute noch nicht restlos für die mensch-

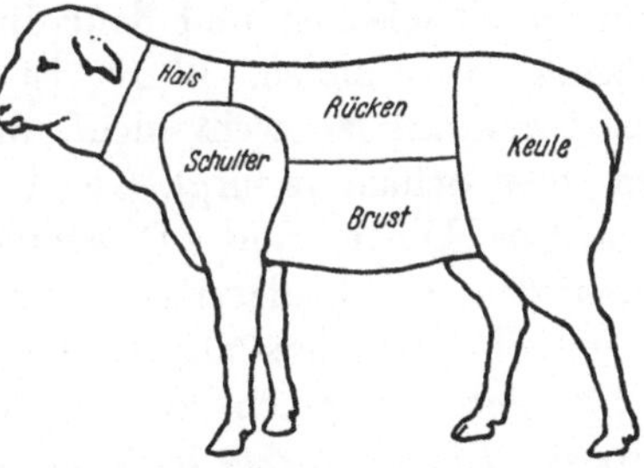

Abb. 9. Hammel. 1. Zum Braten: Keule, Rücken, Rippchen. 2. Zum Schmoren: Schulter, Hals, Bauch. 3. Zum Kochen: Brust. (Nach Behre.)

liche Ernährung ausgenützt. Verwurstet wird nur etwa die Hälfte. In die Küche kommt so gut wie nichts. Die Bemühungen um neue Verwertungsmöglichkeiten für das Blut haben noch nicht zu greifbaren Erfolgen geführt. Gern benutzt die Küche *Knochen und Knorpel* zum Auskochen für Suppen. Man hat gefunden, daß von 100 g Rindsknochen 4,1 g Fett und 2,8 g stickstoffhaltige Stoffe in die Suppe übergehen. Während des Weltkrieges wurde durch Kochen unter hohem Druck aus Knochen ein brauchbares Fett gewonnen. Auch in seinem Mark umschließt der Knochen ein leicht schmelzbares Fett. Beim langsamen Kochen von Knochen, Knorpel und Bindegewebe verwandelt sich ein Eiweißkörper, das Kollagen, in *Leim*. Reiner Leim als Nahrungsmittel heißt Gelatine. Die Freude über die Leimsuppe als billiges, eiweißreiches Volksnahrungsmittel ist verfrüht gewesen; es hat sich nämlich herausgestellt, daß das Leimeiweiß für den Menschen nur wenig Wert hat. — *Gelatine* läßt sich aus geschmacklichen Gründen nur in geringen Mengen küchenmäßig verwenden. Die üblichen Gelatinespeisen enthalten etwa 2% Gelatine.

Das Verfahren, tierische Organe zu zerhacken, sie mit Gewürzen zu mischen und dann in Därme zu stopfen, hat das Abendland erfunden. *Wurst* ist Vertrauenssache. Wer nicht dabei gewesen ist, weiß nicht, was sich alles hinter der glatten roten Schale verbirgt. Gleicher Name bezeichnet ganz verschiedene Dinge, und oft genug läuft das gleiche Produkt unter den verschiedensten Namen — der landesüblichen Gewohnheit, dem persönlichen Geschmack und der Kunst des Schlachters entsprechend. Aus der Fülle nur einige Kostproben: *Fleischwürste* bestehen aus Schweine-, Kalb-, Schaf- oder Rindfleisch. Je nach Herstellungsart unterscheidet man Dauerwürste wie Zervelatwurst, Mettwurst und Salami (eine wasserarme Zervelatwurst) und „Anrührwürste" wie Brat- und Brühwürste, Bock- und Weißwürste, Knoblauchwurst, Frankfurter und Wiener Würstchen. *Blutwürste* sind meist aus Schweineblut (Blut- oder Rotwurst, Schwarzwurst, Schwartenmagen, Zungenwurst). Zur Füllung der *Leberwurst* werden außer Leber — in guter Leberwurst 25–30% — innere Organe verwendet. Der süddeutsche *Leberkäse* besteht wesentlich aus einer leberreichen Wurstmasse, die nicht in Darmhüllen gefüllt, sondern gebacken wird.

Liebigs Fleischextrakt war unsern Großvätern der Inbegriff eines Nähr- und Kräftigungsmittels, gut für alles. Die Herstellung war lange Zeit eine Art Monopol der Englischen Liebig-Gesellschaft in Argentinien. Die nicht immer hochwertigen Erzeugnisse haben ihr Teil dazu beigetragen, den Fleischextrakt um seinen guten Ruf zu bringen. Wir glauben heute auch ohnedies nicht mehr an den Fleischextrakt als ein Universalmittel. Nach wie vor sind aber Fleischextrakt und Fleischbrühe als anregende Getränke und Nahrungszusätze für Gesunde und Kranke geschätzt, namentlich bei intensiver geistiger oder körperlicher Arbeit. *Fleischextrakt* ist der eingedickte, möglichst leim- und fettfreie *Wasserauszug* des Fleisches. Er macht einen wesentlichen Bestandteil aller Fleischbrühwürfel und Suppenwürzen aus. Die Fleischbrühwürfel enthalten daneben 60—70% Kochsalz. *Fleischsaft* dagegen gewinnt man durch kaltes oder warmes *Auspressen* des Fleisches und Eindampfen des Preßsaftes. Zur *Fleischbrühbereitung* werden Fleisch und Knochen kalt angesetzt und *gekocht.*

Obwohl der deutsche *Fischverzehr* in den letzten Jahren stark angestiegen ist — 1933 8,9 kg, 1937 12,5 kg Seefische je Kopf —, gilt Fischfleisch in weiten Kreisen unseres Volkes immer noch für weniger wertvoll als Warmblüterfleisch. Ganz zu Unrecht! Der Eiweißgehalt des Fischfleisches erreicht annähernd den Eiweißgehalt des Warmblüterfleisches. Ähnlich wie Warmblüterfleisch ändert das Fischfleisch seine Zusammensetzung mit Jahreszeit, Alter, Nahrung, Laichzeit und Wasserbeschaffenheit. Höchster Fettgehalt und größte Schmackhaftigkeit werden etwa in der Mitte zwischen zwei Laichzeiten erreicht. Rohe Fische sind infolge ihres hohen Wassergehaltes wenig haltbar und müssen deshalb rasch verbraucht werden.

Die größte Bedeutung für die Volksernährung besitzt ohne Zweifel der *Hering* — ein billiger und hochwertiger Eiweißspender. Unter verschiedenen Bezeichnungen erscheint er auf dem Markt: *Rogener* = weiblicher Hering; *Milchner* = männlicher Hering; *Vollhering* = Tier mit reifen Eiern oder mit reifen Samen; *grüner Hering* = frisch, nicht konserviert. *Matjeshering* = jung, fett, mild gesalzen; *Bückling* = heiß geräuchert; *Salzhering* = gesalzen; *Bismarckhering* = mit Salz und Essig zubereitet (ähnlich der *Rollmops*); der *Brathering* ist in Fett gar gebraten, der *Hering in Gelee* mit Essig und Salz zubereitet und in Gelatine eingebettet.

Von *Seefischen* kommen neben dem Hering vor allem Kabeljau, Schellfisch, Sprotten, Sardinen, Sardellen und Seeaal in Betracht, von *Süßwasserfischen* Forelle, Saibling, Lachs, Hecht, Karpfen und Schleie. Kabeljau und Schellfisch liefern getrocknet den Stockfisch, gesalzen und dann getrocknet den Klippfisch. Beide halten sich ein Jahr lang und länger.

Hummer, Krebs, Austern, Kaviar (Rogen von Stör und anderen Fischen), *Schnecken, Schildkröten* gibt's bei uns nur zu festlichen Gelegenheiten. Für den Alltagstisch sind sie zu teuer. In Nordamerika und Frankreich besitzt die *Miesmuschel* den Rang eines Volksnahrungsmittels. In Deutschland suchte man sie während des Weltkriegs einzubürgern, und auch jetzt bemüht man sich wieder darum. Die Miesmuschel enthält 16,8% Eiweiß, 2,4% Fett und anscheinend auch Vitamin A und D. Sie schmeckt von Haus aus fade, soll sich aber küchenmäßig gut verwenden lassen.

„Einesteils der *Eier* wegen, welche diese Vögel legen", hält sich der Mensch seit Jahrtausenden Hühner, Enten und Gänse. Kiebitz- und Möweneier gelten als Delikatesse. Vom 50 g schweren Hühnerei sind rund 16 g Dotter, 30 g Eiklar und 4 g Schale. Neben dem 1400 g schweren Straußenei wirkt das bescheidene Hühnerei recht armselig. Wie beim Fleisch hängt beim Ei Aussehen und Geschmack von Jahreszeit, Frische und Fütterungsart der Hühner ab. Frische Eier sind bekanntlich die besten. Beim Durchleuchten müssen sie gleichmäßig hell aufleuchten; die Luftblase an der Spitze soll nicht größer sein als ein 5-Pfennigstück. Beim Liegen verdunstet das Ei Wasser durch die Schale: es wird leichter. Im Gegensatz zu alten Eiern sinken deshalb frische Eier in einer 10%igen Kochsalzlösung sofort unter und scheppern nicht beim Schütteln.

Am eifrigsten legen die Hühner von April bis Juni. Je mehr Insekten und Würmer sie finden, desto dunkler wird der *Dotter*. Die *Farbe* des Dotters bedingen zwei Farbstoffe: das Lutein (sehr nahe verwandt mit dem Farbstoff gelber Blätter, dem Xanthophyll) und das eisenhaltige Ovochromin. Daneben enthält der Dotter *Fette* und *Lipoide*. Die *Eiweißkörper* des Eies (Ovalbumin, Ovoglobulin und Ovomukoid im Eiklar, Ovovitellin im Dotter) wechseln von Tierart zu Tierart.

Noch aus Kriegszeiten her besteht ein kaum überwindbares Mißtrauen gegen *Eipulver* und *Trockenei*. Allzuoft hatten diese „Nährmittel" mit Ei nichts als die gelbe Farbe gemein. Heute gibt es Trocknungsverfahren und flüssige Eikonserven, die beim Anrühren mit Wasser Frischeier fast vollwertig ersetzen sollen.

Nach dem Gewicht werden bei uns fünf Klassen von Eiern unterschieden: Von Klasse S mit einem Gewicht von mindestens 65 g je Ei über Klasse A, B und C zu Klasse D mit Eigewicht von 45—50 g. Kühlhauseier, konservierte Eier, Schmutz-, Knick- und Brucheier, angebrütete Eier müssen als solche kenntlich gemacht werden.

Mit *Milch* haben wir alle angefangen. Und es gibt in Deutschland wohl kaum einen Menschen, der nicht täglich Milch in irgendeiner Form zu sich nimmt. Für uns steht die *Kuhmilch* an Bedeutung obenan. In andern Ländern spielen Schaf- und Ziegenmilch eine größere Rolle. Die Milch von Büffel, Zebu, Kamel, Lama, Renntier, Pferd und Esel dient nur einzelnen Volksstämmen als Nahrungsmittel. Die Milchabsonderung der Kuh beginnt nach der Geburt des Kalbes und dauert etwa 300 Tage. Manche Kühe geben Milch von einem Kalben bis zum andern. Rund 20% der Brennwerte, die wir der Kuh mit dem Futter reichen, erstattet sie uns als Nährstoffe in der Milch zurück. So wie sie von der Kuh kommt heißt sie Vollmilch. „Markenmilch" und „Vorzugsmilch" sind Handelsbezeichnungen für besonders hochwertige Vollmilch (die beste Milch ist die Vorzugsmilch). „Vitaminisierte Milch" mit Zusatz von A- und D-Vitamin spielt praktisch keine Rolle.

Die weiße Farbe der Milch rührt her von feinstverteilten *Fettkügelchen.* Beim Stehen der Milch steigen die Fettkügelchen nach oben und bilden den *Rahm.* Nach dem Abrahmen ist aus Vollmilch *Magermilch* geworden. Aus dem Rahm gewinnen wir *Butter,* aus der Magermilch *Quark.*

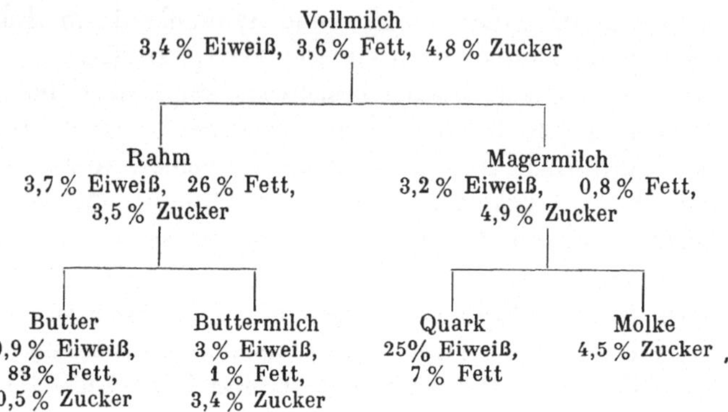

Den größten Teil des Milcheiweißes macht das Kaseinogen aus, das sich bei der Gerinnung als *Kasein* niederschlägt. Dazu kommen kleine Mengen von *Laktalbumin* und *Laktoglobulin. Milchfett* besteht aus Triglyzeriden der Palmitin- und Oleinsäure mit kleinen Lipoidbeimengungen. Schließlich besitzt die Milch noch *Milchzucker, Mineralien, Vitamine* und einen dem Karotin nahestehenden *gelben Farbstoff.*

Über die Auswirkungen von Rasse und Fütterung auf die Milch haben wir schon gesprochen. Auch darüber hinaus ist ihre Zusammensetzung nicht immer gleichmäßig. Die ersten Tage nach dem Kalben ist die Milch am eiweißreichsten. Erst vom 7. Tage ab darf sie in den Verkehr gebracht werden — als Kindermilch und Vorzugsmilch erst nach 14 Tagen. Die Milchmenge, im ersten Monat nach dem Kalben am größten, sinkt vom 2. bis 3. Monat an langsam ab. — Für viele Städter bedeutet kuhwarme Milch einen — wirklichen oder eingebildeten — hohen Genuß. Sobald der Melker anfängt, lassen sie sich ihr Glas vollmelken und trinken in dem Bewußtsein, etwas ganz Besonderes für ihre Gesundheit zu tun. Sie wissen nicht, daß der Fettgehalt der Milch beim Melken erst allmählich ansteigt und daß aus diesem Grund der erste herausgemolkene Liter der fettärmste ist. An der Zusammensetzung der Milch beteiligt sich gelegentlich auch der Mensch, indem er sie nachträglich abrahmt oder mit Magermilch, Wasser, Mehl, Zucker und Farbstoffen „verbessert".

Beim *Erwärmen* über 50° C entsteht auf der Oberfläche der Milch ein Häutchen von geronnenem Eiweiß. Sprengt der Dampf unter dem Häutchen seine Hülle, dann „wallt die Milch über". Kochen macht die Milch nicht keimfrei, verhindert aber ein vorzeitiges Sauerwerden. Gleichzeitig werden die Fermente der Milch unwirksam. Leider verändert das Kochen auch den Geschmack.

Zahllosen *Bakterien* dient die Milch als willkommene Nahrung. Wenn der Melker auch sein Vieh sauber hält und die Milch durchseiht, und wenn er sich auch wirklich die Hände wäscht — keimfrei wird die Milch darum noch lange nicht. Man muß zufrieden sein, wenn sie „nur" 6000—10 000 Keime im Kubikzentimeter enthält. Wichtig ist natürlich, daß keine lebenskräftigen Krankheitskeime dabei sind.

Immer vorhandene säurebildende Bakterien verwandeln süße Milch in *saure Milch* (Dickmilch). Nach 24 Stunden ist das meist geschehen. $^1/_4$ bis $^1/_5$ des Milchzuckers ist dabei in Säure übergegangen. Zur *Yoghurt*bereitung wird gekochte Milch mit bestimmten Säurebildern beimpft. Die Yoghurt kam vom Balkan zu uns; das türkische Ya-Urt bedeutet saure Milch. Wir schätzen sie wie wir gewöhnliche Dickmilch schätzen. Von den wunderbaren Fähigkeiten, die eine geschäftstüchtige Reklame der Yoghurt so gerne nachsagt, von der Macht, Gesundheit, Kraft, Schönheit und langes Leben zu verleihen, hat sie freilich nicht mehr als die schlichte deutsche Dickmilch auch. Die Lehren des russischen Biologen Metschnikoff (1845—1916) von der universalen Krankheitsverhütung der Yoghurt haben der Kritik leider nicht standgehalten.

Mit *Kefir*pilzen läßt sich sauer-alkoholische Gärung mit Aufspaltung des Milcheiweißes erzielen. Der Orientale nennt die „Kefirhefe", die körnige Mischung von Pilzen mit Käsestoff: „Hirse des Propheten". „Kefir" soll soviel wie „Wonnetrank" bedeuten. Ganz ähnlich bereitet der Kirgise aus Stuten- und Eselinnenmilch seinen alkoholischen *Kumys*.

Die Magermilch wurde bisher so gut wie vollständig verfüttert. In den letzten Jahren hat man sich in Deutschland bemüht, das eiweißreiche Nahrungsmittel ohne Umweg über das Tier für die menschliche Ernährung zu verwenden. Reine Magermilch schmeckt eigentümlich „leer". Dieser unangenehme Geschmack läßt sich nur in Mischgetränken, etwa in Kakaomischtrunk, verdecken. Im großen kann die Magermilch in dieser Form natürlich nicht verwendet werden. Da Magermilchzusatz zum Brot und lezithinangereicherte Magermilch sich nicht bewährt haben, geht man neuerdings zur Eindickung und Trocknung über. Die Erfahrung muß lehren, ob sich diese Erzeugnisse durchsetzen. Ohne geschickte Propaganda wird das nicht gehen. Für die *Buttermilch* gilt übrigens dasselbe wie für die Magermilch.

In der Krankenhausküche wird die Milch gelegentlich „*homogenisiert*" (Homogenisierung bedeutet gleichmäßige allerfeinste Verteilung des Milchfettes), mit Eiweiß, Fett, Zucker oder Vitaminen angereichert, entfettet, entzuckert, bestrahlt oder in anderer Weise als Nährpräparat hergerichtet.

Ziegenmilch schätzt nicht jeder, weil ihr ein charakteristisch unangenehmer Geschmack anhaftet. Übermäßiges Trinken von Ziegenmilch kann bei Kindern zu einer eigenartigen Blutarmut führen. — *Schafmilch* wird neuerdings für Gesunde und Kranke, für Erwachsene und Säuglinge warm empfohlen. Mit über 5% Fett, 5% Eiweiß, 5% Zucker, 180 mg% Kalzium, 170 mg% Phosphor und 3 mg% Vitamin C ist sie erheblich konzentrierter als die Kuhmilch. *Eselinnenmilch* trinkt man in Mittelmeerländern, *Stutenmilch* im südöstlichen Rußland und in Westasien, *Renntiermilch* in Nordeuropa.

Wenn man süßen oder sauren Rahm schlägt, dann wird er zu *Butter*. Für 1 kg Butter rechnet man den Rahm von 25—30 Liter Milch. Die Säuerung des Rahms für Sauerbutter wird heute durch Beimpfung mit Bakterien erreicht und nicht mehr dem Zufall überlassen. Nach dem Buttern müssen

Wasser und Milch durch ausgiebiges Durchkneten möglichst vollständig abgepreßt werden, weil sonst die Haltbarkeit leidet. Deutsche Butter soll nicht mehr als 18% Wasser und nicht mehr als 2% Eiweißkörper, Milchzucker und Mineralien enthalten. Die Eiweißkörper bewirken das Bräunen und Schäumen beim Braten. Nachträglich gesalzene Butter ist haltbarer als ungesalzene. Im übrigen bestimmen Beschaffenheit der Milch und Herstellungsweise den Geschmack, den Geruch und den Keimgehalt der Butter. *Festgelegte Bezeichnungen* kennzeichnen die Butter im Handel als Markenbutter (beste Butter), feine Molkereibutter, Molkereibutter, Landbutter und Kochbutter. Der *gelbe Milchfarbstoff* konzentriert sich in der Butter und gibt der Sommerbutter ihre geschätzte gelbe Farbe. Aber nicht jede gelbe Butter ist Sommerbutter! Künstliche Gelbfärbung der Butter — im Grunde nichts anderes als Vorspiegelung falscher Tatsachen — hat der Gesetzgeber in Deutschland noch nicht verboten. *Butterfett* besteht zu 92—93% aus Triglyzeriden der Stearin-, Palmitin- und Oleinsäure. Der Rest, Glyzeride von niederen Fettsäuren wechselt mit Futter, Jahreszeit und Rasse; er beherrscht das Aroma. Beim Erhitzen auf 45° („Auslassen") schmilzt das Butterfett, läßt sich vom Wasser trennen und wird — abgeschöpft — zum *Butterschmalz*.

Neben der Butter, dem edelsten Fettspender, verwenden wir noch andere *Fette*. Ein paar Stichworte mögen genügen: *Schweineschmalz* — ausgeschmolzen aus Bauchwand und Rückenspeck, „*Steam lard*" — aus Schweinefett durch Ausschmelzen mit Dampf gewonnenes Rohschmalz; *Griebenschmalz* — Schweineschmalz mit Zusatz von Grieben; *Wurstfett* — enthält neben Schweineschmalz noch Rinder- und Hammelfett; *Talg* — das von anderen Gewebsteilen befreite Fett des Rindes und Hammels; *Gänseschmalz* — Eingeweide- und Brustfett der Gans. Vom *Knochenfett* war schon die Rede. *Gehärtete Fette* erhalten ihre Härte durch chemische Bearbeitung (Wasserstoffanlagerung unter Metallwirkung); gehärtet werden tierische und pflanzliche Fette. Der *Lebertran* spielt nur als Heil- und Vorbeugemittel der Rachitis eine Rolle; einer breiteren Verwendung steht sein Geschmack entgegen. Über die Verwendbarkeit des *Walfetts* liegen noch nicht genügend Erfahrungen vor.

Von pflanzlichen und tierischen Fetten stammt die *Margarine.* Der Margarineverbrauch hat in Deutschland von 3 kg je Kopf und Jahr im Jahr 1913 auf 8 kg im Jahr 1932 zugenommen. Neben Rinderfett, dem ursprünglich einzigen Rohstoff, werden heute Schweineschmalz, Kokosfett, Palmkernöl, Erdnuß- und Sojabohnenöl und manches andere verwendet. In verschiedenen Verfahren wird eine niederschmelzbare Fettmasse mit Wasser und Kuhmilch behandelt und dann verbuttert („gekirnt"). Als Erkennungsmittel schreibt die deutsche Gesetzgebung Zusatz von 10% Sesamöl oder von 0,2—0,3% Kartoffelstärke vor. Gute Margarine hat als hochwertiges Fett zu gelten, namentlich zum Kochen und Backen. Im Gegensatz zur Butter ist sie aber *frei von Vitamin A* — dringend beachtenswert im Hinblick auf die fortschreitende Verdrängung der teuren Butter durch die billige Margarine. Vielfache Anregungen zielen auf eine „Vitaminisierung" der Margarine, d. h. auf Zusatz einer konzentrierten Vitamin A-Lösung.

Reich an Eiweiß und Fett und billig zugleich ist der *Käse,* ein wahres Volksnahrungsmittel aus Rahm, Vollmilch oder Magermilch, aus süßer und aus saurer Milch. 10—12 Liter geben 1 kg Käse — je nach Fettgehalt Rahmkäse mit 50% Fett, Fettkäse mit 10—45% Fett und Magerkäse mit weniger als 10% Fett. Die meisten Käse werden aus Kuhmilch hergestellt. Bekannte Schafkäse sind der Roquefort und der Liptauer. Käse aus Ziegenmilch, Büffel- und Renntiermilch, Stuten-, Esels- und Kamelmilch haben nur örtliche Bedeutung.

Die *Käsebereitung* selbst ist uralt. Jedes Land, ja jede Landschaft hat ihren eigenen Käse. Wäßrige Auszüge aus den labreichen Kälbermägen waren es früher (Lab ist das gerinnungsfördernde Ferment des Magens), fertige Labpräparate sind es heute, mit denen das Kasein bei 30—35° aus der *süßen* Milch ausgeflockt wird. Der Käser nennt diesen Vorgang das „Dicklegen". Bei *saurer* Milch geschieht das Dicklegen durch die Milchsäure. Die feste Gerinnselmasse wird von der Molke abgepreßt, stark abgepreßt für Hartkäse, schwach für Weichkäse. Dann fügt man Gewürze, Bakterien und Farbstoffe zu und läßt den „Käsekuchen" im Keller „ausreifen". Die überbleibende Flüssigkeit, die Molke, wird auf Molkenkäse („Ziger") verarbeitet. Der Molkenkäse enthält demnach kein Kasein, sondern nur Milchalbumin. Ein Molkenkäse mit Zusatz von gepulvertem Steinklee ist der Kräuterkäse.

Unreifer Käse ist kein Käse. Was wir als *Reifen* bezeichnen, ist das Zusammenwirken fermententativer Umsetzungen mit den Lebensäußerungen einer von Käseart zu Käseart verschiedenen Bakterienflora. Dabei wird der Milchzucker zerstört, das Kasein abgebaut, das Fett gespalten. Die Erzielung der letzten Geschmacksfeinheiten wird in der Regel geheimgehalten. Manche Käsearten bekommen Schimmelpilze eingeimpft; den Roquefort packt man im Keller mit verschimmeltem Brot zusammen. Diese Geschmacksnuancen sind so verschieden, daß dem einen Gipfelpunkt des Genusses, was dem andern Gipfelpunkt des Ekels ist.

VII. Lagern — Frischhalten — Kochen.

Mit Haut und Haar frißt die Katze die lebenswarme Maus. Stundenlang schlingt die Kuh auf der Weide Grasbüschel um Grasbüschel hinunter. Der Mensch aber verzehrt lebenswarmes Fleisch nur ausnahmsweise in Notzeiten oder aus religiösen Gründen. Kuhwarme Milch trinken, Äpfel vom Baume und Möhren frisch aus der Erde essen — das kennen viele nur vom Hörensagen. Und wer es kann, der tut es nicht oft, selbst im Herbst nicht, wenn das reife Obst an den Bäumen hängt und der Garten alle Arten von Gemüse bietet.

Wenn wir uns das einmal überlegen, sehen wir erst richtig, welchen weiten Weg unsere Nahrungsmittel gehen müssen, ehe sie ihren Lebenszweck erfüllen und gegessen werden. Nur wenige Monate im Jahre können wir ausgewachsene Kohlköpfe und Tomaten aus dem Garten holen, *einmal* im Jahre nur wird der Weizen gemäht und der Apfelbaum abgeerntet. Was da geerntet wird, muß für die nächsten 12 Monate reichen. Es muß vielleicht Menschen ernähren, die in weiter Ferne wohnen. Beim Fleisch und bei der Milch ist es nicht viel anders. *Es liegt in der Natur der Nahrungserzeugung und der Nahrungsversorgung, daß die Nahrungsmittel gelagert, aufbewahrt, verschickt werden müssen,* ehe sie ihren letzten Bestimmungsort erreichen.

Die *Menschenzusammenballungen großer Städte* führen uns die Bedeutung sachgemäßer Lagerung und Aufbewahrung täglich vor Augen. Hunderttausende, Millionen von Menschen sollen auf engem Raum täglich satt werden. In stunden- und tagelanger, ja in wochenlanger Reise strömen die Nahrungsmittel über Länder und Meere in die Großstadt. Vom Bahnhof wandern sie in Markthallen, Schlachthäuser, Gemüse- und Schlachterläden, schließlich in Küche und Speisekammer und erst von dort auf den Teller. Aber nicht nur die Nahrung des *Städters* muß gelagert, aufbewahrt und verschickt werden. Überall bringt die Erde ihre Früchte nur zu bestimmten Zeiten des Jahres hervor. *So gehört das Sammeln und Aufbewahren der Nahrung zu den ältesten menschlichen Tätigkeiten.* Ja, es ist nicht einmal eine ausschließlich *menschliche* Tätigkeit. Wir brauchen nur an den Hamster und das Eichhörnchen zu denken. Das Tier beschränkt sich jedoch auf das Aufstapeln eßbarer Dinge in seinem Bau. Der Mensch geht weiter, denn er hat die bittere Erfahrung gemacht, daß sich nur wenige Nahrungsmittel einfach aufstapeln lassen. Die meisten verändern sich dabei, werden ungenießbar, „verderben“. Und so fing er an, auf Verfahren zu sinnen, das Verderben zu verhindern, die Nahrung frisch zu halten, zu „konservieren“.

Zweierlei wünschen wir, wenn wir ein Nahrungsmittel aufbewahren: *Nährwerte und Geschmackswerte* sollen erhalten bleiben, nach Möglichkeit auch das *Aussehen. Störende oder gar gesundheitsschädliche Stoffe* sollen nicht hinzukommen.

Nährwertverluste und unerwünschte neue Stoffe entstehen durch *fermentative Umsetzungen* und durch *kleinste pflanzliche Lebewesen.* Die *Zellfermente* setzen ihre Tätigkeit noch eine Zeitlang über den Tod des Individuums hinaus fort. Sie „machen sich selbständig". Ihre Tätigkeit wird jetzt nicht mehr gesteuert von einer, das große Ganze regierenden Kraft. Wir sprechen von *„Selbstzersetzung"* oder Autolyse. Die Baustoffe des Körpers werden dabei umgebaut, aufgelöst, erweicht, verflüssigt.

Pflanzliche Lebewesen aus der Gruppe der *Pilze* lassen unsere Nahrungsmittel gären, schimmeln, faulen, andere machen den Menschen krank. Wir unterscheiden dabei 3 Arten von Pilzen: Die *Faden- oder Schimmelpilze,* die *Sproßpilze* (dazu gehören vor allem die Hefepilze) und die *Spaltpilze oder Bakterien.* Wenn wir im folgenden von Kleinlebewesen, von „Keimen" sprechen, meinen wir damit immer diese Pilze.

Aus der Luft, aus dem Boden, mit dem Wasser, bei Berührung mit Menschenhand und Tieren kommen die Kleinlebewesen an Obst und Gemüse, in Fleisch und Milch. Kein Ort ohne Keime! Manche bevorzugen bestimmte Nahrungsmittel, andere sind mit allem zufrieden. Welche Art von Keimen zur Entwicklung kommt, hängt von den äußeren Lebensumständen, d. h. von der stofflichen Beschaffenheit des Nahrungsmittels, von seiner Festigkeit, Unversehrtheit und Oberfläche ab. Eiweißreiche Nahrungsmittel werden besonders leicht von Fäulniskeimen angegriffen, kohlehydratreiche eher von Schimmel- und Gärungskeimen.

Alle Keime brauchen Wasser und Wärme, sehr viele brauchen Luft. Schimmelpilze sind harmloser als Bakterien, weil sie nicht in die Gewebe hineindringen. Die Kraft all dieser Lebewesen liegt in zelleigenen Wirkstoffen: in ihren *Fermenten.* Neben verschiedenartigsten Zucker-, Fett- und Eiweißspaltungen spielen jene Vorgänge eine Hauptrolle, die wir als *Gärung* und *Fäulnis* bezeichnen. Bei der *Kohlehydratzersetzung* (meist ist es eine Gärung) entstehen — je nach Bakterienart — Milchsäure, Essigsäure, Buttersäure, Alkohol, Kohlensäure und schleimige Stoffe, bei der *Eiweißzersetzung* Peptone, Aminosäuren, unter Umständen übelriechende und giftige Spaltprodukte. An der *Fäulnis* beteiligt sich eine ganze Reihe verschiedenartigster Bakterien. Es ist ein stetes Hin und Her, ein

Aufbau und Abbau. Von den entstehenden Stoffen hängt es ab, ob das faulende Nahrungsmittel giftig oder krankmachend ist, oder nicht. Von großer Bedeutung ist die Tatsache, daß in Gegenwart genügender Mengen von Kohlehydraten Milchsäurebakterien Milchsäure bilden und daß durch die Milchsäure das Wachstum der Fäulniskeime zurückgedrängt wird. Von der praktischen Anwendung dieser Tatsache sprechen wir noch. Sie erklärt, warum kohlehydratreiche, eiweißarme pflanzliche Nahrungsmittel mehr der Säuerung (und Verschimmelung) unterliegen und die eiweißreichen, kohlehydratarmen tierischen Nahrungsmittel mehr der Fäulnis.

Die Kleinlebewesen sind nicht nur unsere Feinde. Einige von ihnen sind, gebändigt, zu „Haustieren" bzw. „Hauspflanzen" geworden. Ohne Kleinlebewesen keine Dickmilch, kein Sauerkraut, kein Wein und Bier und kein Brot. Im Käse folgen auf die Milchsäurebakterien die „Säureverzehrer" und damit die Fäulnisbakterien. Käsereifung ist gesteuerte Eiweißfäulnis. In 1 g Chesterkäse sind 16 Millionen Keime; sie gehören zu 60 verschiedenen Stämmen. Die Lochbildung im Schweizerkäse (Emmentaler Käse) entsteht durch Kohlensäure, die von Bakterien in dem noch weichen Käse entwickelt wird. Das Camembertaroma macht ein Schimmelpilz. All das sind Vorgänge, die „von selbst" verlaufen, in denen uns die „Verunreinigungen" unserer Nahrungsmittel zugute kommen.

In den meisten Fällen freilich empfinden wir die Lebensvorgänge der Kleinlebewesen doch als recht unerwünscht. Wollen wir die Nahrungsmittel so aufbewahren, daß sie ihre Eigenschaften unverändert beibehalten, dann müssen wir danach trachten, die Ferment- und Keimwirkungen zu hemmen. Lange vor der Entdeckung von Fermenten und Bakterien haben die Menschen unbewußt in dieser Richtung gearbeitet. Wir wollen uns die einzelnen Verfahren zunächst einmal ansehen.

Äpfel und Kartoffeln lagert man den Winter über einfach im Keller. Was passiert da? Wo es feucht und warm ist und wo die Luft keinen Zutritt hat, siedeln sich leicht Fäulniserreger an. Dann geht aber auch in geernteten Früchten und Wurzelknollen die Atmung noch eine Zeitlang weiter. Obst wird dadurch in der Regel milder und süßer, es „reift nach“. Die Atmung, ein fermentativer Vorgang, verbraucht Sauerstoff. Alle fermentativen Vorgänge gehen in der Wärme rascher vor sich. Deshalb sollen Obst, Kartoffeln und Gemüse kühl, trocken und luftig aufbewahrt werden. Gut gelagerte Kartoffeln verlieren bis zum Frühjahr nicht mehr als 8% ihrer Stärke. Frost vernichtet die Atmungsfermente, verhindert die Veratmung des aus Stärke gebildeten Zuckers und macht die Kartoffel süß. „Teigig“ ist das Obst, wenn Fermente die Zwischenzellsubstanz wasserlöslich und quellbar gemacht haben.

Wärme und Feuchtigkeit regen aber auch Fermente des aufkeimenden Lebens an, wandeln Reservestoffe um und schaffen die Vorbedingungen für die *Keimung*. Naß eingebrachte oder feuchtwarm gelagerte Getreidekörner, feuchte Kartoffeln fangen deshalb früh an „auszuwachsen“.

Mehl soll eine Zeitlang lagern, weil es dadurch an Wasserbindungsfähigkeit und Backfähigkeit gewinnt. Störend ist die Eigentümlichkeit des Mehls — übrigens auch des Brots, der Milch, der Butter und der Eier —, beim Lagern fremde Gerüche anzunehmen.

Lagernde pflanzliche Nahrungsmittel verdunsten *Wasser*. Ein Teil der *Kohlehydrate* geht, wie gesagt, durch Atmung verloren. Das *Eiweiß* scheint sich beim fäulnisfreien Lagern nicht wesentlich zu verändern. Die *Mineralien* können beim Lagern nicht verlorengehen.

Brennend ist die *Vitamin*frage. Das Wenige, das man bisher weiß, ist wichtig genug. Abgeerntete Spinatblätter verarmen rasch an *Vitamin C*. Das mit Recht so beliebte Sauerkraut verliert gegen das Frühjahr hin seinen C-Reichtum. Sehr stabil ist dagegen der Zitronensaft: nach 2 Monaten gewöhnlicher Lagerung konnte ein Absinken seines C-Gehaltes nicht nachgewiesen werden; nach 5jähriger Lagerung fand man immer noch die Hälfte. Im Apfelsinensaft hält sich das C viel schlechter. Alte Kartoffeln haben im Frühjahr die Hälfte ihres Vitamin C-Gehaltes verloren. Fraglich ist ein Anstieg des C-Gehaltes keimender Kartoffeln, im keimenden Erbsen ist ein solcher nachgewiesen (in 5 Tagen von 0 auf 50 mg% !). Deutlich sinkt der B_1-*Gehalt* des geschälten Reises, wenn man ihn in Strohsäcken aufbewahrt: nach 4 Jahren sind es noch 23% des frischen. Nur luftdicht aufbewahrter Reis soll nach 27—28 Jahren kaum weniger B_1 enthalten als frischer. Auf den B_1 und B_2-Gehalt von Erbse und Bohne haben Lagerung und Trocknung keinen wesentlichen Einfluß. Das keimende Roggen- und Weizenkorn ist viermal so reich an B_1 wie das reif geerntete. Diese Schwankungen des Vitamingehaltes — verschieden groß in verschiedenen Nahrungsmitteln — sind praktisch von allergrößter Bedeutung. Wer die Ernährung einer Gemeinschaft verantwortlich überwacht, muß diese Dinge kennen.

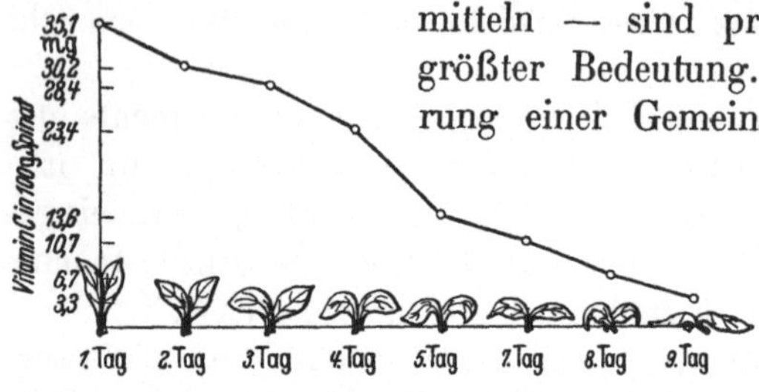

Abb. 10. Vitamin C-Verlust des Spinats beim Aufbewahren.

Frisches Fleisch kommt nicht in den Handel. Es muß erst „abliegen" oder „abhängen", d. h. langsam seine Zähigkeit und seinen faden Geschmack verlieren, weich und mürbe werden. Kalbfleisch soll im Sommer 2, im Winter 4—5 Tage abhängen. Es handelt sich um fermentative Vorgänge in den Muskelzellen. Im Fleisch von Tieren, die vor dem Tode überanstrengt wurden, macht sich schon bald nach der „Reife" die Fäulnis geltend: das Fleisch bekommt den eigentümlichen haut goût des Wildes. — *Fischfleisch* wird durch Abliegen stets schlechter, weil der größere Wasserreichtum zersetzenden Einflüssen Vorschub leistet. — *Eier* trocknen bei einfachem Lagern rasch aus und verderben. — Gut gewaschene *Butter* wird in Nord- und Ostfriesland in Steinkrügen fest und luftfrei eingeknetet. Kühl, dunkel und luftdicht im Keller aufbewahrt hält sie sich 6—9 Monate lang fast unverändert frisch. Unter dem Einfluß des Sonnenlichts wird die Butter an der Luft talgig (Oxydation von Fettsäuren) und besonders rasch ranzig oder verfärbt. Dem Ranzigwerden verfällt jede Butter, die längere Zeit bei einer Temperatur über 0° steht. Wir wissen nicht, ob dabei mehr Bakterien oder mehr Fermente im Spiel sind. Ähnliches spielt sich in der Milch ab. Zweckmäßig sind aus diesem Grund braune Milchflaschen oder Papphüllen. Gekochte Milch wird nicht sauer, verdirbt aber leichter, weil durch das Kochen die vor Fäulnis schützenden Milchsäurebakterien abgetötet sind.

Bei den Nahrungsmitteln tierischer Herkunft machen sich also schon geringe Veränderungen der *Eiweißkörper und Fette* geschmacklich bemerkbar. Wie steht es mit den *Vitaminen?* Milch wird bei Aufbewahrung nicht vitaminärmer. Butter hat man 3 Jahre aufbewahrt, ohne daß sie an A und D wesentlich verarmt wäre. Von Änderungen im Vitamingehalt des gelagerten Fleisches wissen wir nichts Sicheres. Lichtempfindlich ist der Lebertran: 2 Jahre in unabgedeckten Flaschen auf dem Fensterbrett hat er am Ende so gut wie alles A-Vitamin verloren; der prallen Sonne ausgesetzt ist er schon nach 16 Monaten A-frei.

Wärme, Wasser, z. T. auch Sauerstoff brauchen die Kleinlebewesen zum Leben, die Fermente zur Wirkung. Wir können also ihre Tätigkeit hemmen, wenn wir sie ins Kalte setzen und wenn wir ihnen Wasser entziehen.

In der *Kälte* halten sich viele Lebensmittel (Beeren, Eier, Fisch), die sich bei gewöhnlicher Lagerung nicht halten; alle Lebensmittel halten sich aber in der Kälte besser als bei Zimmertemperatur. Heute spricht man vom Volkseisschrank — er wäre im Kampf dem Verderb eine starke Waffe. Eine kühle Speisekammer ist im Sommer auf alle Fälle dringend erwünscht.

Die „*Kältekonservierung*" in ihren neuzeitlichen Formen als einfache Kühlhaltung oder als Einfrieren hat sich vor allem für Obst und Fleisch ausgezeichnet bewährt. *Abkühlen und Einfrieren gehen jedoch nicht spurlos vorüber,* selbst wenn das Auftauen — der kritischste Punkt — vorsichtig und langsam geschieht. Das zeigt sich vor allem darin, daß Obst, Fleisch und Eier nach dem Auftauen sehr schnell verderben, Geschmacksveränderungen zeigen oder in formlose Massen zerfallen. Aber dafür übersteht z. B. Gefrierfleisch, steinhart gefroren, einen wochenlangen Transport ohne Schwierigkeiten. Milch und Butter behalten ihren Geschmack bei bloßer Kühlung längere Zeit. Läßt man sie aber einfrieren, dann schmecken sie nach dem Auftauen anders. Die Veränderungen der Zellbestandteile, die der Gefriervorgang zwangsläufig mit sich bringt, bildet sich nach langem Gefrorensein nicht völlig zurück. In der aufgetauten Milch schwimmen oft Flöckchen von Eiweiß und Fett. Eier halten sich am besten bei Temperaturen von 1—2° C. Für sie gilt das Kühlen als die beste Konservierungsmethode.

Den Vitaminen der Milch — übrigens auch den Vitaminen der Kartoffel und der Zitrone — schadet das Einfrieren nichts. Für sie gilt das Kühlen als die beste Konservierungsmethode. Gefrorene Eier enthalten nach 9 Jahren noch ebensoviel Vitamin A wie frische, gefrorene Apfelsinen nach 5 Jahren immer noch die Hälfte. In Äpfeln hält sich das Vitamin C um so besser, je stärker gefroren sie aufbewahrt werden. Bei —20° C gelagerte Äpfel enthalten nach 14 Monaten kaum weniger C als frische. Bei 0° aufbewahrte Kartoffeln soll man nach 6—7 Monate langer Lagerung von jungen Kartoffeln nicht unterscheiden können.

Einen Fortschritt bringt vielleicht das *Schnellgefrierverfahren des amerikanischen Biologen* Birdseye. Birdseye arbeitete in den Eisgebieten von Labrador. Bei —40° C wurden durch Löcher im Eis Fische gefangen; sie gefroren natürlich schlagartig an der Luft. Viele von diesen Fischen sollen kurze Zeit danach beim Auftauen wieder zu leben angefangen haben. Es scheint, daß sehr rasches Gefrieren den Geweben „keine Zeit" zu Veränderungen läßt, so daß sie, unbegrenzt haltbar, nach dem Auftauen nichts an Aussehen und Geschmack verloren haben. Wenn sich das Verfahren bewährt — in USA. scheint es starken Anklang gefunden zu haben —, könnte es von ungeahnter Bedeutung für unsere gesamte Nahrungsversorgung werden.

Klar sein muß man sich darüber, daß wir mit Kälte immer nur einen *Stillstand des Keimwachstums und der Fermenttätigkeit* erreichen, nie mehr. Die meisten Kleinlebewesen überstehen tiefe Temperaturen ganz ausgezeichnet und warten nur auf den Augenblick, wo die Kälte nachläßt und sie sich wieder regen können.

Die einfachste Art des Wasserentzugs ist das *Trocknen.* Es ist, wie das Kühlen, lediglich eine *Stillegung der Kleinlebewesen.* Schimmelpilzen kann man auf diese Weise kaum beikommen, denn sie leben schon auf Nährböden mit 15 bis 20% Wasser. Bei 40% Wasser gedeihen aber schon die Bakterien — und das Brot besteht zu 40—45%, Fleisch zu 75%, Rhabarber zu 94% aus Wasser! Wir müssen also vor allem verhindern, daß die Nahrungsmittel noch wasserreicher werden, als sie von vornherein schon sind, d. h.: wir müssen sie stets *trocken aufbewahren.*

Völker heißer Länder trocknen an der Sonne Fleisch und Obst. Bei uns hat *getrocknetes Fleisch* (Fleischmehl) keinen Eingang gefunden. In den Notjahren 1916—1920 gab es in Deutschland reichlich *Dörrgemüse.* Aus der Soldatensprache stammt die vielsagende Bezeichnung „Stacheldraht". Jedenfalls fiel der Verzicht auf Dörrgemüse niemandem schwer, als es wieder „richtiges" Gemüse gab. Die Dörrverfahren sollen heute wesentlich besser geworden sein. Altbewährt ist das *Trocknen* (das Dörren) *von Obst* an der Sonne, im Backofen oder auf der Obstdarre. Getrocknete Pflaumen, Äpfel, Birnen, Feigen, Bananen, auch Pilze, erfreuen sich allgemeiner Beliebtheit. Dörren ist eine Kunst! Dörrobst soll weder ein Stück Kohle noch ein Stück Leder sein.

Noch schwieriger lassen sich flüssige Nahrungsmittel unter Schonung der Nähr- und Geschmackswerte trocknen. *Kondensmilch* ist Vollmilch, die im Unterdruckkessel $^3/_4$ bis $^4/_5$ ihres Wassers verloren hat. Die *Trockenmilch*herstellung arbeitet heute nicht mehr mit heißen Metallwalzen, sondern mit dem Zerstäubungsverfahren: durch feinste Düsen wird Milch in einen Trockenraum gespritzt, wo sie im Bruchteil einer Sekunde trocknet. Ihre Eigenschaften erleiden dabei keine Veränderungen, insbesondere bleiben die Vitamine erhalten.

Eine zweite Art, den Kleinlebewesen das Wasser abzugraben, besteht darin, daß man den Nahrungsmitteln *Stoffe zusetzt, die Wasser an sich reißen:* Salz und Zucker. Mit dem Wasser zugleich werden wasserlösliche Stoffe entzogen. Auch durch Salzen läßt sich völlige Vernichtung aller Keime nicht erzielen. Nur ein Stillstand des Keimwachstums wird erreicht. Paratyphusbakterien sterben in Salzfleisch nach 75 Tagen ab, andere wachsen selbst unter diesen Verhältnissen weiter. Eine Rolle spielt das Kochsalz seit alters bei der Frischhaltung von *Butter und Fleisch.* Butter mit 2—3% Salz hält sich im Kühlen monatelang. Glücklicherweise vertragen Milchsäurebakterien — sie wehren ja unerwünschte Bakterien ab — diese Kochsalzkonzentrationen ganz gut. *Über*salzen legt die Polizei der Milchsäurebakterien lahm, andere Bakterien bekommen das Übergewicht — die Butter verdirbt.

Der Holländer Pöckling soll im 15. Jahrhundert auf den Gedanken gekommen sein, Fleisch mit Salz, Salpeter und Gewürzen haltbar zu machen. Im *„Pökeln“* ist er unsterblich geworden. Salpeter unterstützt die fäulnishemmende Kraft des Salzes, behindert die Entstehung übelriechender Stoffe und gibt als salpetrige Säure — sie bildet sich unter Bakterienwirkung — dem Fleisch die frische rote Farbe. Kleine Zusätze salpetriger Säure zu Pökelsalz sind unschädlich und verkürzen die Pökelungsdauer. Die Fleischstücke kommen beim Pökeln für etwa einen Tag in die Pökellake, d. h. eine 15—25prozentige Kochsalzlösung, die 0,5—1,0% Kalisalpeter enthält. Beim *„Einsalzen“* wird das Fleisch mit reinem Salz oder mit einem Kochsalz-Salpeter-Zuckergemisch eingerieben und in Fässer verstaut. In beiden Fällen dringt Salz in das Fleisch ein. Fleischsaft tritt nach außen. Durch das Austreten von Fleischsaft verliert Pökelfleisch und Salzfleisch lösliche Eiweißstoffe und Wasser. Trotzdem sind Pökeln und Salzen immer noch brauchbare Verfahren, wenn leicht verderbliche Fleisch- oder Fischvorräte rasch und ohne viel Hilfsmittel haltbar gemacht werden sollen.

Das Einsalzen von *Gemüsen* ist durch bessere Frischhaltungsverfahren heute fast ganz verdrängt. Nur selten noch werden Bohnen und Gurken eingesalzen und mit Gewürzen in Fässer gelegt.

Die Art des Nahrungsmittels entscheidet die Frage: Zucker oder Salz. *Zucker* benutzt man vor allem zur Frischhaltung von Obst. Eine Flüssigkeit mit 30% Zucker, gezuckerter Most zum Beispiel, gärt nicht mehr. Bei 60% ist sie vor Bakterien geschützt und bei noch höherer Konzentration können nicht einmal mehr die Anspruchslosesten der Anspruchslosen, die Schimmelpilze, auf ihr leben. In unseren Töpfen mit Marmelade — schöner ist eigentlich das deutsche Wort Gesülz oder Gesälz — entfaltet der Zucker seine segensreiche Tätigkeit. Er ermöglicht außerdem die Existenz der kandierten Früchte, des Quittenspecks und des Süßweins und verlängert das Leben der (bis zu 50% Zucker haltenden) Kondensmilch.

Man kann den Bakterien und Pilzen das Leben sauer machen, wenn man ihnen die äußeren Lebensbedingungen erschwert. Man kann aber auch direkt auf sie losgehen und sie gar nicht erst aufkommen lassen. *Sauberkeit und Sorgfalt* sind wichtige Dinge! Die Bedeutung der Sauberkeit für die Lebensmittelfrischhaltung wird merkwürdig oft vergessen und unterschätzt. Die natürlichen Abwehrkräfte der Nahrungsmittel und Luft, Licht, Trockenheit und Kälte genügen vielleicht, um das Überhandnehmen weniger Keime zu verhindern. Wenn aber Bakterien in rauhen Mengen anrücken, dann reichen jene Abwehrkräfte nicht mehr aus.

Gegen den eingedrungenen Feind können wir in dreifacher Weise vorgehen: wir können versuchen, ihn *radikal zu entfernen* — wir können ihn *mit seinesgleichen bekämpfen* — wir können ihn *mit Hitze oder chemischen Mitteln schädigen oder töten.*

Nur bei Flüssigkeiten kann man versuchen, die eingedrungenen Lebewesen durch *Filtrieren* restlos zu entfernen. Es ist im Grunde derselbe Vorgang, der im Erdboden aus dem verschmutzten Oberflächenwasser das klare, aus der Tiefe kommende Quellwasser macht. Wir machen es der Natur nach und lassen Flußwasser, das *Trinkwasser* werden soll, durch Filter laufen, die so feinporig sind, daß sie selbst die winzigen Kleinlebewesen zurückhalten. Filtriert wird in Großbetrieben neuerdings oft auch die *Milch*. Mit dem Rückgang des Alkoholverbrauchs weiter Kreise haben die *alkoholfreien Fruchtsäfte* immer mehr Boden gewonnen. Zur Entfernung jener Pilze, die die alkoholische Gärung verursachen, scheint sich die „*Kaltentkeimung*" recht gut zu bewähren: unter Druck wird der vorgeklärte Apfel- und Traubensaft durch Filterscheiben aus Asbest und Zellstoff gepreßt. Die Kleinlebewesen bleiben im Filter hängen — der Saft wird keimfrei.

Die Wissenschaft hat gezeigt, daß gewisse alterprobte Frischhaltungsverfahren auf der *Bekämpfung einer Bakterienart durch eine andere* beruhen. Wir haben schon davon gesprochen, daß die *Milchsäurebakterien die Milch* zwar sauer machen, sie aber gleichzeitig durch Hemmung des Wachstums anderer Keime vor dem Verderben schützen. Diese keimwidrige Kraft der Milchsäurebakterien benutzen wir, wenn wir *Sauerkraut* machen. Milchsäurebakterien und Hefepilze sitzen — Gott sei Dank! könnte man sagen — auf allen Kohlblättern. Der feingeschnittene Weißkohl wird mit Wasser und Salz in Fässer eingestampft. Da fangen die Milchsäurebakterien und Hefepilze nun an zu wirken. Sie unterdrücken die anderen Keime, vergären die Kohlehydrate, erweichen die Zellwände, bilden eigenartige Geschmackstoffe. Schließlich ist aus dem Weißkohl das Sauerkraut geworden. In dem billigen Sauerkraut liegt eine nicht zu unterschätzende Vitamin C-Quelle. Frisches Sauerkraut enthält in 100 g 10—20 mg, altes immer noch 5 mg Vitamin C, ebenso hoch ist der C-Gehalt des Sauerkraut*saftes*. Nach vollendeter Hauptgärung können sich unerwünschte Keime breitmachen. Die Fässer müssen deshalb kühlgestellt werden.

Die keimwidrige Kraft der Milchsäure ist es auch, die *Fleisch* in saurer Milch oder saurer Molke haltbar macht.

Erhaltung der Nähr- und Geschmackswerte, Unschädlichkeit und Billigkeit — jedes Frischhaltungsmittel soll diese Forderungen erfüllen. Weil aber bisher keines alle Forderungen erfüllt, hört die *Suche nach neuen* nicht auf. Ein Universalmittel für alle Nahrungsmittel kann es nicht geben. Was sich für Milch eignet, eignet sich noch lange nicht für Fleisch und Kartoffeln. Die besondere Beschaffenheit jedes Nahrungsmittels bestimmt die Möglichkeiten seiner Frischhaltung. Dazu kommen die Verschiedenheiten der Bakterien- und Pilzbesiedelung. Eine Art ist mehr gegen Kälte, eine andere mehr gegen Hitze oder Säure empfindlich.

Chemie und Bakteriologie haben nach neuen Mitteln gesucht. Sie gingen von der Beobachtung aus, daß gewisse *chemische Stoffe Kleinlebewesen töten oder wenigstens im Wachstum hemmen.* Die Schwierigkeit liegt nur darin, daß die keimvernichtenden Mittel an den Nahrungsmitteln haften bleiben und für den Menschen gefährlich werden können. Mit sicher bakterientötenden Mitteln, wie Karbolsäure oder Sublimat oder Jod, kann man aus diesem Grund keine Nahrungsmittel konservieren. Chemische Frischhaltungsmittel müssen also in den angewandten Mengen lebensgefährlich für die Keime, aber harmlos für den Menschen sein. In der ersten Entdeckerfreude vergangener Jahrzehnte hat man sich sicherlich zu wenig um die Gefahren für die menschliche Gesundheit gekümmert. Man ist zu freigebig gewesen mit chemischen Mitteln. Heute überblicken wir die Lage besser, und vieles, was einst gang und gäbe war, ist heute verschwunden. In einem späteren Abschnitt werden wir uns mit der Frage der Gesundheitsschädigung beschäftigen. Hier mögen nur die heute gebräuchlichen *chemischen Frischhaltungsmittel* kurz erwähnt werden.

Schweflige Säure — Verbrennen von Schwefelschnitten; verwendbar zum Ausschwefeln von Fässern und Flaschen, zum „Schönen“ (Aufhellen) von Dörrobst und Dörrgemüse, für Hackfleisch. *Borsäure und ihre Salze* — ungleichmäßige Wirkung, Verdorbenheit und Fäulnis können verdeckt werden; verwendbar für Fleisch, Fische, Butter und Margarine, Eigelb. *Salizylsäure* und ihre Salze — unsichere Wirkung; verlangsamt nur das Wachstum, nicht die Fermentwirkungen gewisser Bakterienarten; andere wachsen um so üppiger; Schimmelpilze leben von Salizylsäure. Verwendbar für Marmelade, Fruchtsäfte, Fleisch, Margarine, Mayonnaise. *Essigsäure* — der wirksame Bestandteil des Essigs; in 2—3% Essigsäure sind nur noch die Dauerformen der Bakterien (Sporen) lebensfähig; verwendbar für Fische, Fleisch, Gurken. Marinaden sind Essig-Salz-Zubereitungen. *Ameisensäure* — neuerdings zur Haltbarmachung roher Obstsäfte und Kompotte empfohlen; in stärkeren Konzentrationen (etwa 2%) wirkt sie keimtötend. *Formalin* und *Wasserstoffsuperoxyd* spielen praktisch keine Rolle. *Alkohol* — starke keimtötende Wirkung; bildet mit Eiweiß Niederschläge und kann deshalb in feste Nahrungsmittel (Fleisch) nicht eindringen. In Kompotten, Fruchtsäften und Milch ist Alkoholzusatz seiner Wirkung auf den Menschen wegen meist unerwünscht. In *Wasserglaslösung* (kieselsaures Alkali) und *Kalkmilch* (in Wasser gelöster gelöschter Kalk) werden Eier aufbewahrt; im Verlauf einer sechsmonatigen Wasserglaslagerung verlieren sie die Hälfte ihres Vitamin A-Gehaltes, der Vitamin B_1-Gehalt bleibt erhalten; die chinesische Art, Eier zu konservieren, vernichtet alles B_1-Vitamin.

Zwischen chemischer Frischhaltung und Hitzekonservierung steht das *Räuchern*. Warmblüterfleisch, Fisch und Speck wird zunächst gepökelt oder gesalzen, getrocknet und vorgewärmt. Das Fleisch verliert dabei Wasser und wird aufnahmefähiger für die konservierenden Rauchbestandteile (teerähnliche Stoffe, Ameisensäure, Essigsäure u. a.). Keimfrei macht auch das Räuchern nicht. Nur Eichen- und Buchenholz entwickelt jenen Rauch, der den richtigen Geschmack gibt. Bei der „Schnellräucherung" wird das Fleisch zunächst mit rohem Holzessig behandelt. Moderne Räucheröfen verarbeiten täglich 160000 Sprotten oder 40000 Heringe.

Die *Hitze* endlich ist eines der wirksamsten Mittel zur Bekämpfung von Lebewesen aller Art. Bei 55—60° C gehen die Fermente und die meisten Keime zugrunde, bei längerer Erhitzung auf 110° C und mehr auch ihre Dauerformen. Weder Pökeln noch Räuchern, nur starke Hitze tötet die tierischen krankmachenden Schmarotzer im Fleisch (Trichinen und Finnen). Nichts einfacher und naheliegender als allgemeine Hitzekonservierung!

So ganz ideal ist das mit der Hitze aber auch nicht. Wenn wir einmal absehen von den Nährstoffveränderungen, dann ist es vor allem nicht gesagt, daß wirklich das ganze Nahrungsmittel von der nötigen Hitze durchdrungen wird. An der Oberfläche bilden sich vielleicht schützende Krusten, die die Wärme abhalten. In der Milch können sich die Haut und kleine Eiweißgerinnsel schützend um Keime legen. Wenn es sich um besonders keimreiche und schwer durchdringbare Lebensmittel handelt (Fleisch, Gemüse), dann muß das Erhitzen deshalb unter Druck auf 100 und mehr Grad vorgenommen werden: die Lebensmittel werden *„sterilisiert“* (Fleisch bei 118°). Völlige Keimfreiheit ist namentlich bei Konserven wichtig, die sehr lange halten sollen. Verdorbene Konserven sind schon äußerlich an der Vortreibung der Dosenwände („Bombage“) kenntlich. Auch bei Konserven ist es immer zweckmäßig, auf den Namen einer bewährten Firma, auf kühle Aufbewahrung und Benutzung möglichst frischer Ware zu achten.

Bei Milch und Süßmosten kommt man oft schon mit niedrigeren Hitzegraden zum Ziel. Gekühlte Milch wird $1/2$ Stunde lang auf 60—65° C erhitzt und im unmittelbaren Anschluß daran tief gekühlt. Nach seinem Erfinder, dem französischen Biologen Louis Pasteur (1822—1895) heißt das Verfahren *„Pasteurisieren“*. Man hat das ursprüngliche Verfahren verbessert, weil es wohl viele Keime (darunter den Tuberkelbazillus) unschädlich macht, in keimreicher Milch aber doch lange nicht alle. Bei *„Hocherhitzung“* wird für mindestens 1 Minute auf 85°, bei *„Kurzerhitzung“* für $1/4$ bis 2 Minuten auf 71—74° erhitzt. Selbstverständlich muß die Milch *nach* dem Pasteurisieren vor Verunreinigungen geschützt werden. Längere Wärmewirkung, rasche Erhitzung und rasche Abkühlung erhöhten die Wirksamkeit des Verfahrens. Alter, Menge, Bakterienreichtum der Milch, bei anderen Flüssigkeiten auch der Gehalt an Alkohol und Säuren spielen mit. Im ganzen darf jedenfalls das Pasteurisieren als ein recht brauchbares Verfahren gelten, um Milch und andere Flüssigkeiten ohne Beeinträchtigung des Geschmacks für begrenzte Zeit haltbar zu machen.

Vor wenigen Monaten kamen in Peking uralte Menschenknochen ans Tageslicht. Die Archäologen schätzen ihr Alter auf 500000 bis 1000000 Jahre. Stammesmäßig stehen jene Menschen uns sehr ferne. *Ein* Kulturgut verbindet sie jedoch über die Jahrhunderttausende hinweg mit uns: auch diese Leute haben ihre *Nahrung mit Feuer bereitet*, gebraten, geröstet, vielleicht gekocht. Wir wollen uns hier nicht fragen, wie wohl die Menschheit dazugekommen ist, ihre Nahrung mit Feuer zu bearbeiten. Hier wollen wir nur feststellen, was mit der Nahrung eigentlich geschieht, wenn sie im Wasser oder unmittelbar am Feuer auf 100° und mehr erhitzt wird. Beim Primitiven steht das *Rösten*, das Erhitzen unmittelbar am Feuer im Vordergrund, bei uns das Erhitzen im Wasser: das *Kochen*. Nicht jeden Tag wird gebraten und gebacken, gekocht wird aber täglich — mindestens der Morgenkaffee, die Mittagskartoffeln und die Kindermilch. Auf Braten, Backen, Dünsten und Dämpfen brauchen wir nur noch einen Blick zu werfen, wenn wir über die Zustandsänderungen beim Kochen im Bilde sind.

Schon wenn man das *Nahrungsmittel in Wasser* legt setzen Austauschvorgänge ein. Leicht lösliche Stoffe, vor allem *Zucker und Mineralstoffe* streben nach außen — Wasser dringt in die Gewebszellen ein. Ohne Widerstandsfähigkeit der Zellwand gegen das Heraustreten von Stoffen wäre die Zelle nicht lebensfähig. Die tatsächlichen *Verluste der Nahrungsmittel* sind denn auch — gerade nach neueren Untersuchungen — außerordentlich gering, weil selbst die *tote* Zelle ihren löslichen Inhalt nicht so leicht abgibt. Sie sind von Nahrungsmittel zu Nahrungsmittel, von Gemüseart zu Gemüseart verschieden und um so geringer, je weniger man das Kochgut zerfetzt. Das Salz, das man dem Kochwasser gewöhnlich zufügt, hat auf diese Verluste keinen Einfluß; die Kartoffel nimmt sogar Salz in sich auf. In alkalischem (Soda-) Wasser ist der Mineralverlust etwas größer. Wenn Dörrobst im Wasser reichlich Mineralien und Zucker abgibt, dann ist das bedeutungslos, weil Dörrobst ja immer mit dem Weichwasser zusammen gegessen wird. Und die unverletzte Kartoffelschale verhindert selbst beim Kochen jeglichen Austritt von Stoffen!

All diese Austauschvorgänge zwischen Wasser einerseits, pflanzlicher und tierischer Zelle andererseits, gehen beim Erwärmen des Wassers rascher vonstatten, weil die hitzegeschädigte Zellwand die Stoffe leichter durchtreten läßt.

Beim Erwärmen werden zunächst *Gase frei:* Kohlensäure, Schwefelwasserstoff (bei Gemüse und Fisch), Merkaptan (sehr übelriechend, bei Kohlarten und Spargel), Phosphorwasserstoff und Abkömmlinge niederer Fettsäuren. Dann bilden sich jene *riechenden und schmeckenden Stoffe,* die Gekochtes von Ungekochtem unterscheiden.

Einen stärkeren Eingriff stellt die darauffolgende *Gerinnung* dar. Das Zelleiweiß ändert seinen Feinbau und seine Eigenschaften — es wird endgültig tot. Beim *Fleisch* tritt die Gerinnung schon bei etwa 45° C ein. Bedeutsam für die Verdauung ist die Tatsache, daß die eiweißverdauenden Fermente geronnenes Eiweiß leichter angreifen als ungeronnenes. In vielen Fällen geht Gerinnung mit Schrumpfung einher. Dabei treten (wenig) Eiweißstoffe, vor allem aber Wasser und Mineralien aus, das Bindegewebe zwischen den Muskelfasern verwandelt sich in leicht löslichen Leim — das Fleisch wird gar. Mageres rohes Rindfleisch verliert beim Kochen etwa 40% seines Gewichts. Übermäßig langes Kochen macht das Fleisch immer wasserärmer und entzieht ihm immer mehr Eiweißstoffe. Die meisten *Gemüse* werden nicht wesentlich leichter. Erst bei 60° wird (als Ausdruck von Gerinnungsvorgängen) auf der *Milch* eine „Haut" wahrnehmbar. Geduldige Forscher haben untersucht, wieviel Häute man von einem Liter Milch abziehen kann, wenn das verdampfte Wasser immer wieder ersetzt wird: 24 Häute haben sie in den ersten 5 Stunden abgezogen, dann alle 3—6 Stunden eine weitere Haut bis zu Nummer 35!

Quellfähigkeit ist eine allgemeine Eigenschaft der lebenden Zelle. Besonders quellfähig ist die Muskulatur, namentlich die zarte und saftreiche Muskulatur des Jungtiers. *Säure* beschleunigt die Quellung. Die Köchin legt deshalb Fleisch in saure Milch oder Essig (dort hält es sich überdies besser), gibt Sauerkraut zu Erbsen, Essig zu Linsen.

Quellung wird auch durch *Hitze* beschleunigt. Das Kochen der Hülsenfrüchte geht langsam, weil ihre *Stärkekörner* (vor allem in kalkreichem Wasser) sich langsamer mit Wasser verbinden, langsamer quellen als die Stärkekörner von Getreide und Reis. Erwärmt man nämlich Stärke mit Wasser, dann quillt die Stärke, es entsteht eine weiche Gallerte, der „*Kleister*". Kaltes Wasser „verkleistert" nicht. Kartoffelstärke braucht 65° C, Weizenstärke, Roggenstärke und Reisstärke 80° C. Die Verkleisterung der Stärke beim Kochen ist also eine wichtige *Vorbereitung für die Verdauung.* Es ist wohl kein Zweifel, daß Mehlspeisen nirgends „roh" verzehrt werden und daß die Bereitung von Mehlspeisen mit Feuer zu den ältesten Errungenschaften der Menschheit gehört. Die meisten *Gemüse* quellen wenig, *Obst* etwas mehr, am stärksten Kirschen und Weintrauben (Wassertrinken auf rohe Kirschen macht Leibdrücken und Übelkeit). Gekochtes Obst und gekochte Hülsenfrüchte quellen nicht mehr.

In der Küche benutzt man vielfach die *Quellbarkeit der Pektine,* jener Kohlehydratkörper, die im Wasserhaushalt der Pflanze eine so große Rolle spielen und an denen Apfel, Zitrone und Apfelsine besonders reich sind. Beim Erhitzen mit Wasser lösen sich die Pektine unter Gallertbildung und diese Gallertbildung ist es, die das *„Gelieren"* so vieler Früchte und Beeren ermöglicht. Zucker als wasserbindender Stoff beschleunigt die Geleebildung. Übrigens läßt sich Gelee auch ohne Kochen herstellen: gleichmäßiges langdauerndes Rühren bringt die Pektine ebenfalls in den wasserreichen Gallertzustand. — Beim „Laufen" des Käses, bei der „Dickung" durch Stärkemehl, bei der „Bindung" der Speisen mit Mehl, Kartoffeln oder Ei — überall spielen Quellungsvorgänge die maßgebende Rolle.

Es gibt neben dem Kochen noch andere Zubereitungsarten: *Dämpfen* — Ansetzen im geschlossenen Topf mit wenig Wasser, Garmachen im Dampf; es entsteht ein konzentrierter Saft, kein Verlust an das Kochwasser. *Schmo-*

ren — Das Fleisch wird zunächst von allen Seiten angebraten, dann weiterbehandelt wie beim Dämpfen. *Dünsten* — Ähnlich wie Dämpfen, doch liegt das Kochgut nicht unmittelbar auf dem Topfboden sondern auf einem Zwischeneinsatz; unter dem Zwischeneinsatz ist Fett oder Wasser, das zusammen mit Kochgutbestandteilen verdampft und durch fortwährendes Niederschlagen am Deckel und erneutes Verdampfen sich immer mehr mit Geschmacksstoffen anreichert; geringere Anbrenngefahr als beim Dämpfen. Brauchbare Dünsttöpfe für den Haushalt sind als „Küchenwunder" im Handel. *Braten* — Ansetzen mit wenig Fett in der Pfanne oder Schwimmen in heißem Fett (185—200°); geringer Wasserverlust, da rasch eine Kruste mit stark schmeckenden Stoffen entsteht; Kartoffeln, Brot und Fleisch nehmen dabei Fett auf. *Backen* — Erhitzen in heißer Luft von wechselnder Feuchtigkeit; von den Hitzegraden hängt die Geschwindigkeit von Krustenbildungen und Austrocknung ab; Backofenhitze für Weizenbrot rund 200°, für Roggenbrot 250—270° C. *Rösten* — Erhitzen auf 100—300° C am Spieß oder auf dem Gitterrost (Grill); starke Wasser- und Fettabgabe und Krustenbildung.

Wie bekommt nun der Nahrung alles dieses? Man hat von „Mißhandlung" und „Entwertung" gesprochen. Über eines ist kein Zweifel: *„Roh"nahrungsmittel und tischfertiges Essen sind verschiedene Dinge.* Ehe wir uns über Mißhandlung und Entwertung ein Urteil erlauben, müssen wir wissen, wie sich der Nährstoffgehalt im Verlauf der Kochprozeduren geändert hat.

Der *Verlust an Brennwerten* fällt kaum ins Gewicht.. Der Gewichtsverlust beim Kochen und Braten ist vor allem Wasser- und Mineralverlust, beim Rösten Wasser-, Stickstoff- und Fettverlust. Beim Dämpfen und Dünsten geht kaum etwas verloren. Im ganzen läßt sich sagen, daß die Nährstoffverluste um so größer sind, je länger und wasserreicher gekocht wird und je feiner zerteilt das Nahrungsmittel und je lockerer sein Gewebe ist. Große Stücke brauchen länger zum Garwerden und so gleicht die längere Kochdauer den zunächst geringeren Verlust großer Stücke bis zu einem gewissen Grade wieder aus. Die Kochverluste des Rindfleischs an stickstoffhaltigen Nährstoffen liegen zwischen 3 und 22%, an Fett zwischen 0,6 und 37% und an Mineralien zwischen 20 und 67%.

Fisch muß in Salzwasser gekocht werden, weil er sonst zerfällt. Gekochte Milch hat den eigentümlichen Kochgeschmack und schlechtere „Labfähigkeit“ bei der Verkäsung; ihre Fermente werden — wie die meisten Fermente — bei 50—70° zerstört.

Am meisten verloren gehen die leicht löslichen *Natrium-, Kalium- und Chlorverbindungen und Zucker, Kalziumsalze* gehen so gut wie gar nicht verloren. Von den Mineralverlusten der Gemüse beim Kochen und von den gesundheitlichen Gefahren, die das Abbrühen, das lange Kochen und das Weggießen des Kochwassers mit sich bringt, spricht heute fast schon jede Hausfrau. Diese Überzeugung ruht auf 20—30 Jahre alten Versuchen, in denen Gemüse in destilliertem Wasser gekocht wurde. Dabei verloren die Gemüse im Durchschnitt 50—75% ihrer Mineralien. Wenn man aber nicht nur diese alten Zahlen betrachtet, sondern sich auf Grund von Zahlen, die in neueren Untersuchungen mit sehr viel zuverlässigeren Methoden gewonnen wurden, die Mineralverluste beim Kochen ansieht und sie vergleicht mit jenen Mineralmengen, die wir im Laufe eines Tages zu uns nehmen, dann bekommt das Ganze doch vielleicht ein anderes Gesicht.

100 g frisches Gemüse verlieren beim haushaltüblichen Kochen

	Na mg	K mg	Ca mg	Mg mg	Fe mg	Cu mg	P mg	Cl mg	Kohlehydr. mg
Geschälte Kartoffeln, 25 Min. gekocht	—	95	0,66	3,8	0,18	—	3,0	13	92
Kartoffeln, gebraten	0	0	0	0	0	0	0	0	0
Karotten, 1 Std. gekocht	59	80	6,80	2,7	0,21	0,08	4,0	25	1900
Spinat, 15 Min. gekocht	82	220	0	32	0,60	—	20,0	30	—
Grüne Erbsen, 20 Min. gekocht	—	152	1,50	6,1	0,40	0,12	21	21	2300
Feuerbohnen	4	180	6	11	0,16	0,06	15	14	2200
Die Tageszufuhr an diesen Stoffen beträgt etwa	4600	3400	700	340	14	3	1400	7100	300000

(nach McCance-Widdowson-Shackleton.)

Es geht daraus hervor, daß die Mineralverluste der Gemüse beim Kochen so gering sind, daß sie praktisch kaum ins Gewicht fallen. Das Abbrühen der Kohlarten („Blanchieren“) kann demnach nicht so sehr schädlich sein. Nennenswert ist höchstens der Kaliumverlust des Spinats. Dabei muß man aber berücksichtigen, daß in dem hier wiedergegebenen Versuch der Spinat in viel mehr Wasser als beim haushaltüblichen Kochen gekocht wurde. Infolgedessen verlor er ausnahmsweise viel Mineralien. Die unversehrte Kartoffelschale verhindert, wie gesagt, jeden Mineralverlust. Die geschälte Kartoffel verliert beim haushaltüblichen Kochen kaum mehr als 20% ihrer löslichen Bestandteile. Die Größe des Verlusts schwankt bei allen Gemüsen von Art zu Art. Der Verlust steigt aber nur bis zu einem gewissen Zeitpunkt, darüber hinaus kann auch stundenlanges Kochen Mineralien und Zucker nicht mehr herauslösen. Dörrgemüse und Dörrobst verlieren mehr lösliche Stoffe als frisches Gemüse und frisches Obst, weil ihre Gewebszellen von vornherein schon geschädigt sind.

Schließlich die *Vitamine! Vitamin A* wird im allgemeinen durch die in Küche und Konservenindustrie üblichen Kochverfahren nicht zerstört. Gefährlich wird ihm höchstens hohe Erhitzung unter Druck und Erhitzung unter reichlicher Sauerstoffzufuhr. Völlig kochbeständig sind die *Vitamine* B_2 *und D,* so gut wie kochbeständig ist B_1. In Krautarten widersteht B_1 sehr gut der Hitze; beim Backen von Brot und Mehlspeisen leidet es nicht. Von den wichtigsten der bisher bekannten ist allein das *Vitamin C* nicht kochbeständig! Auch beim Trocknen und unter der Einwirkung ultravioletter Strahlung geht es schnell zugrunde. Der C-reiche Kohl hat nach 2stündigem Kochen so gut wie alles C verloren. Ungeschälte Kartoffeln und ungeschälte rote Rüben sind dagegen durch ihre Schale vor C-Verlusten beim Kochen geschützt. Gekochte Erbsen besitzen $^1/_3$, getrocknete knapp die Hälfte ihres C-Wertes. Gute Konserven brauchen zwar nicht C- und A-ärmer zu sein als frische Gemüse und frische Früchte. Praktisch ist es aber doch so, daß so gut wie alle heute im Handel befindlichen Konserven C-frei sind! Man soll niemand den C-Gehalt seiner Konserven glauben, ehe man nicht die Bestätigung durch einen zuverlässigen Untersucher in Händen hat. Das mindert natürlich den Wert der Konserven für die allgemeine Ernährung ganz erheblich. Es hieße den Kopf in den Sand stecken, wollte man sich darüber täuschen. Dichte, Oberfläche, Stückgröße, stoffliche Eigenheiten, Sortenunterschiede des Nahrungsmittels beeinflussen die Angreifbarkeit der Vitamine und die Geschwindigkeit der Vitaminzerstörung. In reinen Vitamin C-Lösungen, wo das Vitamin, in keiner Weise durch Begleitstoffe geschützt, schonungslos der Hitze preisgegeben ist, geht es schneller zugrunde als etwa in vitaminhaltigen Obstsäften. Viel kommt auf die Zubereitung an: Dämpfen scheint schonender zu sein als Kochen. C-schädigend wirken kupferhaltige Kochgeschirre und vor allen Dingen langes Warmhalten. Darin liegt die große Gefahr der Kochkiste und der Massenverpflegung, wo aus einem Topf von 12—3 Uhr Essen ausgegeben wird.

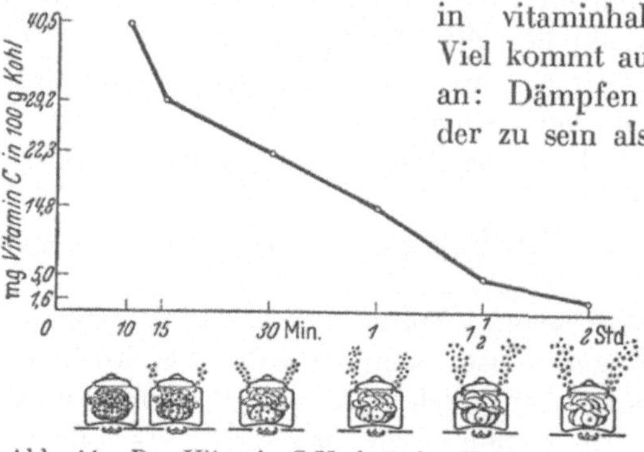

Abb. 11. Der Vitamin C-Verlust des Kohls beim Kochen.

Überblicken wir noch einmal das Ganze. Was aus der Küche kommt sieht anders aus, als was in die Küche geht. Schalen, Wurzeln, Strünke, schlechte Blätter, Knochen, Häute, Sehnen und vieles andere verschwindet als ungenießbarer Abfall. Gemüse und Obst geben im allgemeinen 20%, manche noch sehr viel mehr Abfall. Und dann: im *einen* Haushalt ist der Abfalleimer rasch voll, im *anderen* wird sparsamer gewirtschaftet. Kochen und Braten entzieht Wasser, erweicht, lockert die Zellwände und vermindert so den Umfang der Nahrung. Das Kochen läßt gerinnen und verkleistern, ändert Geruch und Geschmack und tötet zahllose schädliche Kleinlebewesen. Beim Obst und Gemüse kommt die Verminderung des Umfangs, das „Zusammenfallen“ nicht immer erwünscht. Mit angerührtem Mehl (Mehlschwitze) versucht die Hausfrau und der Hotelkoch die Umfangsverminderung auszugleichen — nicht immer zum Vorteil für das Gemüse. Die wirklich *gute* Küche verzichtet denn auch auf derartige Ergänzungen und Geschmacksminderungen. Nennenswerte Mengen Eiweiß, Fett und Kohlehydrat gehen bei der küchenmäßigen Zubereitung nicht verloren. Selbst der Mineralverlust fällt nicht ernstlich ins Gewicht. Höchst bedeutsam ist dagegen die Hitzeempfindlichkeit des Vitamin C. Für diese Gefahr tauschen wir aber so viele Vorteile ein — wir werden sie erst richtig würdigen können, wenn wir die Verdauungsvorgänge kennen —, daß man vom Kochen nicht als von einer „Entwertung“, sondern als von einer „Umwertung“ sprechen muß.

VIII. Nahrungsaufnahme und Verdauung.

Daß das tägliche Sattwerden Arbeit, d. h. Geld kostet, weiß jeder aus eigener Erfahrung. Nicht jeder weiß aber, daß das Sattwerden auch dort einen beträchtlichen Arbeitsaufwand erfordert, wo einem die gebratenen Tauben in den Mund fliegen. *Eine* Arbeit bleibt selbst dort dem Menschen nicht erspart: Er muß die gebratenen Tauben verdauen.

Wenn wir geneigt sind, den *Aufwand für Nahrungsaufnahme und Verdauung* zu unterschätzen, dann liegt das vor allem daran, daß uns diese Vorgänge fast gar nicht bewußt werden. Und das ist sehr weise eingerichtet. Wie unangenehm und störend, wenn in unserem Bewußtsein alle Augenblicke Meldungen von den Verdauungsorganen einliefen! Wenn wir merken würden: Eben fängt der Magensaft an zu fließen — jetzt zieht sich die Gallenblase zusammen — nun verläßt Zucker den Darm und strömt in die Leber. So ginge das den ganzen Tag weiter, denn die Verdauung steht niemals still. Jeder weiß, daß nur der allererste Beginn der Verdauung und die Ausscheidung unbrauchbarer Stoffe dem unmittelbaren Bewußtsein und Willen untersteht.

Die Nahrungsmittel enthalten die Nährstoffe nicht in der Form und nicht in den Verhältnissen, wie sie der menschliche Organismus braucht. Als körper*fremde* Stoffe müssen sie durch verwickelte chemische und mechanische Umsetzungen so geformt werden, daß aus ihnen die körper*eigenen* Stoffe gebildet werden können. Aus dem unübersehbaren Gemisch der zugeführten Nahrungsbestandteile zur rechten Zeit den richtigen Stoff in der richtigen Menge an den richtigen Ort zu bringen, ist die Aufgabe der Verdauung. Wenn die Nahrungsmittel die Mundschleimhaut berühren, dann *beginnt die Verdauung.* Wenn die Nahrungsstoffe, ihres körperfremden Charakters entkleidet, durch die Darmwand in den Säftekreislauf des Körpers aufgenommen und die nicht mehr verwertbaren Verdauungsreste ausgeschieden sind, dann ist die *Verdauung zu Ende.*

Vier Wächter stehen an der Pforte: *Getast, Geschmackssinn, Geruchssinn, Gesichtssinn.* Sie bestimmen, was hinein *darf.* Was hinein *soll,* wird von „höheren Stellen" an die Pforte gemeldet (Näheres im 10. Abschnitt). Nur der Geschmackssinn steht so gut wie ausschließlich im Dienste der Nahrungsaufnahme und Verdauung. Der Geruchssinn dient auch beim Menschen nicht allein diesen Zwecken. Wir kennen genug angenehme, unangenehme und warnende Geruchsempfindungen, die mit Essen gar nichts zu tun haben. Bei den meisten Tieren spielt der Geruchssinn eine ungleich größere Rolle: Gerüche leiten zur Nahrung, an Gerüchen erkennen sich Freund und Feind, Gerüche führen zum heimischen Bau und zum geschlechtlichen Partner.

Nahrungsmittel und Gerichte, die lebhafte unangenehme Sinnesempfindungen auslösen, lehnen wir als ungenießbar ab. Solche Dinge brauchen aber keineswegs immer unverdaulich oder unbekömmlich zu sein. De gustibus non est disputandum. Dem einen gruselt es vor faulen Eiern und dem andern vor Käse. *Im übrigen sind eigene Erfahrung, Gewohnheit und fremde Erfahrung als Erziehung und Belehrung maßgebend für die Nahrungswahl.* Aber eben weil Erfahrung die Grundlage unserer Nahrungswahl ist, muß die

Beurteilung durch die Sinne vor unbekannten Nahrungsmitteln versagen. Unsere Sinne „täuschen“ uns, wenn wir aus Ähnlichkeiten mit bekannten Dingen falsche Schlüsse ziehen.

Die vier Wächter an der Pforte leisten unersetzliche Dienste. Trotzdem schlüpfen gelegentlich Passanten durch, denen der Zutritt eigentlich verboten sein müßte: Verdorbene Nahrungsmittel, unzweckmäßig zubereitete Speisen, Reste chemischer Düngungs- und Konservierungsmittel, Krankheitserreger, Gifte. Diese gefährlichen Eindringlinge schlüpfen durch, wenn sie keine charakteristischen Sinnesempfindungen auslösen und sie deshalb keiner der vier Wächter erkennen *kann*. Gegen solche Schädlinge muß der Körper andere Abwehrmaßnahmen mobil machen.

Als *Getast* fassen wir 5 verschiedene Empfindungsqualitäten zusammen: Berührungsempfindung, Kaltempfindung, Warmempfindung, Muskel- (Spannungs-) Sinn und oberflächliche Schmerzempfindung. Subjektiv lassen sie sich oft nur sehr schwer auseinanderhalten. Jeder Sinnesempfindung entsprechen besondere nervöse Endorgane. Es gibt Endorgane, die *nur* warm, andere die *nur* kalt und wieder andere die *nur* Schmerz empfinden können. Setzt man über ein Kaltendorgan einen starken Wärmereiz, so kommt es *nicht* zu einer Warm-, sondern zu einer Kaltempfindung. Die Berührungs„punkte“ ermöglichen die Erkennung von Form und Oberfläche. Nirgends im Körper liegen sie so gehäuft wie in der Zunge. Zwei gleichzeitige Berührungen können wir auf der Zunge als solche schon erkennen, wenn sie 1 mm auseinander liegen. Auf der Fingerspitze müssen sie 2 mm, auf dem Rücken sogar 60—70 mm auseinander liegen, um noch als getrennt empfunden zu werden. Temperaturempfindungen treten häufig mit anderen Empfindungsarten zu Mischempfindungen zusammen. Die Empfindung „heiß“ entsteht aus gleichzeitiger Erregung von Kalt- und Warmendorganen, „brennend heiß“ aus gleichzeitiger Erregung von Kalt-, Warm- und Schmerzendorganen.

Auf der Zunge, besonders dicht auf der Zungenspitze und an den Rändern, sitzen winzige rundliche Gebilde, die *Ge-*

schmacksknospen. Sie sind die Endorgane kleinster Nerven. Chemische Reize, die als Geschmacksempfindung ins Bewußtsein treten, werden von ihnen aufgenommen und weitergeleitet. Die Empfindungsarmut dieser Geschmacksorgane ist sehr auffallend. Für den Menschen gibt es nur 4 Geschmäcke: Süß, sauer, bitter, salzig. Was wir darüber hinaus Geschmack zu nennen pflegen, ist in Wirklichkeit Geruch (der z. B. beim Schnupfen verschwindet)! Wie beim Getast besitzt jede Sinnesqualität ihre eigenen nervösen Endorgane. Die Zungenspitze ist besonders für süß, der Zungengrund für bitter, der vordere Zungenrand für salzig, der mittlere Zungenrand für sauer empfindlich. Schmeckende Stoffe müssen wasserlöslich sein und eine bestimmte Konzentration erreichen, um eine Geschmacksempfindung auszulösen. Die Mindestkonzentration beträgt für weißen Zucker 0,58 g, für Essigsäure 0,007 g, für Chinin 0,00007 g und für Kochsalz 0,15 g in je 100 ccm. Der Erwachsene schmeckt weniger intensiv als das Kind. Vielleicht liegt es an der größeren Empfindungsintensität, daß das Kind von starken Geschmacksreizen nur süß als angenehm empfindet. Auf Verschmelzung des Geschmacks mit anderen Sinnesempfindungen beruht es, wenn sich z. B. der Geschmack mit der Temperatur ändert: das zerlaufene Gefrorene wird süßer; heißer Zitronensaft schmeckt weniger sauer als kalter.

Ungleich vielfältigere Empfindungen als der Geschmackssinn vermittelt uns der *Geruchssinn.* Die Nase ist zwar das Riechorgan. Nur ein ganz kleiner Teil der Nasenschleimhaut, ein etwa 5-Pfennigstück großes Feld am Nasendach empfängt und leitet jedoch Geruchsreize. Es besteht aus länglichen Zellen und steht in unmittelbarer Verbindung mit den Riechnerven. Die riechenden Stoffe kommen dorthin entweder durch die Nase mit der eingeatmeten Luft oder aus dem Rachenraum mit der ausgeatmeten Luft. Geruchsreize wirken intensiver, wenn man die Luft an dem „*Riechfeld*" vorbei hin und her bewegt — „schnüffelt". Bei gleichbleibender längerer Einwirkung nimmt die Stärke der Geruchsempfindung — nicht nur aus psychologischen Gründen! — langsam ab, ja sie geht unter Umständen sogar in eine *andere*

Geruchsempfindung über. Die Empfindlichkeit des menschlichen Riechorgans ist recht groß. 5 Millionstel Milligramm 5×10^{-9} g) Essigsäure im ccm Luft können wir noch riechen, 1×10^{-9} g Äthyläther, $0{,}005 \times 10^{-9}$ g Vanillin und $0{,}00004 \times 10^{-9}$ g Merkaptan (Merkaptane sind schwefelhaltige Verbindungen, die im Dickdarm entstehen). Viele Tiere leisten noch erheblich mehr. Eine befriedigende physiologische Erklärung für die Vielheit der riechbaren Gerüche fehlt. Wir wissen auch nicht, warum wir nur gewisse Stoffe als riechend empfinden und welcher Sinn sich dahinter verbirgt. Stoffe, die für *eine* Tierart Riechstoffe sind, können für eine *andere* Tierart ganz geruchlos sein.

Auf Bau und Funktion des *Auges* wollen wir nicht näher eingehen. Seine wesentliche Bedeutung für den Organismus liegt nicht im Rahmen der Ernährung. Elektromagnetische Wellen erregen eigentümlich gebaute Zellen im Innern des Auges. Wellenlängen unter 400 und über 800 $\mu\mu$ (1 $\mu\mu$ = $^{1}/_{1000000}$ mm) werden nicht mehr als Licht empfunden. Besondere Einrichtungen schützen das Auge vor äußeren Verletzungen und zu starken Lichtreizen, andere ermöglichen das Dämmerungssehen und das scharfe Sehen auf verschiedene Entfernungen.

Ergreifen der Nahrung, Abbeißen und Kauen sind die *Aufgaben des Gebisses*. Das Tier und der Primitive benutzt sein Gebiß auch als Waffe und als vielseitig verwendbares Werkzeug. Wir Mitteleuropäer des 20. Jahrhunderts tun das nur ausnahmsweise. Spezifisch menschlich ist der Gebrauch des Gebisses zur sprachlichen Lautbildung.

Pferd, Rind und andere Pflanzenfresser erfassen ihre Nahrung mit den Lippen, reißen sie mit den Lippen ab. Beim Menschen erschöpft sich die Aufgabe der Lippen fast ganz in ihren Sinnes- und Sprachfunktionen. Ein fein abgestimmtes Zusammenspiel von Kaumuskulatur, Wangen, Lippen und Zunge ist das Kauen. Unbewußt wird dabei der Bissen immer wieder zwischen die Zähne gesteuert; er bleibt nicht in den engen Zahnzwischenräumen, nicht in den Backentaschen und nicht unter der Zunge hängen. Der Druck der Backenzähne eines kaukräftigen Mannes erreicht bei senkrechtem Zubeißen etwa 70 kg. Der senkrecht wirkende „Quetschdruck" und der horizontal wirkende „Mahldruck" bedingen die hohe Leistungsfähigkeit des Gebisses. Das Kauen zerkleinert die Nahrung, macht sie besser schluckbar, den Fermenten leichter zugänglich und verstärkt — indem es riechende und schmeckende Stoffe freimacht — die von der Nahrung ausgehenden Sinnesreize.

„Gut gekaut ist halb verdaut." Gutes Kauen erleichtert die Magenverdauung. Die Verdauungsleistung der Mundhöhle erschöpft sich aber nicht im Kauen. Neben den mechanischen Verdauungsvorgang des Kauens tritt die chemische *Verdauung durch den Speichel*. Zahlreiche Speicheldrüsen sondern von allen Seiten ihren Saft in die Mundhöhle ab — in 24 Stunden 1—2 Liter. *Menge und Zusammensetzung* des Speichels werden weitgehend durch die Nahrung bestimmt. Reichliche Mengen eines dünnen Speichels machen eine trockene Nahrung schlüpfrig und schluckbar. Säurereiche Nahrung lockt alkalischen Speichel. Der Fermentgehalt des Speichels hängt von dem Stärkegehalt der Speise ab.

Die Bedeutung des Speichels für die chemische Verdauung liegt vor allem in einem Ferment, der *Speichelamylase*, und in der Fähigkeit des Speichels, schmeckende und riechende Stoffe frei zu setzen, die ihrerseits (über die Sinnesorgane) die Saftabscheidung der verschiedensten Verdauungsdrüsen anregen. Speichelamylase, Speicheldiastase, Ptyalin sind verschiedene Bezeichnungen für dasselbe Ferment. Als *Fermente* bezeichnet die Physiologie Stoffe, die im lebenden Organismus entstehen und — ohne selbst in den Endprodukten der Umsetzungen zu erscheinen — chemische Umsetzungen nach Richtung und Geschwindigkeit bestimmen. Die meisten Fermente sind Eiweißkörper. Die Speichelamylase greift tierische und pflanzliche Stärke an, zerschlägt sie in Teilstücke (Dextrine), zu einem kleinen Teil sogar in Malzzucker. Im Mund verweilt die Nahrung kaum eine Minute. Ihre Hauptwirkung entfaltet die Speichelamylase daher im Magen. Sie ist jedoch gegen Säure sehr empfindlich. Wo die Magensäure den Speisebrei durchdringt, wird die Amylase unwirksam. Ein höchst zweckmäßiger Mechanismus kann die

Fermentwirkung unterstützen: Kleine Mengen Kochsalz beschleunigen die Geschwindigkeit der Amylasespaltung. Es hat sich nun herausgestellt, daß gerade jene Salzmengen am stärksten beschleunigen, die geschmacklich als die angenehmsten empfunden werden — der Geschmack „sucht" die Speichelwirkung zu verbessern!

Andere Speichelfermente sind praktisch bedeutungslos. Ein wichtiger Bestandteil des Speichels ist dagegen noch das *Muzin.* Dank seiner schleimigen Beschaffenheit macht es die Nahrung schlüpfrig. Einen besonders muzinreichen Speichel läßt die Milch fließen; unter Mitwirkung des Muzin kommt es dann im Magen zu sehr feinflockiger, d. h. leichtverdaulicher Ausfällung des Milcheiweißes.

Die *Lenkung der Speichelabscheidung* besorgen vor allem die *Geschmacks- und Geruchsorgane.* Sie geben auf dem Nervenweg die Reize der Nahrung ans Gehirn weiter. Von dort fließen dann den Speicheldrüsen jene Erregungen zu, die die Abscheidung eines Speichels von ganz bestimmter, der Nahrung angepaßter Beschaffenheit zur Folge haben. Immer sind es dieselben Gehirn„zentren", die die Tätigkeit der Speicheldrüsen steuern — mögen sie nun von den Geschmacksorganen oder vom Geruchsorgan aus erregt werden oder von höheren Gehirnzentren aus durch bloße *Vorstellungen* bestimmter Geschmäcke und Gerüche. Selbst wenn beim Gedanken an etwas Leckeres „das Wasser im Munde zusammenläuft" ist dieses „Wasser" in seiner Beschaffenheit auf den so lebhaft vorgestellten Leckerbissen abgestimmt!

Schlucken kann man nur, wenn man etwas im Munde hat — zum mindesten Speichel. Man kann, strenggenommen, nicht „leer" schlucken. Schlucken, ein festgekoppeltes zeitliches Nacheinander von Muskelbewegungen kann willkürlich ausgelöst werden. Ist aber der Anstoß erst gegeben, dann läuft es ohne unser Zutun weiter. Ehe der Bissen in die Speiseröhre kommt, muß er den Luftweg kreuzen: Der Kehldeckel schließt die Luftröhre, gleichzeitig hebt sich der weiche Gaumen und schließt den Rachenraum nach oben ab, die Atmung steht still — jetzt kann der Bissen glatt passieren.

Wenn die Verschlüsse undicht sind, „verschlucken“ wir uns. Sobald der Bissen willkürlich bis in den Schlund geschoben ist, ziehen sich die Schlundmuskeln zusammen und drücken ihn in die Speiseröhre hinein. *Über* dem Bissen bildet sich eine Einschnürungswelle, die magenwärts fortschreitet und den Inhalt der Speiseröhre in den Magen hinunternimmt. Das ganze dauert wenige Sekunden, bei Flüssigkeiten viel kürzer. Jedesmal erschlafft die Magenwand für einige Augenblicke, um dem neuankommenden Bissen Platz zu machen.

Ohne *Magen* kämen wir mit 3 Mahlzeiten am Tage nicht aus. Wir könnten nicht viel auf einmal essen und müßten, da eine bestimmte Nahrungsmenge nun einmal lebensnotwendig ist, alle 2 oder 3 Stunden etwas zu uns nehmen. Das wäre außerordentlich zeitraubend. Der Magen erspart uns dies: Er faßt große Nahrungsmengen und gibt sie gleichmäßig und langsam an den Darm weiter. Flüssigkeiten laufen rasch durch den Magen hindurch, ohne mit dem übrigen Mageninhalt und der Magensalzsäure in innige Berührung zu kommen. Milch braucht zum Durchgang etwa 1 Stunde. Am längsten verweilen fettdurchtränkte und gebratene Speisen: 4—5 Stunden bis zur vollständigen Entleerung. Mit der säureabscheidenden Magenschleimhaut kommt gleichzeitig immer nur ein (allerdings stets wechselnder) *Teil* der Nahrung in Berührung. Lebhafte Bewegungen mischen den Inhalt, so daß schließlich ein gleichmäßiger Brei entsteht. Die Durchsäuerung des ganzen Mageninhalts dauert ½—1 Stunde. Bis dahin wirkt die säureempfindliche Speichelamylase intensiv weiter.

Erst dann setzt die Verdauung durch magen*eigene* Fermente ein. *Salzsäure* und das Ferment *Pepsin* vereint spalten jetzt das Nahrungs*eiweiß* in Peptone, das sind kleinere wasserlösliche Eiweißkörper. Bei Salzsäurekonzentrationen, wie sie im Magensaft vorkommen (0,25—0,50%) wirkt das Pepsin am kräftigsten. Die Magensalzsäure — sie entsteht erst im Magen*inneren,* nicht in der Magen*schleimhaut* — verhindert außerdem die Ausbreitung von Bakterien. Die *Lab*gerinnung flockt das Milcheiweiß aus. Ob dafür ein besonderes Labferment verantwortlich ist oder ob es sich um eine Pepsinwirkung handelt, läßt sich noch nicht sicher entscheiden. Jedenfalls hält der Magen das Milcheiweiß auf diese Weise fest — Flüssigkeiten laufen ja sonst rasch durch den Magen hindurch — und schafft so die Vorbedingung für eine wirksame Verdauung durch Pepsin und Salzsäure. Pepsin kann als *einziges* Ferment des Körpers das straffe Bindegewebe des Fleisches andauen.

Der Nahrungsbrei selbst steuert die *schubweise Entleerung des Mageninhalts*, die Öffnung und Schließung des Magenpförtners: Füllung des Zwölffingerdarmes, auch schon Be-

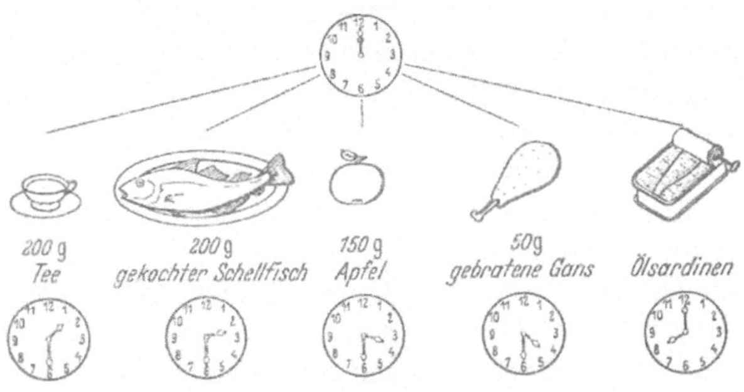

Abb. 12. Verweildauer verschiedener Speisen im Magen.

rührung der Schleimhaut mit saurem Mageninhalt schließt den Pförtner. Er tut sich erst wieder auf, wenn der Zwölffingerdarm entleert bzw. sein Inhalt alkalisch geworden ist. Zur Erleichterung der schwierigen Fettverdauung im Zwölffingerdarm schließt sich der Pförtner nach dem Übertritt von Fett für längere Zeit. Gelegentlich fließt Darmsaft durch den offenstehenden Pförtner in einen fettreichen Mageninhalt zurück. Wohlschmeckendes Essen beschleunigt die Magenbewegungen und damit die Magenentleerung — es bleibt nicht „schwer im Magen liegen".

Wie der Speichel, so paßt sich auch der Magensaft der Nahrung an. Es sind neben dem *Kauen* vor allem die *Sinnesorgane der Mundhöhle*, die *Nase* und das *Auge*, die reflektorisch — d. h. auf dem Nervenweg über zentralnervöse Schaltstellen im Gehirn — *das Tempo, die Menge und die Zusammensetzung der Magensaftabscheidung bestimmen*. Dabei dauert es immer einige Minuten bis die Magendrüsen in

Gang kommen. Im Lauf eines Tages werden etwa $1^1/_2$ bis 2 Liter Saft abgeschieden. Wie alle Verdauungssäfte wird aber auch der Magensaft im weiteren Verlauf der Verdauung fast völlig wieder aufgesaugt. Die Magensaftabscheidung nach Fleischgenuß ist ganz anders als die Abscheidung nach Brot und wieder anders als die Abscheidung nach Milch. Wir verstehen jetzt, daß das „appetitliche" Aussehen der Speisen die Verdauung unmittelbar beeinflußt. Widerliche Gerüche, ekelerregende Anblicke legen die ganze Magenverdauung still, führen unter Umständen zum Erbrechen. Aber noch mehr! Bloße *Vorstellungen* können die Magenverdauung in Gang bringen. Gibt man in Hypnose die Suggestion „Fleisch", dann setzen die für Fleisch charakteristischen Verdauungsvorgänge ein, die wieder deutlich anders sind, als wenn man etwa die Suggestion „Brot" gibt. In solchen Fällen werden die zentralnervösen Schaltstellen nicht von den Sinnesorganen aus, sondern von höheren Gehirnzentren her erregt. Zu den nervös-reflektorischen treten andere, von der Magenschleimhaut der Pförtnergegend ausgehende *chemische Reize,* die ohne die Mitwirkung von Nerven (auf dem Blutweg) die Saftabscheidung im Gang halten: Angedaute Speise, Fleischextraktivstoffe, Obst- und Gemüsesäfte, zurückfließender Darminhalt. Vermutlich entstehen bei der Verdauung aus den meisten Nahrungsmitteln Stoffe, die die Magentätigkeit auch vom *Dünndarm* aus unterhalten.

Als *Zwölffingerdarm* — seine Länge soll der Breite von 12 Fingern entsprechen — bezeichnet die Anatomie den obersten, am Magenpförtner beginnenden Dünndarmabschnitt. In ihn ergießt sich der Saft der Bauchspeicheldrüse (des Pankreas), die Galle und der Saft der Zwölffingerdarmschleimhaut selbst.

Hat der saure Speisebrei den Magen verlassen, dann wird er durch den alkalischen *Saft der Bauchspeicheldrüse* alkalisch gemacht. Das ist nötig, weil die Darmfermente nur bei alkalischer Reaktion kräftig wirken. Die Beiträge der Bauchspeicheldrüse zur Verdauung sind Trypsin, Pankreasamylase, Pankreasmaltase und Pankreaslipase. *Trypsin,* ein Fermentgemisch, zerlegt hochmolekulare Eiweißkörper in niederere. Gerüsteiweiße (Keratin und Elastin) widerstehen ihm. Insofern ähnelt es dem Pepsin. Gewisse der Pepsinverdauung zugängliche Eiweißstoffe des Bindegewebes, des Knorpels und des Knochens sind aber dem Trypsin unzugänglich. Deren Verwertung steht und fällt also mit einer regelrechten Magenverdauung. Auf der anderen Seite setzt Trypsin in beschränkter Menge Aminosäuren aus dem Nahrungseiweiß frei. Dazu ist Pepsin nicht fähig. Schließlich spaltet Trypsin den Eiweißkörper der Nukleoproteide ab und läßt wasserlösliche freie Nukleinsäuren entstehen. Wie die Speichelamylase spaltet die *Pankreasamylase* Stärke in Malzzucker; ein verwandtes Pankreasferment zerlegt Malzzucker in Traubenzucker. *Pankreaslipase* spaltet Neutralfett in Glyzerin und Fettsäuren. Und hier, bei der Fettverdauung, erfüllt das *Alkali* des Bauchspeichels seine zweite Aufgabe: Es bildet mit den Fettsäuren der Nahrung Seifen (als Seifen bezeichnet die Chemie die Alkaliverbindungen von Fettsäuren). Mit der Seifenbildung sind Änderungen der Oberflächenspannung verbunden, die das Fett in feinste Tröpfchen zerteilen und den Verdauungsfermenten besser zugänglich machen.

Es wäre ein höchst unrationeller Kräfteverschleiß, wenn die Verdauungsdrüsen *dauernd* tätig wären. Erst chemische Reize der Mundschleimhaut regen die Speichel- und Magendrüsen und *Bauchspeicheldrüsen zur Tätigkeit* an. Die Bauchspeicheldrüse beginnt mit ihrer Arbeit, wenn der Darm noch ganz leer ist. Erreicht die Nahrung den Zwölffingerdarm, dann ist die Saftabscheidung dort schon in vollem Gang. In seiner Zusammensetzung schwankt der Saft der Bauchspeicheldrüse kaum; der Art der Nahrung scheint er sich nicht anzupassen. Ähnlich wie beim Magen kommt es im weiteren Verlauf der Verdauung auch zu einer Anregung der Bauchspeicheldrüse vom Zwölffingerdarm aus: Säuren und Seifen lassen in der Darmschleimhaut Sekretin entstehen; das Sekretin gelangt ins Blut und mit dem Blut zu den Drüsenzellen.

Bei ihrem Eintritt in den Zwölffingerdarm ist die Pankreaslipase fermentativ unwirksam. Wirksam gemacht, „aktiviert", wird sie erst durch die *Galle*.

Die *Leber* ist das chemische Zentrum des Körpers. *Eine* ihrer Leistungen ist die Bildung eines ferment*freien* Verdauungssaftes: der Galle. Als charakteristische Bestandteile enthält die Galle Gallenfarbstoffe, Cholesterin, Lezithin und Gallensäuren. Gallenfarbstoffe und Cholesterin spielen bei der Verdauung keine Rolle. Es sind Stoffwechselendprodukte, deren sich die Leber durch die Galle entledigt; physiologisch gesprochen: Die Galle ist nicht nur Sekret (Abscheidung), sondern auch Exkret (Ausscheidung). Für die Verdauung kommt es vor allem auf die *Gallensäuren* an. Die Gallensäuren aktivieren die Pankreaslipase, verbinden sich mit den wasserunlöslichen Fettsäuren und machen sie dadurch wasserlöslich. Von den Spaltstücken des Fettmoleküls, dem Glyzerin und den Fettsäuren, ist nämlich nur das wasserlösliche Glyzerin ohne weiteres durch die Darmschleimhaut aufsaugbar. Fettsäuren können erst nach ihrer Verbindung mit Gallensäuren aufgesaugt werden. Lezithin erleichtert die Aufsaugung. *Nach* der Aufsaugung trennen sich Gallensäuren und Fettsäuren sofort wieder: Die Fettsäuren nehmen ihren Weg weiter in die Lymphe und die Organe. Die Gallensäuren wandern durchs Blut zur Leber zurück, um alsbald erneut in der Galle und im Darm zu erscheinen.

Im Gegensatz zu den Mundspeicheldrüsen, zum Magen und zur Bauchspeicheldrüse, *sondert die Leber fortwährend ihren Saft ab* — im Hunger weniger, nach dem Essen mehr. Sie ist eben, wie gesagt, auch ein Exkret. Über die Beeinflussung der einzelnen Gallenbestandteile durch die Nahrung weiß man kaum etwas. Vom Zwölffingerdarm aus läßt sich die Gallenabscheidung steigern. Fleisch und Fett wirken auf dem Blutweg (durch Sekretbildung?) in dieser Richtung, ebenso ein erhöhter Gallensäuregehalt des Blutes etwa bei vermehrter Fettresorption, d. h. bei erhöhtem Gallensäurebedarf.

Bei erhöhtem Bedarf entleert außerdem die *Gallenblase* aktiv einen Teil ihres Inhalts in den Darm. Sie stellt eine Art Speicher dar, der in Zeiten der Verdauungsruhe volläuft und die Lebergalle auf etwa das Zehnfache eindickt. Vom Zwölffingerdarm aus führen Fette und Eiweißabbaustoffe — ob auf dem Nervenweg oder dem Blutweg läßt sich noch nicht sicher sagen — zur Abgabe von Blasengalle; besonders stark wirkt Eigelb. Schließlich unterstehen auch Gallenwege und Gallenblase zentralnervösen und hormonalen Einflüssen. Geruchs- und Geschmacksempfindungen, ja reine Vorstellungen können in dieser Art körperlichen Ausdruck gewinnen. Wir wissen, daß zwischen dem Gefühlskomplex „Ärger" und den Gallenwegen nahe Beziehungen bestehen. „Er ist gelb vor Ärger" — „Die Galle geht mir ins Blut." Wir haben aber keine Ahnung, warum gerade Gallenblase und Gallenwege so leicht auf Ärger ansprechen.

Von solchen Zusammenhängen sprach schon vor 100 Jahren der Baron v. Rumohr in seinem berühmten „Geist der Kochkunst":

„Es gibt Gemütsbewegungen, welche ein übermäßiges Austreten der Galle veranlassen; andere, welche die Nerven reizen und schädliche Zusammenziehungen in den Werkzeugen der Verdauung bewirken; es gibt endlich auch Gemütszustände, welche die Tätigkeit eben dieser Organe lähmen. Folgende Gemütsbewegungen bringen die voranbezeichnete Wirkung hervor: erstlich das Auffahren, zweitens der Zorn, drittens der Ärger. Zusammenziehungen des Magens werden durch nachfolgende Gemütszustände bewirkt: erstens durch die Peinlichkeit, zweitens durch die Beschämung, drittens durch die Unruhe, viertens durch die Anstrengung. Gemütszustände, welche die Organe der Verdauung lähmen, sind die nachfolgenden: zuerst die Schläfrigkeit, zweitens die Betäubung."

Die *Dünndarmschleimhaut* besitzt eigene Verdauungsdrüsen. Ihr Saft reagiert alkalisch wie der Bauchspeichel und enthält neben Schleim eine Reihe von Fermenten: Lipase, Erepsin, Amylase, Saccharase, Maltase, Laktase und Nukleasen. Die *Darmlipase* spielt neben der Pankreaslipase keine große Rolle. *Erepsin* spaltet Eiweiß; auch der Pankreassaft enthält übrigens kleine Erepsinmengen. Ungespaltene Eiweißstoffe widerstehen ihm. Nur Eiweißabbauprodukte (die sogen. Peptide) sind dem Erepsin zugänglich. Erepsin zerlegt sie in ihre einfachsten Bausteine, in Aminosäuren. Die Fermente des

Darmsafts vollenden die Kohlehydratspaltung. Die *Darmamylase* spaltet die Stärke, die dem Speichel und dem Bauchspeichel entgangen ist, vollends zu Disacchariden. Andere Fermente — die vielleicht schon bei Berührung der Kohlehydrate mit der Darmschleimhaut wirksam werden, und gar nicht in den Darminhalt hineingelangen — zerlegen die Disaccharide in Monosaccharide: *Saccharase* zerlegt Rohrzucker in Glukose und Fruktose, *Maltase* zerlegt Malzzucker in zwei Glukosemoleküle, *Laktase* zerlegt Milchzucker in Glukose und Galaktose. Laktase findet sich in nennenswerter Menge nur im kindlichen Darm und beim Erwachsenen, der regelmäßig Milch zu sich nimmt. Die *Nukleasen* spalteten Nukleoproteide.

Wie die Pankreaslipase in unwirksamer Form abgeschieden und durch Galle aktiviert wird, so wird auch das Trypsin fermentativ inaktiv abgeschieden. Trypsin wird erst im Darm durch einen Bestandteil des Darmsafts, die *Enterokinase*, in wirksame Form gebracht. Ob und wieweit *Fermente der pflanzlichen Nahrung* und *Bakterien* (Milchsäure- und Colibakterien) bei der Dünndarmverdauung mitwirken, ist unbekannt. Bakterienfrei ist auch der Dünndarm des Gesunden nicht.

Maßgebend für die Darmsaftabscheidung sind örtliche mechanische und chemische Reize. Daneben gibt es aber auch eine Anregung der Saftabscheidung und Bewegung durch Appetitreize.

Die Erforschung der Verdauungsvorgänge hat erwiesen, daß in der Verdauung *eine* Abbaustufe und *eine* Fermentwirkung jeweils Voraussetzung der nächstfolgenden ist. Dem Weiterwandern der Nahrung durch den Verdauungskanal folgend, sind die Verdauungssäfte auch räumlich so hintereinander geschaltet, wie sie zeitlich nacheinander in die Verdauung eingreifen müssen. Der Darm hat also, wie der Magen, nicht nur eine chemische, sondern auch eine mechanische Aufgabe. Zunächst muß der Speisebrei ständig durchgemischt werden. Ein in der Darmwand selbst gebildeter Stoff veranlaßt diese Mischbewegungen. Peristaltische Wellen, das sind fortschreitende ringförmige Zusammenziehungen des Darms, die den Inhalt weiterschieben, werden durch die

Darmfüllung selbst ausgelöst. Es hängt vom Reizzustand gewisser, dem Willen nicht unterstellter Nerven ab, ob schon geringe oder erst sehr starke Darmfüllung solche Wellenbewegungen auslöst, ob die einzelnen Wellenbewegungen stärker oder schwächer werden. Über diese Nervenbahnen kann sich auch Seelisches auswirken: Der Examensdurchfall und der „lähmende“ Schreck, der zu Verstopfung führt, sind bekannte Erscheinungen.

Am Ende der Dünndarmverdauung ist der größte Teil der Nahrung so weit aufgespalten, daß er vom Organismus für seine Bedürfnisse verwendet werden kann. An den Dünndarm schließt sich der *Dickdarm* an. *Verdauungsfermente* sondert die Dickdarmschleimhaut *nicht* ab. Während aber der Dünndarm des gesunden Menschen, vor allem der obere Dünndarm, nur wenig Bakterien beherbergt, treten im Dickdarm verschiedenartigste *Bakterien in großen Massen* auf. Die Fermente der Dickdarmbakterien greifen einen Stoff an, der für unsere eigenen Verdauungssäfte unangreifbar ist: Die *Zellulose.* Dabei entstehen neben unverwertbaren Bruchstücken niedere Fettsäuren, die resorbiert werden und wenigstens einen kleinen Teil der unverdaulichen Zellulose dem Körper nutzbar machen. Für den Nährstoffhaushalt spielt der geringe Gewinn durch die Zellulosespaltung im Dickdarm freilich keine Rolle. Daneben zersetzen die Dickdarmbakterien *eiweißhaltige Nahrungsreste* und *Reste eiweißhaltiger Verdauungssäfte.* Aber was tun sie sonst noch? Warum sind sie in so ungeheuren Massen da? Ob der Mensch notwendig Bakterien im Dickdarm haben *muß,* ist eine unentschiedene Frage. Eine befriedigende Antwort auf die Frage nach der biologischen Bedeutung der Darmbakterien haben wir jedenfalls noch nicht. Die bakterielle Gärung und Fäulnis kann sich unangenehm bemerkbar machen, wenn zuviel Gärungs- und Fäulnisstoffe entstehen und — z. B. bei Stuhlverstopfung — nicht rechtzeitig ausgeschieden werden.

Der Dickdarminhalt wird über Stunden hinweg hin und her geschoben und schließlich in einer großen Welle in den letzten Darmabschnitt, den *Mastdarm* geschafft. Es kommt jetzt zum Gefühl des Stuhldrangs und schließlich zum letzten — nun wieder willkürlich regulierbaren — Verdauungsakt: zum Absetzen des Stuhls. 70—80% des frischen Stuhls sind Wasser, $^1/_{10}$—$^1/_3$ der Gesamtmasse Bakterien. Im übrigen besteht der Kot aus unverwerteten Nahrungsresten, unaufgesogenen Verdauungssäften und Stoffen, die durch die Dickdarmschleimhaut aus dem Körper entfernt werden: Das sind Cholesterin, Kalzium, Eisen, Phosphor und andere Mineralien, die beim Gesunden mengenmäßig nicht ins Gewicht fallen (Quecksilber, Blei, Arsen u. a.). Trockengehalt und Menge des Kots wechseln mit der Nahrung. So geben 100 g Reis 4,1 g „Trockenstuhl", 100 g gelbe Rüben aber 20,7 g.

Wir haben gesehen, wie die Nahrung durch Mund, Magen und Darm wandert und dabei in immer kleinere Teile zerlegt wird. Was einmal Brot oder Fleisch oder Apfel war, ist zu „einfachsten" Bausteinen, zu Nährstoffen geworden, die in nichts mehr ihre Herkunft erkennen lassen. Sie sind so „unspezifisch", daß der Organismus mit ihnen seine ganz „spezifischen" Bedürfnisse decken kann. Dazu müssen die Nährstoffe aber noch mit dem Blutstrom an die Organe und Gewebe herankommen. Sie müssen also zunächst aus dem Darm in die Blutbahn aufgesaugt, „resorbiert" werden. Die *Resorption* ist die letzte Phase der Verdauung. Das weitere Schicksal der Nährstoffe im einzelnen zu verfolgen, überschreitet den Rahmen der *Ernährung* im Sinne der üblichen Abgrenzung. Hier beginnt das Gebiet des *„intermediären Stoffwechsels"*. Von den praktisch bedeutsamen letzten Auswirkungen der Nahrung auf Befinden, Leistungsfähigkeit und Krankheitsanfälligkeit werden wir später noch ausführlich sprechen.

Die *Resorption* beginnt, sobald aus der Nahrung kleinste Bausteine geworden sind. Die Resorptionsfähigkeit der *Mundschleimhaut* ist gering und erstreckt sich auf so wenige Stoffe, daß sie praktisch nicht ins Gewicht fällt. Mit der Resorption im *Magen* steht es ähnlich. Die Magenschleimhaut kann nur Wasser, Kochsalz, Alkohol, vielleicht auch Zucker in nennenswerter Menge resorbieren.

Der Hauptort der Resorption ist der *Dünndarm*. Erst hier

ist die Aufspaltung der Nahrung weit genug fortgeschritten. Erst hier schafft die große Oberfläche der Dünndarmschleimhaut (rund 4—7 qm) die Vorbedingungen für eine rasche und vollständige Resorption. Je größer die Oberfläche, desto rascher und vollständiger wird die Nahrung resorbiert. Die Darmoberfläche wäre verhältnismäßig klein, gliche der Darm einer glatten Röhre. Die Darmschleimhaut ist aber vielfach gefältelt und mit kleinsten Zotten besetzt, die man mit bloßem Auge eben noch erkennen kann. Diese Zotten stehen dicht aneinander und vergrößern — zu-

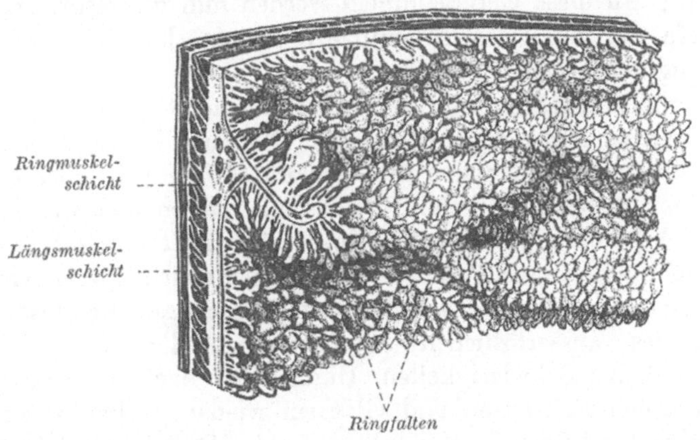

Abb. 13. Schnitt durch die Dünndarmschleimhaut (17 fach vergrößert; nach Braus).

sammen mit den Darmfalten — die resorbierende Schleimhautoberfläche um das fünf- bis sechsfache. Als Länge des menschlichen Darmes hat man früher 6—8 m angegeben. Diese Zahl ist nicht richtig. Sie rührt von Messungen an der Leiche. Der tote Darm erschlafft aber, verlängert sich, und wird auf diese Weise viel länger als er je im lebenden Menschen gewesen ist. Die Darmlänge des *lebenden* Menschen läßt sich leicht messen, wenn man einen langen, dünnen Gummischlauch schlucken läßt und wartet bis das andere Ende am After wieder erscheint. So gemessen ist der Darm etwa 2,5 m lang. Die Darmzotten vergrößern nicht nur die resorbierende Oberfläche, sie nehmen auch aktiv an der

Resorption teil. 3—4 mal in der Minute ziehen sie sich zusammen, um dann langsam wieder zu erschlaffen. Man hat von einer „Zottenpumpe“ gesprochen, weil die Resorption durch die Tätigkeit der Zotten beschleunigt wird.

Bei der Resorption selbst handelt es sich um Vorgänge, die wir noch nicht restlos durchschauen. Die obersten Deckzellen der Darmschleimhaut (Epithelzellen) nehmen die Spaltlinge der Eiweiß-, Fett- und Kohlehydratverdauung, die Mineralien, die Vitamine und andere Stoffe in sich auf. Bis nahe unter die Deckzellen reichen feinste Blutgefäße und feinste Lymphgefäße. In diese Gefäße hinein werden nun die resorbierten Stoffe von den Darmschleimhautzellen zwecks Weiterbeförderung abgegeben.

Verhältnismäßig rasch und einfach scheint die *Resorption von Wasser und einigen Mineralien* (Natrium, Kalium, Chlor) vor sich zu gehen. Schon die *Kalziumresorption* ist aber keineswegs einfach. Phosphor, Fett, Gallensäuren und vielleicht auch Vitamin D sind dazu nötig. — Die *Fettsäureresorption* ist an die Gegenwart von Gallensäuren gebunden und wird, wie schon erwähnt, durch Lezithin begünstigt. Die Resorption des wasserlöslichen *Glyzerin*anteils der Neutralfette macht keine Schwierigkeiten. Unmittelbar nach der Resorption treten Fettsäuren und Glyzerin wieder zu Fett zusammen und erfüllen die Lymphräume des Darms mit feinster Fettemulsion. — Das *Nahrungseiweiß* wird fast nur in Gestalt von Aminosäuren resorbiert. Einzelheiten des Resorptionsvorgangs sind unbekannt. Nur mit Aminosäuren kann der Körper sein eigenes Eiweiß aufbauen. Gelegentlich kommt es zu Resorption größerer Eiweißbruchstücke. Bronchialasthma, Nesselsucht und andere „Überempfindlichkeitskrankheiten“ können daraus entstehen. — Mit verschwindenden Ausnahmen kommen die *Kohlehydrate* der Nahrung als Glukose oder Galaktose zur Resorption. An der Glukose- und Galaktoseresorption beteiligen sich Phosphor, Kochsalz, das Hormon der Nebennierenrinde und wahrscheinlich auch Vitamin C. Die Mineralien, die Eiweißabbaustoffe und die Kohlehydrate gelangen, ebenso wie das Wasser, nach der Resorption zunächst mit dem Blut in die Leber und erst nach dem Durchgang durch die Leber in den „großen" Kreislauf.

Die Wasserresorption im *Dickdarm* dickt den Kot ein. Wässerige Durchfälle sind Zeichen von Dickdarmerkrankung. Im übrigen kann die Dickdarmschleimhaut nur in sehr beschränktem Maß, Kochsalz, Alkohol, abgebaute Eiweißkörper, vielleicht auch Kohlehydrate resorbieren. Für die Ernährung von Kranken mit Nährklystieren ist diese Tatsache besonders bedeutsam!

IX. Möglichkeiten und Grenzen der Verdauung.

In sinnreichem Zusammenspiel greifen die Verdauungssäfte die Nahrung an und spalten sie so lange in immer kleinere Teile, bis der Organismus mit diesen Bausteinen seine Bedürfnisse befriedigen kann. Steuerungen von erstaunlicher Zielsicherheit und Zuverlässigkeit lenken Saftabscheidung und Bewegung: Andere Aufgaben — andere Säfte — andere Bewegungsvorgänge. Beim jugendlichen Organismus werden — wenn auch in engen Grenzen — sogar Wachstumsvorgänge der Verdauungsorgane durch die Ernährung bestimmt: Je gemüse- und obstreicher sie ist, desto länger und geräumiger wird der Darm.

Diese *Anpassungsfähigkeit der Verdauungsfunktionen* ermöglicht dem Menschen ein Leben unter den gegensätzlichsten Ernährungsbedingungen. Wir kennen Völkerstämme, die fast nur von Fleisch und Fett, andere, die fast nur von Getreide oder von Früchten und Gemüse leben. Zahllos sind die Kostformen, mit denen der Mensch seine volle körperliche und geistige Leistungsfähigkeit erreichen und erhalten kann. Der Einzelne freilich „verträgt" am besten jene Kost, an die er gewöhnt ist. Er verträgt die gewohnte Kost am besten, weil diese von seinen Verdauungsorganen am leichtesten bewältigt wird. An die gewohnte Kost sind die Verdauungsfunktionen am besten angepaßt. Der Kreis der Anpassungsfähigkeit ist für die verschiedenen Menschen verschieden weit gezogen; unmerklich und fließend sind die

Übergänge zum Krankhaften. Wenn der Europäer seine europäische Kost und der Eskimo seine Eskimokost am besten verträgt, dann heißt das: Das Spiel der Verdauungsvorgänge läuft beim Europäer anders als beim Eskimo. *Grundsätzliche* Unterschiede zwischen „Europäerverdauung" und „Eskimoverdauung" gibt es aber *nicht!* Unter entsprechenden Bedingungen gewöhnt sich der gesunde und nicht zu alte menschliche Organismus genau so gut an europäische wie an grönländische oder polynesische Kost.

So groß die Anpassungsfähigkeit der Verdauungsorgane ist — restlos können sie dem Organismus die Nahrung nicht nutzbar machen. *Kaum ein Nahrungsmittel wird vollständig ausgenutzt.* Individuelle *Unterschiede in Bau und Funktion der Verdauungsorgane, unvollkommene Anpassung an die Art der Ernährung, unzweckmäßige Kostzusammenstellung,* vielleicht *Klima und Art der Tätigkeit,* vor allem aber jene *Nahrungsbestandteile, die kein menschlicher Organismus verdauen kann,* bedingen es, daß dem Körper immer nur ein mehr oder minder großer Teil der in der Nahrung enthaltenen Nährstoffe zugute kommt. In der Sprache der Ernährungsphysiologie: Die Nahrung wird niemals zu 100% ausgenutzt. Das ist eine Tatsache von größter ernährungsphysiologischer und praktischer Bedeutung! Es genügt nicht, daß die tischfertige Nahrung das nötige Eiweiß, die nötigen Vitamine und Mineralien enthält. Der Körper muß die nötigen Mengen in seine Säfte *aufnehmen,* resorbieren. Wenn die Nährstoffe nicht in ausreichender Menge resorbiert werden — bei Krankheiten kommt das nicht selten vor — dann treten Mangelerscheinungen bei einer Ernährung auf, die, wenn man sie allein nach ihrer *chemischen Zusammensetzung* beurteilt, voll ausreicht.

Seit Urzeiten bemüht sich die Menschheit um eine bestmögliche Nahrungsausnutzung — nicht bewußt, aber doch der Sache nach. Das ist auch sehr begreiflich: Schlechte Ausnutzung bedeutet unrationelle, verschwenderische Ernährung.

Bau und Funktion der Verdauungsorgane unmittelbar zu ändern, steht nicht in der Macht des Menschen. Der eine ist ein guter, der andere ein schlechter „Futterverwerter". Anders arbeiten die Verdauungsorgane des Kindes, anders die des Greises. Manche Beobachtungen lassen an eine bessere Nahrungsausnutzung bei Neigung zu Stuhlverstopfung denken.

Von äußeren Zwangslagen abgesehen kann man aber im allgemeinen ohne große Schwierigkeiten eine *gewohnte Ernährungsweise beibehalten* und auf diese Weise eine bestmögliche Nahrungsausnutzung erreichen. „Was der Bauer nicht kennt, das ißt er nicht." Er ißt es nicht, weil er sich dabei nicht so wohl fühlt wie beim Gewohnten. Das Ungewohnte „bekommt" ihm nicht so gut. Was er nicht kennt, ißt er nicht, weil seine Verdauungsfunktionen — und das ist die *objektive* Seite — auf das Ungewohnte nicht eingespielt sind. Aus den Gegebenheiten von Klima und Boden und den wirtschaftlichen Möglichkeiten entstehen landschaftliche Eßgewohnheiten und „Nationalgerichte". Solche Eßgewohnheiten sind von Land zu Land ebenso erstaunlich verschieden wie sie erstaunlich zäh beibehalten werden. Jeder, der gereist ist, kennt die Schwierigkeiten einer Anpassung an neue Eßgewohnheiten. Der eine empfindet sie schon, wenn er von Berlin nach Wien fährt, der andere erst auf dem Balkan oder im Orient. Mit der zunehmenden Verstädterung gleichen sich die landschaftlichen Eßgewohnheiten aus. Verstädterung und Industrialisierung schaffen überall auf der Erde ähnliche Lebensbedingungen und Nahrungsbedürfnisse und lösen die engen Bindungen an Klima und Boden.

Die Erfahrung langer Jahrtausende hat den Menschen gelehrt, daß es zweckmäßig ist und angenehm, *bestimmte Nahrungmittel zusammen* zu essen. Andere „vertragen" sich nicht miteinander. Auf den niedersten Entwicklungsstufen unterscheidet sich der Mensch kaum vom Tier: Solang er Hunger hat, verschlingt er der Reihe nach alles Eßbare, was er erreichen kann. Die meisten Naturvölker kennen aber doch schon so etwas wie einen Speisezettel. Und von da geht die Entwicklung in *einer* Linie bis zur gepflegten Küche des Kulturvolks und den tausendfältigen Erfahrungen und Geheimnissen einer hochentwickelten Kochkunst. „Geleitet durch Instinkt und Geschmack, ist der erfahrene Koch in Beziehung auf die Wahl, Zusammenstellung und Zubereitung der Speisen und ihrer Aufeinanderfolge zu Errungenschaften gelangt, welche alles übertreffen, was Chemie und Physiologie in Beziehung auf Ernährungslehre geleistet haben" (Justus v. Liebig, 1803—1873).

Ernährungsphysiologisch verstehen und erklären können wir die Erfahrungen über Bekömmlichkeit von Gerichten, Zutaten, Speisenfolgen, Speisentemperatur erst zum allerkleinsten Teil. Erste Erkenntnisse verdankt die Wissenschaft auch auf diesem Gebiet dem Berliner Ernährungsphysiologen Max Rubner (1854—1932): Verzehrt man zwei Nahrungsmittel tierischer Herkunft zusammen oder ein Nahrungsmittel tierischer und eines pflanzlicher Herkunft, dann wird dadurch die Ausnutzung jedes einzelnen *nicht* verändert. *Gemenge pflanzlicher Nahrungsmittel nutzt der Organismus* dagegen in der Regel *besser aus als die* für sich allein verzehrten *Einzelbestandteile* des Gemenges. Zusätze schwer verdaulicher Stoffe verschlechtern die Ausnutzung.

Auch *einige besondere Gewohnheiten* lernen wir allmählich verstehen. In heißer Umwelt z. B. sind die Verdauungsorgane schlecht durchblutet; nur durch Gewürze scheint hier ein ausreichender Magensaftfluß zustande zu kommen. Hier liegt wohl der Grund für den reichlichen Gewürzverbrauch in heißen Ländern. Meist scheint es bei solchen Gewohnheiten auf eine *Anregung der Magensaft- bzw. Bauchspeichelabsonderung* hinauszulaufen. So werden größere Fettmengen besser ausgenutzt, wenn man sie mit Fleisch oder Gemüse zusammen gibt. Alkohol und Kochsalz erleichtern die Fettverdauung. Ob Fett die Brotausnutzung hemmt oder fördert, hängt offenbar von den Mengenverhältnissen ab. Jedenfalls wird Brot mit Fett und Fleisch besser ausgenutzt als Brot allein. — Auf *frisches Obst* soll man bekanntlich *kein Wasser* trinken. Man sieht danach nicht selten Erbrechen und Durchfall und Überdehnung und Lähmung des Darms auf Grund von Quellungsvorgängen und bakterieller Zersetzung mit Gasbildung. — Melonen und andere *wasserreiche Früchte werden stark gezuckert,* weil die wasserbindende Kraft des Zuckers die Abführwirkung — und damit die schlechte Ausnutzung — solcher Früchte verhindert. — Verständlich erscheint uns auch der große *Zwiebelverbrauch im Orient und auf dem Balkan:* Zwiebeln regen die Magensaftabscheidung an, verlängern die Verweildauer der Speisen im Magen und erhöhen so die bakterientötende Wirkung der Magensalzsäure in Ländern, wo die Gefahr einer Nahrungsmittelinfektion besonders groß ist.

Von unmittelbar *klimabedingten Änderungen* der Verdauungsvorgänge ist wenig bekannt. Wenn viele Urlauber an der See und im Hochgebirge unter Verstopfung leiden, dann liegt das wohl zum großen Teil an der im ganzen veränderten Lebens- und Ernährungsweise. Es müßte einmal untersucht werden, wie weit wirklich das andere Klima daran schuld ist. Starkes Schwitzen vermindert Magensaftabscheidung und Appetit und verlangsamt die Magenentleerung. Der magensaftanregende Gewürzverbrauch heißer Länder wurde eben erwähnt. Stärkste Kochsalzverluste, die bei übermäßigem Schwitzen zu Hitzekrämpfen führen, hemmen auch die Magen- und Darmbewegungen und erschweren damit eine regelrechte Verdauung.

Körperliche Arbeit bleibt nicht ohne Einfluß auf die Abscheidung von Magensaft, Bauchspeichel und Galle und auf die Bewegungen der Verdauungsorgane. In ihren letzten Auswirkungen scheinen sich diese Einflüsse auszugleichen. Zu nennenswerten Veränderungen der Nahrungsausnutzung — darauf kommt es ja wesentlich an — führt die körperliche Arbeit jedenfalls nicht.

Eine vollkommene Nahrungsausnutzung wird in erster Linie durch jene *Stoffe* unmöglich gemacht, *die für den menschlichen Organismus auch unter günstigsten Bedingungen schwer verdaulich oder unverdaulich bleiben.* Unverdaulich sind *Gerüsteiweiße:* das Keratin der Haut, der Haare und Federn, der Wolle und der Nägel und das Elastin des elastischen Bindegewebes. Fast unverdaulich sind die *Stütz- und Hüllenstoffe der Pflanzenzelle:* Die Zellulose, die Pektine und (etwas besser verdaulich) die Pentosane. Unverdaulich heißt aber nicht überflüssig! Von der Bedeutung der Darmfüllung für die Darmbewegungen war schon die Rede. Die unverdaulichen „Ballast"- oder „Schlacken"stoffe beschleunigen die Weiterbewegung des Darminhalts und verhindern

Stuhlverstopfung. Vielleicht können auch gewisse unzuträgliche Stoffe durch sie gebunden und unschädlich gemacht werden. Je größer der unverdaute Nahrungsrest, desto größer die Kotmenge. Die große Kotmenge behindert aber auch die Rückresorption der Verdauungssäfte und kann so zu erheblichen Eiweißverlusten führen.

Beim Menschen, der sich mit frei gewählter Ernährung gleichmäßig ernährt, wird die *Nahrungsausnutzung wesentlich durch die Pflanzenhüllstoffe bestimmt.* Reiner Zucker wird so gut wie vollkommen ausgenutzt, wenn er nicht in abnorm großen Mengen — mehr als 200 g auf einmal — verzehrt wird. Nach den Untersuchungen des schon mehrfach genannten Physiologen Rubner ist rohe Stärke zu 3%, in Wasser gequollene und erhitzte Stärke aber zu 99%, verdaulich. Es zeigt die ganzen Schwierigkeiten solcher Untersuchungen, daß spätere Forscher zu anderen Ergebnissen gekommen sind. Bei einer Kost die 346 g Kohlehydrate in Gestalt von ungekochten Haferflocken enthielt, erschienen z. B. nur 30 g Kohlehydrate im Stuhl. Das würde einer Ausnutzung der rohen Stärke von etwa 91% entsprechen! Wir sehen hier noch nicht ganz klar. Ungekochte Stärke *kann* jedenfalls gut ausgenutzt werden, wenn auch das Kochen die Ausnutzung offenbar erleichtert. Dem Huhn und dem Schwein ermöglichen seine Darmsäfte eine so gut wie restlose Ausnutzung roher Getreidestärke. An der Spaltung der rohen Kartoffelstärke scheinen indes Darmbakterien beteiligt zu sein. Ob beim Menschen Dünndarmbakterien die rohe Stärke angreifen und die Ausnutzung roher Stärke erleichtern, entzieht sich noch unserer Kenntnis.

Schwer schmelzbare Fette: Stearin, Walrat, Hammeltalg, sind schwer ausnutzbar. Die Ausnutzung von Schweine- und Gänsefett, Olivenöl, Margarine und leicht schmelzbarem Erdnußöl liegt zwischen 96 und 98%. Die Ausnutzung von reinem Eiweiß ist etwa ebensogut.

Es erhebt sich hier die Frage nach dem *Zweck des Kochens.* Warum benutzt die Menschheit seit Urzeiten das Feuer zur

Bereitung ihrer Nahrung? *Eine* Ursache dürfen wir in der *Erleichterung der Stärkeverdauung* sehen. Daß die Bereitung von Mehlspeisen mit Feuer zu den ältesten Kulturerrungenschaften gehört, ist eine Tatsache, über die man nicht hinwegsehen kann. Ein Zweites kommt hinzu: *Gemüse und Obst „fallen beim Kochen zusammen"*. Zufolge ihres geringeren Umfangs nach dem Kochen belasten sie die Verdauungsorgane weniger, das Essen wird erleichtert. Beim Kochen und Braten entstehen in den Nahrungsmitteln jene *Riech- und Schmeckstoffe,* die in erwünschter Weise die Eßlust, die Abscheidung der Säfte und die Tätigkeit der Verdauungsorgane anregen und die Verdaulichkeit erhöhen. Schließlich *vernichtet die Hitze* pflanzliche und tierische *Schädlinge,* die den Nahrungsmitteln anhaften.

Wir haben in einer Tabelle die *Ausnutzung einiger Nahrungsmittel* zusammengestellt. Also: wenn man z.B. 100 g Fleisch (und sonst nichts) ißt, dann gehen nur 2% des darin

Ausnutzung von Nahrungsmitteln.

Von den zugeführten Nahrungsstoffen werden ausgenutzt bei

	% des Eiweißes	% des Fettes	% der Kohlehydrate	
Fleisch	98	94	97	
Fisch	97	91	97	
Milch bei Erwachsenen	94	95	99	
Milch bei Kindern	96	97	99	
Butter	90	96	97	
Käse	95	96	99	
Eier (weich)	97	96	—	
Weizenbrot, fein	81	75	99	
Weizenbrot, grob	72	55	93	
Roggenbrot, fein	73	—	96	
Roggenbrot, grob	60	—	90	
Spätzle	79	—	98	gekocht
Makkaroni	83	94	99	gekocht
Kartoffeln (Mittelwerte)	78	98	96	gekocht
Gemüse (Mittelwerte)	72	93	84	gekocht
Erbsen und Bohnen	70	30	93	gekocht
Reis	80	93	99	gekocht
Nüsse und Mandeln	85	91	98	
Bananen	76	19	97	
Mittelwerte: Tierische Nahrungsmittel	95	95	98	
Mittelwerte: Pflanzl. Nahrungsmittel	76	72	95	

enthaltenen Eiweißes, 6% des Fetts und 3% der Kohlehydrate ungenutzt mit dem Kot ab.

Woher kennen wir die Ausnutzung der Nahrungsmittel? Man hat diese Zahlen gefunden, indem man für jedes Nahrungsmittel die Zufuhr und die Kotausscheidung an Eiweiß, Kohlehydrat und Fett bestimmte und den Unterschied zwischen Zufuhr und Ausscheidung als ausgenutzt annahm. Das ist erlaubt, wenn 1. alles, was nicht ausgeschieden wird, dem Organismus wirklich zugute kommt und 2., wenn der Organismus von sich aus nichts dazu ausscheidet.

Das verschwundene *Fett* und die verschwundenen *Kohlehydrate* kommen tatsächlich so gut wie restlos dem Körper zugute. Von Kohlehydraten ist allein die Zellulose für die Darmsäfte unangreifbar!

Vom *Eiweiß* (und von den Vitaminen?) wird aber ein Teil durch die Darmbakterien in weniger wertvolle Stoffe umgewandelt; es wird wertvolles Nahrungseiweiß mehr oder minder weitgehend entwertet. Wir müssen natürlich wissen, *wieviel* Eiweiß von den Darmbakterien zersetzt worden ist, wenn wir die *wirkliche* Eiweißaufnahme des Körpers erfahren wollen. Tatsächlich wissen wir aber nicht genau, wieviel Eiweiß aus Nahrung und Verdauungssäften den zerstörenden Kräften der Darmbakterien anheimfällt. Allzuviel ist es anscheinend nicht. Man muß aber immerhin mit der Möglichkeit rechnen, daß der sehr geringe Bedarf gewisser Volksstämme an Eiweißnahrung in Wirklichkeit nicht einem geringen Eiweißbedarf des Organismus entspringt, sondern einer besonders geringen bakteriellen Eiweißzersetzung im Darm, d. h. einer diesen Menschen eigentümlichen Bakterienflora. Daß die Darmbakterienflora weitgehende Veränderungen erleiden kann, zeigen die Beobachtungen bei kranken Menschen.

Im Kot erscheint aber auch nicht rückresorbiertes *Eiweiß aus den Verdauungssäften.* Rechnet man für 24 Stunden (ganz grob geschätzt) 1—2 Liter Speichel, $1^1/_2$—2 Liter Magensaft, je 1 Liter Pankreassaft und Galle, dazu mindestens 2 Liter Darmsaft, dann sind das rund 7 Liter Verdauungssäfte, die rückresorbiert werden müssen. Man kann es aber dem Kotstickstoff — danach berechnen wir, wieviel

Eiweiß unausgenutzt verloren geht — nicht ansehen, ob er aus der Nahrung oder aus den Verdauungssäften stammt. Wir müssen bei der Berechnung der Eiweißausnutzung diesen Fehler in Kauf nehmen: Die Eiweiß*bilanz* kann *ungünstig* sein, obwohl die Eiweiß*ausnutzung der Nahrung gut* ist. Genau dasselbe gilt übrigens für das Kalzium (vgl. unten).

Bei allen *Nahrungsmitteln tierischer Herkunft* werden die Kohlehydrate, bei fast allen werden auch Eiweiß und Fett sehr gut ausgenützt. Die Ausnutzung des *Fleisches* schwankt wenig in Abhängigkeit von der Zubereitung. Am schlechtesten wird Suppenfleisch und Fleisch mit viel straffem Bindegewebe ausgenutzt. Das Kind mit seinem Lab-reichen Magensaft nutzt die *Milch* besser aus als der Erwachsene.

Eiweiß, Kohlehydrat und Fett *pflanzlicher Nahrungsmittel* werden im Ganzen schlechter und ungleichmäßiger ausgenutzt. Das liegt an den verdauungshemmenden und gegenüber den Verdauungssäften fast unangreifbaren Zellhüllen, die einen großen Teil jedes pflanzlichen Nahrungsmittels ausmachen.

Der Gehalt des getrockneten (wasserfreien) Nahrungsmittels an Zellhüllen beträgt bei

Gemüse	14—33 %	dem ganzen Weizen u. Roggenkorn	8 %
Obst	8—25 %	feinem Mehl	3 %
Kartoffeln	6 %	Kleie	67 %

Bestimmt man die Ausnutzung der zellulosehaltigen Nahrungsmittel durch Kotuntersuchung, dann scheint auch die Zellulose weitgehend ausgenutzt zu werden — bei Obst, Gemüse und Brot zu rund 44 %. Das entspricht aber nicht den Tatsachen. Die *bakterielle Zellulosespaltung im Dickdarm* ergibt nämlich nur zum allerkleinsten Teil Stoffe, die für den menschlichen Organismus verwertbar sind; zudem ist die Resorptionsfähigkeit der Dickdarmschleimhaut gering. Im Ganzen liefert also die Zellulosespaltung dem Körper keine nennenswerten Nahrungsenergien.

Die *Zellhüllen* umschließen den nutzbaren Zellinhalt. Es scheint aber, daß eiweißspaltende, vielleicht auch kohlehydrat- und fettspaltende Fermente in die unverletzte (rohe)

Pflanzenzelle eindringen und den Inhalt herauslösen können. Trotzdem wird die *Ausnutzung durch die Hüllenstoffe erschwert*. Worauf das eigentlich beruht, ist nicht ganz klar. Feines Zerreiben verbessert die Gemüse- und Obstausnutzung *nicht* wesentlich. Auch das Kochen, das die Zellhüllen sprengt, verbessert im allgemeinen die Ausnutzung kaum. Brennwert- und Stickstoffgehalt einer Rohkost werden kaum weniger gut ausgenutzt als Brennwert- und Stickstoffgehalt einer gekochten Gemüsekost. Vielleicht verhindert die beschleunigte Passage der Pflanzenkost eine intensivere Fermentwirkung. In diesem Sinn spricht die Beobachtung, daß pflanzliche Nahrungsmittel mit langer Verweildauer besser ausgenutzt werden: gebratene Kartoffeln besser als gekochte, geröstetes Brot besser als ungeröstetes. Die Zubereitung im allgemeinen — Braten, Backen, Gärung, Fäulnis, chemische Mittel — kann die Ausnutzung der pflanzlichen Nahrungsmittel erheblich verbessern und das (unbewußte) Streben nach Verbesserung der Nahrungsausnutzung hat die Menschen immer neue Verfahren erfinden lassen (vgl. Abschnitt VII). Nur gerade das Kochen kann eben die Ausnutzung nicht wesentlich verbessern. Der größte Teil des Kotstickstoffs unter zellulosereicher Kost stammt im übrigen ja nicht aus der Nahrung, sondern aus Verdauungssäften, deren Resorption die Zellulose behindert. Die Stickstoffausscheidung mit dem Kot läßt sich durch Hinzugeben unverdaulicher resorptionsbehindernder Stoffe leicht auf das Doppelte steigern! Schließlich bewirkt die ausschlaggebende Bedeutung der Bakterien für die Zelluloseverdauung eine lebhafte Bakterienvermehrung bei pflanzlicher, d. h. zellulosereicher, Ernährung und damit eine Vermehrung der eiweißhaltigen Bakterienleiber im Kot. Bei Pflanzenkost enthält der Kot noch einmal so viel Bakterien wie bei Fleischkost. Soweit wir es heute beurteilen können, *liegt also die Ursache der hohen Kot-Eiweißausscheidung unter zellulosereicher Nahrung einmal in der beschleunigten Darmpassage und zweitens in der beträchtlichen Mitausscheidung von eiweißreichen Verdauungssäften und Bakterien.*

Infolge der Hemmungen durch unverdauliche Stoffe werden die *Kohlehydrate und Fette pflanzlicher Nahrungsmittel* weniger gut ausgenutzt als die Kohlehydrate und Fette tierischer Nahrungsmittel. In welcher Weise eine schlechte Ausnutzung *vorgetäuscht* werden kann, haben wir soeben gesehen. Für die Ernährungspraxis ist das aber belanglos, denn hier fällt vor allen Dingen die Gesamtmenge der ausgeschiedenen Nährstoffe ins Gewicht. Für die Beurteilung etwa der Eiweißversorgung des Organismus bleibt es sich gleich, ob die Eiweißstoffe im Kot (genauer: die stickstoffhaltigen Kotbestandteile) der Nahrung oder den Verdauungssäften entstammen. Der Körper verliert unter pflanzlicher Ernährung *mehr* von diesen wertvollen Stoffen — darauf kommt es wesentlich an, und aus diesem Grund behalten die Zahlen der Nährstoffausnutzung ihre hohe Bedeutung.

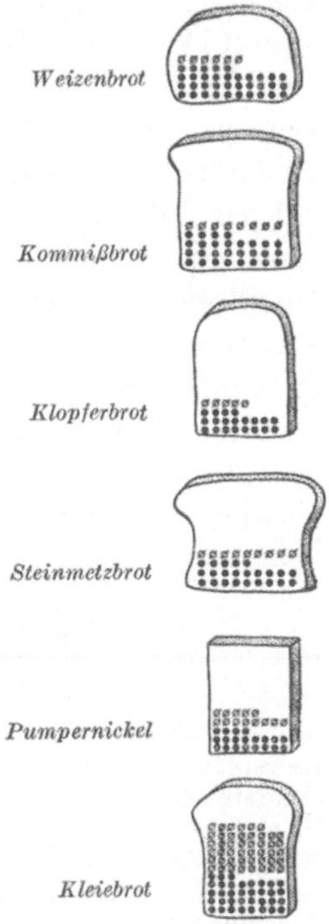

Weizenbrot

Kommißbrot

Klopferbrot

Steinmetzbrot

Pumpernickel

Kleiebrot

Abb. 14. Eiweißausnutzung verschiedener Brotsorten.
● g ausgenutztes Eiweiß in 500 g Brot.
○ g unausgenutztes Eiweiß in 500 g Brot.

Die Frage: *Roggen oder Weizen*? wird seit Jahren mit viel Aufwand an Worten, Tinte und Geist bearbeitet. Wie steht es mit der *Ausnutzung* von Roggen und Weizen? Die Beantwortung dieser Fragen ist von größter praktischer Bedeutung. Im allgemeinen werden Eiweiß und Kohlehydrate von Weizenmehl und Weizenbrot besser ausgenützt als von Roggenmehl und Roggenbrot. Es kommt aber sehr auf die Zubereitung, beim Brot auf das *Backen* an. Die Schwankungsbreite der Eiweißausnutzung von Weizenbroten liegt zwischen 65 und 94%, von Roggenbroten zwischen 43 und 82%. Ein *gutes* Roggenbrot wird also besser ausgenutzt als ein *schlechtes* Weizenbrot, wenn es auch die Ausnutzung des *besten* Weizenbrotes nicht erreicht. Es gibt heute überall Spezialbrote zu kaufen. Sie unterscheiden sich hinsichtlich der *Behandlung des ungemahlenen Korns und der Art des Backens* (vgl. Abschnitt IV). Zum Teil sind diese Brote überdurchschnittlich eiweißreich — eine Tatsache, die die Reklame gebührend zu betonen pflegt. Eiweiß*ausnutzung* und Eiweiß*gehalt* des Brotes laufen aber keineswegs parallel! Das geht so weit, daß der Körper mit 1 kg eiweißarmen, aber gut ausnutzbaren Weizenbrotes tatsächlich ebensoviel Eiweiß bekommt wie mit 1 kg eiweißreichen aber schlecht ausnutzbaren Kleiebrotes. Am schlechtesten wird Simonsbrot ausgenutzt; es ist aus nur gequetschten, nicht ausgemahlenen Getreidekörnern hergestellt. Den Hauptwert jener hoch ausgemahlenen und daher schlechter ausnutzbaren Brote sehen wir heute in ihrem Reichtum an Vitamin B_1 und an darmbewegungsanregenden, unverdaulichen Stoffen.

Eiweißausnutzung verschiedener Brotsorten.

	g Eiweiß in 500 g Brot	Davon werden ausgenutzt	
		g	% der Zufuhr
Weizenbrot aus Semmelmehl	40,4	34,7	86,1
Kommißbrot	35,7	28,4	79,6
Klopferbrot	25,3	19,9	78,4
Steinmetzbrot	31,6	22,6	70,8
Pumpernickel	32,5	19,6	60,3
Kleiebrot	81,1	35,4	43,7

Nicht nur das Backverfahren, auch die *Ausmahlung des Mehls* bestimmt die Brotausnutzung. Je stärker die Ausmahlung, d. h.: je gröber das Mehl, desto schlechter die Eiweißausnutzung. Beim Roggenbrot leidet die Eiweißausnutzung durch hohe Ausmahlung des Mehls weniger stark als beim Weizenbrot.

Ausmahlung des Mehls und Eiweißausnutzung.

Von 100 g Broteiweiß werden ausgenutzt bei

Weizenbrot aus 60 % Mehl .... 94 g
Weizenbrot aus 80 % Mehl .... 85 g
Weizenbrot aus 97 % Mehl .... 77 g

Verschiedene Verfahren suchen die *Ausnutzung der eiweißreichen Kleie zu verbessern.* Das Steinmetz- und Schlüterverfahren ist wenig wirkungsvoll, besser ist schon das Klopferverfahren: Eiweißausnutzung 63—78% gegenüber 60% eines entsprechend ausgemahlenen gewöhnlichen Roggenbrotes. Während des Weltkrieges mußten wir unser Brot strecken. *Mais, Birken- und Tannenholz, Treber* und *Stroh* hat man dazu genommen. Diese Brote bedingten das 4—5fache der normalen Stuhlmenge bei sehr schlechter Ausnutzung und an sich schon geringem Eiweißgehalt.

Die *Kohlehydrat-* (Stärke-) Ausnutzung von Weizen und Roggen wird durch die Art des Backverfahrens kaum, durch den Grad der Ausmahlung nur wenig beeinflußt.

Nicht minder wichtig als die Ausnutzung des Eiweißes, der Fette und der Kohlehydrate ist die *Ausnutzung der Mineralien* und Vitamine. *Kalium, Natrium* und *Chlor* werden bei jeder Kost im Dünndarm vollständig resorbiert. Das Natrium, Kalium und Chlor im Kot entstammt den nicht rückresorbierten Verdauungssäften und nimmt deshalb zu, wenn die Rückresorption leidet — etwa bei Durchfall oder zellulosereicher Kost. Die Ausnutzung von *Kalzium, Magnesium, Phosphor* und *Eisen* läßt sich sehr schwer zuverlässig beurteilen. Alle 4 Mineralien werden im Dünndarm resorbiert und im Dickdarm ausgeschieden. Wenn wir also eine bestimmte Kalziummenge im Kot finden, dann wissen wir nicht, wieviel davon unresorbiert und wieviel durch den Körper hindurchgegangen und im Dickdarm wieder ausgeschieden ist. Die Größe der Kotausscheidung sagt uns also nichts über den Grad der Ausnutzung! Kalzium und Magnesium müssen sich vor der Resorption mit Fettsäuren, Phosphor und Vitamin D verbinden. Ihre Resorption, d. h. ihre Ausnutzung hängt von dem *Verhältnis* der Mineralien und der Gegenwart von Fettsäuren ab. *An*organisch gebundener *Schwefel* wird so gut wie gar nicht resorbiert. Die Ausnutzung organischen Schwefels entspricht der Ausnutzung der schwefelhaltigen organischen Stoffe. Im ganzen wissen wir also von der Ausnutzung der Mineralien noch recht wenig.

Von der *Vitaminausnutzung* wissen wir nicht viel mehr. Resorption und Ausnutzung der Vitamine A und D gehen mit der Fettresorption Hand in Hand. Der A- und D-Gehalt der Nahrung wird beim Gesunden vollkommen ausgenutzt. Nur sehr reichliche Zufuhr reiner Präparate läßt vielleicht gelegentlich die Stuhlausscheidung ansteigen. Bei unvollkommener Fettverdauung gehen auch Vitamine verloren. Vitamin C und die Vitamine der B-Gruppe scheinen im Dünndarm ziemlich vollständig resorbiert zu werden. Die Fähigkeit gewisser Darmbakterien, Vitamin B_1 aufzubauen, erschwert die Beurteilung der Ausnutzung des Nahrungsvitamins. Die Ausnutzung von Vitamin C läßt sich schwer bestimmen, weil Vitamin C *vor* der Resorption im Darm zerstört werden kann. Über Ausnutzung der anderen Vitamine weiß man kaum etwas. Wir wüßten vor allem gern, wieweit die Mineral- und Vitaminausnutzung von der Art des Nahrungsmittels und seiner Zubereitung abhängt. Nutzt der Körper das Vitamin C und das Kalzium der Apfelsine oder das der Kartoffel besser aus? Gekochte Kartoffeln haben einen Teil ihres C-Gehalts eingebüßt; aber ist das verbliebene C nicht vielleicht besser ausnutzbar? Tausend Fragen drängen sich auf. Wir sind noch zu sehr gewöhnt, nach dem Vitamin- und Mineralgehalt der *Nahrungsmittel* ohne weiteres, d. h. ohne Berücksichtigung ihrer *Ausnutzung* im Körper ihren Wert für die menschliche Ernährung zu beurteilen. Es ist klar, daß dieses Verfahren zu folgenschweren Irrtümern führen kann.

Bau und Funktion der Verdauungsorgane bestimmen die Möglichkeiten der Ernährung. Eine Nahrung mit sehr viel Haaren und Nägeln kann der menschliche Organismus ebenso schlecht verwerten wie eine Nahrung mit sehr viel unverdaulichen Pflanzenhüllen. Von Gras und Laub allein können wir nicht leben. Der Mensch hat aber einen Weg gefunden, der es ihm ermöglicht, in reinen Steppen- und Buschländern zu leben und selbst den spärlichen Pflanzenwuchs des Hochgebirges auszunützen: *Der Mensch lebt von Gras und Laub, indem er Tiere hält und diese Tiere dann verzehrt.* Auf dem Umweg über das Tier wird Gras und Laub zur nutzbaren menschlichen Nahrung.

Die Grenzen und Möglichkeiten der menschlichen Verdauung werden besonders deutlich, wenn man sie im Rahmen der Grenzen und Möglichkeiten anderer Säugetiere betrachtet. Die Zoologie unterscheidet Fleischfresser oder Raubtiere und Pflanzenfresser. Die einen fressen ganz vorwiegend — nicht ausschließlich! — tierische, die andern fast nur pflanzliche Nahrung. Den Verschiedenheiten der Ernährung entsprechen grundlegende Verschiedenheiten der Verdauungsorgane und der Verdauung — Verschiedenheiten, die uns wieder einmal eindrucksvoll die erstaunliche Anpassungsfähigkeit des lebendigen Organismus an die Gegebenheiten seiner Umwelt vor Augen führen. Anpassungsfähigkeit und Anpassung, die Voraussetzungen aller Lebensfähigkeit, sind im Bereich des tierischen Lebens so groß, daß wir — umgekehrt — aus Bau und Funktion der Organe auf die Umweltbedingungen schließen können, die zu diesem und keinem andern Bau, zu dieser und keiner andern Funktion geführt haben. Das ist eine Tatsache von großer Tragweite.

Zunächst sind bei allen Tieren *Gebiß und Ernährung* weitgehend aneinander angepaßt. Ein Gebiß, das eine ausschließlich oder doch fast ausschließlich pflanzliche Ernährung ermöglicht, besitzen nur Säugetiere. Unter den niederen Wirbeltieren gehören die Pflanzenfresser zu den großen Ausnahmen. Wodurch unterscheiden sich nun Fleischfresser- und Pflanzenfressergebiß? Ein typisches *Fleischfressergebiß* hat der Löwe: Meißelförmige, scharfe Schneidezähne, kräftige Eckzähne, kleine, schmale und spitzhöckerige vorderste Backenzähne mit langen Wurzeln, die nur punktförmig aufeinanderstoßen. Die hintersten Backenzähne, die „Reißzähne", sind größer als die andern. Diese Reißzähne bilden in scherenartigem Übereinandergreifen eine mächtige „Brechschere" zum Zermalmen der Beute. Das Kiefergelenk ist als festes Scharniergelenk mit Beweglichkeit in nur *einer* Richtung gebildet. Die kräftigen Jochbögen laden breit aus, starke Knochenleisten am Schädel sichern den Ansatz der Kaumuskeln, fest und derb liegt der kurze Unterkiefer im Gelenk. Mit großer Kraft und Genauigkeit arbeitet ein solches festgefügtes Beißwerkzeug. Auch starken plötzlichen Beanspruchungen ist es ohne weiteres gewachsen. Ganz anders sieht das *Pflanzenfressergebiß* aus: Die Schneidezähne sind weniger gut ausgebildet — die oberen können sogar ganz fehlen —, die Eckzähne schwächer oder gar nicht vorhanden. Die Backenzähne nehmen an Zahl und Größe zu, legen sich in breiter Fläche eng aneinander, berühren sich in ausgedehnten Kauflächen, tragen Raspelleisten oder Höcker, sehr lange Kronen und kurze Wurzeln. Vorderzähne und Hinterzähne rücken weit auseinander. Das flache Kiefergelenk des Pflanzenfressers ermöglicht ausgiebige Bewegungen nach seitwärts und nach vor- und rückwärts; die Jochbögen sind schmal. Ein zielsicheres, kräftiges und festes Zupacken ist mit diesem Gebiß nicht möglich, wohl aber ein ausgiebiges Kauen und Mahlen nach allen Seiten.

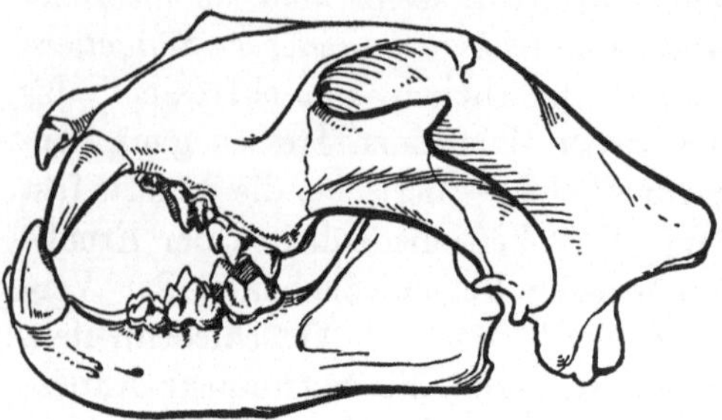
Abb. 15. Löwe (Felis leo).

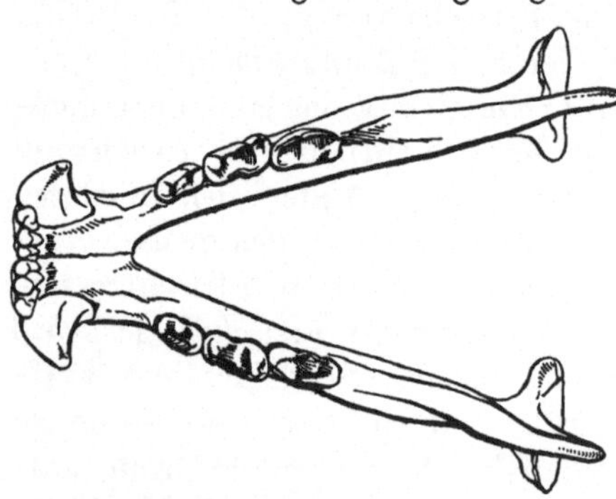
Abb. 16. Unterkiefer des Löwen.

Zwischen beiden Formen gibt es Übergänge, die zeigen, wie weitgehend sich das Gebiß an die Nahrung anpassen kann. Ein „*Allesfressergebiß*“, ein Gebiß also, das teils Fleischfresser-, teils Pflanzenfressercharakter trägt, hat sich beim Bären aus einem Fleischfressergebiß, beim Schwein aus einem Pflanzenfressergebiß entwickelt. Pflanzenfressende Fledermäuse tragen platte, stumpfhöckerige Backenzähne, fleischfressende tragen scharfzackige. Bei Beuteltieren findet man ganz ähnliche Unterschiede innerhalb derselben Tierklasse. Andere Säuger, die die Nahrung unzerkaut verschlingen, haben ihre Zähne völlig verloren (Ameisenbär, manche Wale). In ganz eigentümlicher Weise hat sich auch das Nagetiergebiß mit seinen weiterwachsenden überlangen Nagezähnen der Ernährung angepaßt.

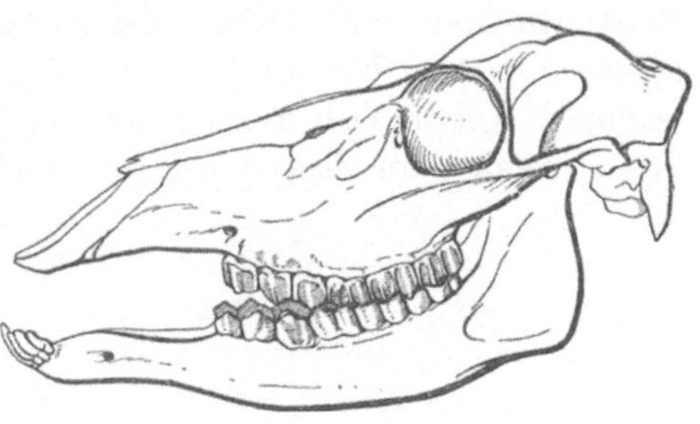
Abb. 17. Hirsch (Cervus elaphus).

Wir haben keinen Grund zu der Annahme, daß *der Mensch* schlechter an seine Nahrung angepaßt ist als der Löwe, die Fledermaus und der Ameisenbär. In seiner Geschlossenheit ähnelt das menschliche Gebiß weder dem Fleischfresser noch dem Pflanzenfresser. Man wird daran denken müssen, daß *allein* beim Menschen das Gebiß auch ein *Sprach*werkzeug ist. Jede Lücke zwischen Vorder- und Hinterzähnen fehlt. Daneben trägt es aber Züge, die jedes Pflanzenfressergebiß trägt: viermal 5 Backenzähne mit breiten Kauflächen und ziemlich langen Kronen liegen eng aneinander. Die gewaltige Kaumuskulatur und die Reißzähne des Raubtieres fehlen. Wie das Raubtier besitzt der Mensch aber sehr kräftige Schneide- und Eckzähne, verhältnismäßig lange Wurzeln und kurze, kräftige Unterkieferäste. Das menschliche Kiefergelenk ermöglicht kleine Bewegungen nach vorn und nach der Seite und steht darin zwischen Fleisch- und Pflanzenfresser. Wenn man im spitzzahnigen Milchgebiß das bleibende Gebiß längst zurückliegender Entwicklungsstufen sieht, dann hat das Menschengebiß damals noch mehr an ein Fleischfressergebiß erinnert als

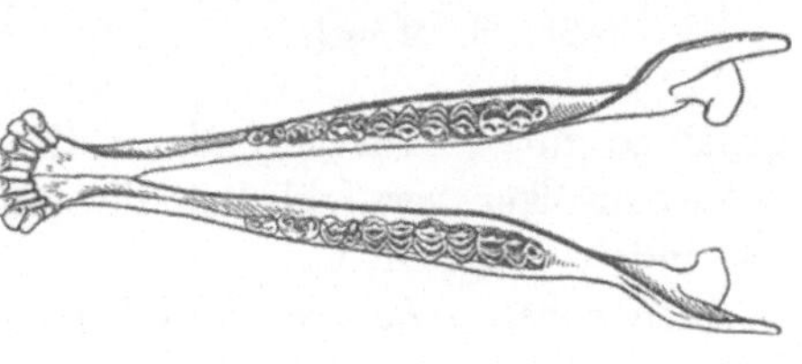
Abb. 18. Unterkiefer des Hirsches.

heute. Das war aber lange vor den Zeiten, aus denen die ersten Menschenfunde stammen. Das Gebiß des Homo Heidelbergensis — es soll 200000 bis 400000 Jahre alt sein — unterscheidet sich in nichts grundsätzlich vom Gebiß des heute lebenden Menschen. Man muß deshalb *das menschliche Gebiß als ein Pflanzenfressergebiß mit gewissen Fleischfresserformen* bezeichnen. Unser Gebiß setzt uns in höchst zweckmäßiger Weise instand, vorwiegend von pflanzlicher oder aber auch —

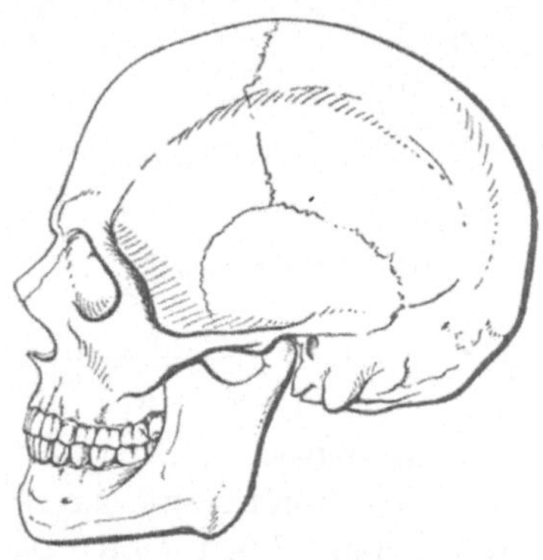

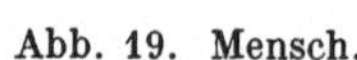

Abb. 19. Mensch.

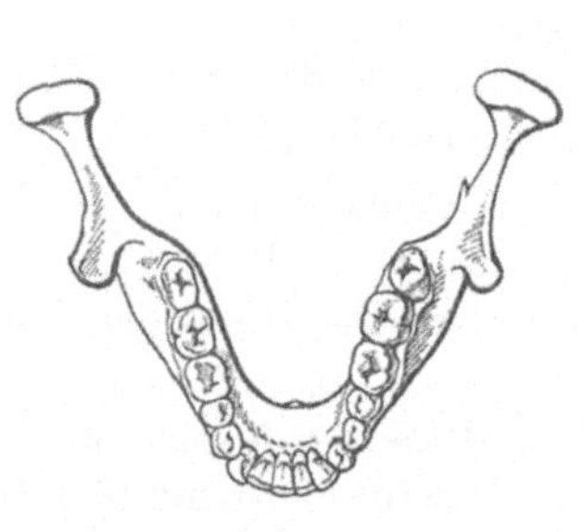

Abb. 20. Unterkiefer des Menschen.

genau so gut! — vorwiegend von tierischer Nahrung zu leben. Ackerbauvölker verwirklichen die eine, Jäger und Nomaden die andere Möglichkeit.

Auch sonst steht der Mensch in Bau und Funktion seiner Verdauungsorgane zwischen Fleisch- und Pflanzenfresser. Lippen und Zunge als Werkzeuge der Nahrungsaufnahme haben für uns nicht die Bedeutung, die sie bei Pferd, Rind und anderen Pflanzenfressern besitzen. Große *Ohrspeicheldrüsen,* das Zurücktreten der seelisch bedingten *Speichelabscheidung* gegenüber der mechanisch bedingten, ununterbrochener Speichelfluß und *große Magendarmoberfläche mit Gärkammern* kennzeichnen den Pflanzenfresser. In der maßgebenden Bedeutung seelischer Einflüsse auf die *periodische* Speichel- und Magensaftabscheidung, in seinen kaum ausgebildeten Gärkammern, seinem periodisch leeren Magen und dem hohen *Salzsäuregehalt seines Magensafts* steht der

Mensch dem Fleischfresser näher als dem Pflanzenfresser. Der menschliche *Darm* ist kürzer als der Darm des Pflanzenfressers, länger als der Darm des Fleischfressers.

Was uns Menschen und allen Fleischfressern fehlt, *was der Pflanzenfresser aber in hohem Maß besitzt, das ist die Fähigkeit, zellulosereiche Pflanzenhüllen zu verwerten und mit geringer Eiweißzufuhr leistungsfähig zu werden und zu bleiben.* Die Unangreifbarkeit der Zellulose für die körpereigenen Verdauungssäfte macht uns ja eine Ernährung mit Gras und Laub nach Pflanzenfresserart unmöglich. Zellulose und andere Stoffe werden zwar durch die körpereigenen Verdauungssäfte des Pflanzenfressers auch nicht angegriffen. Die Natur hat aber diese, für das ganze Leben auf der Erde höchst bedeutsame Frage überraschenderweise anders gelöst: Einzelne Darmabschnitte des Pflanzenfressers erweitern sich, werden „*Gärkammern*". Solche Gärkammern sind der ein- oder mehrhöhlige Magen und der Dickdarm. In den Gärkammern stürzen sich gewaltige Massen kleinster Lebewesen auf die Nahrung, bauen ab, bauen auf, und ermöglichen dadurch dem Körper die Ausnutzung einer sonst unausnutzbaren Nahrung. Je pflanzenreicher die Nahrung, desto größer die Gärkammern. Der Hauptgärungsort des mehrhöhligen Wiederkäuermagens ist der *Pansen.* Verschiedene Bakterienarten *spalten hier Zellulose,* zelluloseähnliche Stoffe, Stärke und Zucker. Pflanzliche Fermente und Infusorien (einzellige Tiere) treten im Pansen an Bedeutung zurück. Die Pansenbakterien machen sich aber nicht allein durch ihre Spaltfähigkeit nützlich: Sie *bauen Vitamin B auf* und — aus organischen und anorganischen Stickstoffverbindungen — anscheinend *auch Eiweiß.* Vermöge seiner Symbiose mit Bakterien und Infusorien kann der Pflanzenfresser also auch wertvolle Eiweißstoffe aufbauen! Das ist biologisch höchst bedeutungsvoll. Die Infusorien — bei Schafen 1—3 Milliarden im Liter Panseninhalt — besorgen außerdem die *Lockerung und Zerteilung des Speisebreies.* Nicht wiederkauende Pflanzenfresser haben den Anfangsteil des Dickdarms, den *Blinddarm,* zur Gärkammer ausgebaut. Hier entfalten Bakterien und Infusorien ihre Spalt- und Aufbautätigkeit. Das Pferd soll $^1/_4$

bis $^1/_3$ seines täglichen Eiweißbedarfs mit dem von seinen Infusorien aufgebauten Eiweiß decken können.

Der menschliche Körper besitzt solche Gärkammern nicht. Sein Blinddarm ist klein und für die Verdauung praktisch belanglos. Die Dickdarmbakterien spalten wohl Zellulose; einen wesentlichen Nutzen hat der Körper davon aber nicht. Die wahre Bedeutung der menschlichen Darmbakterien kennen wir noch nicht.

Alle diese *Verschiedenheiten zwischen Pflanzenfresser- und Fleischfresserverdauung* wirken dahin, daß ein und dieselbe Nahrung bei jeder Tiergattung anders ausgenützt wird. Man darf nicht ohne weiteres aus der Brotausnutzung des Kaninchens auf die Brotausnutzung des Hundes oder Menschen schließen. Nach Bau und Leistungsfähigkeit seiner Verdauungsorgane steht der Mensch zwischen Fleisch- und Pflanzenfresser. *Es gibt keine Einheitsernährung für alle Säugetiere!* Nichts ist unbiologischer als die heute immer wieder erhobene Forderung, wir sollten „natürlicher" werden und uns an der Ernährung der Tiere ein Beispiel nehmen. So einfach geht das leider nicht! (Vgl. Abschnitt XIV.)

Jede Ernährungsweise hat ihre Vorzüge und ihre Schattenseiten. Der Fleischfresser entgeht der Belastung mit großen Futtermassen und der starken zeitlichen Beanspruchung durch Nahrungsaufnahme und Kauen wie sie die pflanzliche Ernährung mit sich bringt. Auf der anderen Seite ist der Kreis seiner Lebensmöglichkeiten enger, gebunden an die Existenz des Pflanzenfressers. Konzentrierte Kraftentfaltung erfordert die Beschaffung der Fleischfressernahrung — gleichmäßige Dauerleistungen werden vom Pflanzenfresser verlangt. Wie in der Leistung jedes einzelnen seine Sinne, so wird der Mensch auch in der Leistung jedes einzelnen seiner Verdauungsorgane von diesem oder jenem Tier übertroffen. Nimmt man aber die Leistung der menschlichen Verdauungsorgane als Ganzes, dann gibt gerade diese Kombination von Fähigkeiten dem Menschen sein ungewöhnlich großes Anpassungsvermögen an verschiedenste Ernährungsbedingungen und Ernährungsmöglichkeiten.

X. Durst — Hunger — Appetit.

Die Natur hat es nicht der Einsicht unseres Verstandes überlassen, ob wir essen und trinken wollen oder nicht. Allzu wenig gesichert wären dadurch die stofflichen Voraussetzungen des Lebens. Der eine nähme sich keine Zeit zum essen, der andere hätte keine Lust; ein dritter vergäße es und der vierte unterließe es aus religiöser Überzeugung. Mit eiserner Faust erzwingt die Natur die Ausübung lebensnotwendiger Tätigkeiten. Diese eiserne Faust sind die Triebe: Der Trieb zur Selbsterhaltung, der Trieb zur Geltung, der Trieb zur Fortpflanzung und nicht zuletzt der Hunger und der Durst. Drängend und quälend fühlen wir die ungestillten Triebe — mit Lust und Ruhe lohnt die Natur ihre Befriedigung. Zwar vermag der Mensch seine Triebe zu *lenken*. Von der Persönlichkeit des einzelnen und der Gewalt seiner Triebe hängt es ab, wieweit das möglich ist. Von einem souveränen *Beherrschen* kann bei keinem Menschen die Rede sein. Und der Arzt sieht oft genug, wohin mißglückte Trieblenkungsversuche führen können.

Ohne *Wasser* kein Leben! So erstaunlich die Widerstandsfähigkeit einfachster Lebewesen gegen Austrocknung sein mag — ganz ohne Wasser sind auch sie nicht für Bruchteile einer Sekunde lebensfähig. Zu 60% besteht der Erwachsene, zu 70% der Neugeborene aus Wasser; lebhaft tätige Organe sind besonders wasserreich (75—80% Wasser). Durch Nieren, Haut, Darm und Atemwege verliert der Körper ständig Wasser. Diese Verluste müssen ersetzt werden, und schwere Störungen treten auf, wenn die Gewebe mehr als 10% ihres Wassers verlieren. Es ist kein Zufall, daß es Hungerkünstler, aber keine Durstkünstler gibt. Der Durst ist die unwiderstehliche Macht, die eine ausreichende Wasserversorgung des Körpers erzwingt.

Durst nennen wir den Drang nach Wasser. Wie kommt es zu diesem Trieb? Maßgebend ist der Wasserbestand des

Körpers. Weit verstreut im Körper, gehäuft vor allem in der Nähe der Blutgefäße liegen stecknadelkopfgroße Gebilde, die Vater-Pacinischen *Körperchen*. In ihrem Bau gleichen sie den Osmometern der Technik (Osmometer zeigen Veränderungen des osmotischen Drucks, d. h. der Konzentration einer Lösung an). Manches spricht nun dafür, daß die Vaterschen Körperchen die Aufgabe haben, den Wassergehalt der Gewebe zu überwachen. In jedem endet ein kleiner Nerv, und dieser Nerv leitet den Reiz, den ein Anstieg oder Abfall des osmotischen Drucks darstellt, zu gewissen Bezirken des Zwischenhirns weiter. Das Zwischenhirn bildet zusammen mit der Hypophyse — der „Meisterdrüse", wie man sie genannt hat — eine Steuerzentrale für viele hoch organisierte Stoffwechselvorgänge. Nerven, Hormone und Mineralstoffe arbeiten hier in höchst verwickelter Weise zusammen. Im Hypophysen-Zwischenhirnsystem strömen die Meldungen der Außenstationen zusammen, hier werden sie miteinander verknüpft, von hier aus gehen Befehle, „Reize" nach den Außenstationen. Und von alledem „merken" wir nichts!

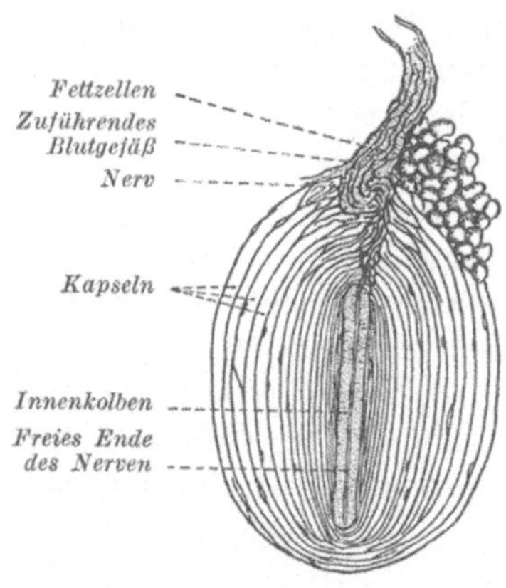

Abb. 21. Vatersches Körperchen. (Nach Schade.)

Was geschieht nun, wenn die Vaterschen Körperchen „Wassermangel" melden? Kommt diese Meldung zum Zwischenhirn, dann sendet dieses Reize aus, die auf der einen Seite eigenartige *Bewegungen der Speiseröhre* auslösen, auf der andern Seite in unserem Bewußtsein das *Gefühl „Durst"* entstehen lassen. Tatsächlich *ist* „die Kehle trocken", wenn wir Durst haben. Man kann sich aber leicht davon überzeugen, daß es nicht allein die Trockenheit der Kehle ist, was den Durst ausmacht: Das Gift der Tollkirsche, das Atropin, macht die Schleimhäute trocken; was man dabei empfindet, ist aber nicht eigentlich *Durst,* sondern *Trockenheit,* Feuchtigkeitsbedürfnis im Rachen. Man könnte vielleicht sagen: es ist sehr zweckmäßig, daß der Rachen trocken wird, wenn der Körper Wasser braucht. Dadurch wird der Mensch unmißverständlich eingeladen, gerade diese Gegend mit Wasser in Berührung zu bringen — zu trinken. Die „natürliche" Art der Wasserzufuhr ist eben das Trinken, wenn man auch den Durst auf andere Weise stillen kann: Kranke, die nicht trinken dürfen, bekommen das nötige Wasser durch Einlauf in den Darm oder unter die Haut gespritzt. Das *Durstgefühl* ist, wie alles Bewußte, an die Tätigkeit des Großhirns gebunden. Meist trinken wir aber ohne *bewußten* Durst und großhirnlose Tiere trinken regelmäßig, obwohl sie keinen Durst mehr empfinden können. In beiden Fällen veranlaßt das Zwischenhirn die nötige Wasserzufuhr.

Je mehr Wasser der Körper verliert, desto größer wird der Durst. 20 Liter Schweiß am Tag sind in feuchtheißem Klima keine Seltenheit. Nach so gewaltigen Schweißen sieht man Benommenheit, Krämpfe und Aufregungszustände („Hitzekrämpfe"). Man hat diesen Kranken natürlich von jeher reichlich zu trinken gegeben, sich aber gleichzeitig immer gewundert, daß das eigentlich nichts half. Schlagartig verschwinden indessen die schwersten Krankheitserscheinungen, wenn man *Salz*wasser gibt! Diese Erfahrung ist für das Verständnis des Durstes von größter Bedeutung. Im Schweiß, ebenso wie im Harn und im Erbrochenen, verliert der Körper nicht nur Wasser sondern auch Kochsalz. Er verarmt *an Wasser und an Salz.* Die Gewebe können jedoch Wasser nur festhalten, wenn ihnen gleichzeitig genügend Kochsalz zur Verfügung steht. Ein *salzarmer* Körper kann auch nur wenig *Wasser* binden. Darin liegt der Grund für die Nutzlosigkeit der bloßen Wasserzufuhr bei Hitzekrämpfen: Wie das Wasser in den Körper hineinkommt, so läuft es hinaus. Es läuft hinaus — und dadurch verschlimmert sich das Übel — unter Mitnahme von Salz, denn weder Niere noch Haut können *reines* Wasser, Wasser *ohne* Salz ausscheiden. So ergibt sich die merkwürdige Tatsache, daß der Zustand um so schwerer wird je mehr Wasser der Kranke trinkt.

Ähnliche Dinge sind allgemein bekannt: Ein heißer Sommertag in den Bergen. Stundenlang geht es bergan. In Strömen fließt der Schweiß. Wer sich da an jeder Quelle vollpumpt, wird nur immer durstiger. Mit doppelter Wucht bricht der Schweiß jedesmal neu hervor. Jedesmal geht Kochsalz verloren, weil der schon salzarm geschwitzte Körper das reine Quellwasser nicht mehr festhalten kann. Mit jedem neuen Schweißausbruch verarmt der Körper noch mehr an Salz, mit jedem neuen Schweißausbruch wird der kaum gestillte Durst größer. — Man hört manchmal, der Durst ließe sich auch mit kaltem Abwaschen stillen. Das ist nicht richtig. Durch die Haut hindurch kommt kein Wasser in den Körper. Das Waschen hat nur den erfrischenden Reiz der Abkühlung, die das Durstgefühl vorübergehend zurückdrängt und dem Körper die Abgabe von kühlendem Schweiß für kurze Zeit erspart.

Und der *„Brand"* am Morgen nach der Kneipe! Bier ist arm an Salz und reich an harntreibenden Stoffen. Die Niere muß viele Liter Wasser wieder hinausschaffen. Das kann sie aber nur, indem sie Salz mitnimmt. Der Körper wird arm an Salz, damit auch arm an Wasser — Signal: Durst! Lange ehe die Wissenschaft die Zusammenhänge von Wasser und Kochsalz durchschaute, kannte die Erfahrung die „Heilwirkung" des Salzherings. Der gesalzene Radi und die Salzbrezel sind höchst zweckmäßige Erfindungen!

Umgekehrt gilt bekanntlich genau dasselbe: *Salzreiches Essen* — z. B. das versalzene Essen zweitklassiger Bierlokale — macht Durst, weil der Körper zu dem vielen Salz auch mehr Wasser braucht. Dazu kommt die *örtliche* Wirkung des Salzes auf die Mund- und Rachenschleimhaut. Dort entsteht ein Trockenheitsgefühl und verleitet zu größeren Getränkemengen als zur bloßen „Absättigung" des Salzüberschusses im Körper nötig wäre. Man kann sich leicht davon selbst überzeugen: 3 g Kochsalz als Salzwasser getrunken machen sehr viel durstiger als 3 g Kochsalz in einer Oblate verschluckt.

Sind wir von einer Sache völlig gefangen, dann *vergessen* wir Essen und Trinken. Oft genug kommt der Durst, wenn einer vom Trinken redet, wenn Wasser plätschert, wenn andere trinken und wenn man etwas Trinkbares sieht. Ein richtiger Durst kann dabei kommen wie nach starkem Schwitzen. Im 8. Abschnitt war davon die Rede, daß die bloße *Vorstellung* leckerer Speisen Speichel und Magensaft fließen läßt. Ganz ähnlich *können lebhafte Vorstellungen Durst machen*. Eine „Schaltstelle" im Zwischenhirn löst, wie wir jetzt wissen, das Gefühl des Durstes aus, sobald ihr von den Geweben bestimmte Reize zufließen. Dieser Schaltstelle können aber offenbar auch Reize vom Großhirn, „Durstvorstellungen", zufließen, die zur gleichen Endwirkung, d. h. zur Auslösung von Durst, führen. Wie beim Essen zeigt auch beim Trinken der Suggestionsversuch das untrennbare Ineinandergreifen von Körperlichem und Seelischem. Gibt man in Hypnose die Suggestion: „Sie trinken ein Glas Wasser", dann setzen im Blut Verschiebungen der Eiweißkörper, der Mineralien und des Wassers ein — genau wie nach dem tatsächlichen Trinken eines Glases Wasser.

Wir müssen jetzt einmal einen *Blick auf das Krankhafte* werfen, weil daraus das Gesunde besser verständlich wird. In der Nähe des Durststeuerungszentrums im Zwischenhirn und eng verbunden mit ihm, liegt das Steuerungszentrum für die Wasser- und Salzausscheidung durch die Niere. Erkrankt dieses Zentrum, dann scheidet die Niere hemmungslos Wasser aus: 10, 20, ja 40 und 50 Liter Harn täglich. Ein ständiger quälender Durst ist die natürliche Folge. Den ganzen Tag hängen die Kranken an der Wasserleitung. Die Klinik bezeichnet den Zustand als Diabetes insipidus, als *Durstkrankheit*. Es hat sich nun die überraschende, man möchte fast sagen, erschreckende Tatsache herausgestellt, daß dieses Wasserausscheidungszentrum auch durch *seelische* Dinge beeinflußt werden kann! Unmittelbare Beeinflussungen von höheren Gehirnzentren aus bedeutet es, wenn seelische Erlebnisse in einer Durstkrankheit körperlichen Ausdruck gewinnen können. Ein Beispiel: Das wenige Monate alte Kind eines ganz gesunden Mannes fällt in einen Topf mit kochendheißem Wasser und stirbt 3 Tage später an den Folgen der Verbrühung. Der Vater leidet seitdem an dauerndem Durst und trinkt täglich 10—15 Liter Wasser. Die schwere seelische

Erschütterung hat bei ihm eine (übrigens geheilte) Durstkrankheit entstehen lassen.

Und noch eine Tatsache mag in diesem Zusammenhang genannt werden. Sie ist fast noch unheimlicher: Zwingt man sich ein paar Tage lang, viel zu trinken — 5, 10 Liter und mehr — dann kostet das anfangs einige Überwindung. Bald geht es aber leichter und wenn man nach 8 oder 14 Tagen zum gewohnten Maß zurückkehren will, dann wird plötzlich erschreckend klar: Man *kann* nicht mehr aufhören! Entsagungsvolle Wissenschaftler haben in solchen Versuchen bis zu 18 Liter Wasser täglich getrunken. Es entwickelten sich bei ihnen alle körperlichen Zeichen echter Durstkrankheit. Nur mit Aufbietung größter Energie gelang es, zu normalen Trinkwassermengen zurückzukehren. Ein höchst gefährliches Spiel!

Wir müssen also mit der Möglichkeit rechnen, daß aus seelischen Ursachen entstandene Durstzustände zu Veränderungen von Tätigkeit und Bau des Zwischenhirnzentrums führen können, die kaum — und schließlich nicht mehr — ausgleichbar sind. Ist es erst soweit gekommen, dann läßt sich die Durstkrankheit *seelischen* Ursprungs von der Durstkrankheit *körperlichen* Ursprungs nicht mehr unterscheiden, weil eben schließlich *bei beiden Krankheitszuständen Bau und Funktion des Zwischenhirns verändert* sind.

An einem anderen Beispiel läßt sich vielleicht die Entstehungsweise körperlicher Veränderungen aus seelischer Ursache noch deutlicher zeigen. Seelische Erregungen können zu krampfartigen Zusammenziehungen der kleinsten Blutgefäße und Blutdrucksteigerung Veranlassung geben. Kommt es sehr oft zu solchen Krampfzuständen, dann leidet die Elastizität der Blutgefäßwände, sie werden starr, der Blutdruck bleibt erhöht. Die weiteren Folgen greifbar körperlicher Natur sind Durchblutungsstörungen, Nierenschädigung, Blutungen in verschiedene Organe.

Die bewußte Durstempfindung entsteht durch Vermittlung des Zwischenhirns im Großhirn aus Veränderungen der Körpergewebe. *Das Großhirn beeinflußt aber umgekehrt auch die Steuerungsmechanismen des Zwischenhirns.* Die Erkenntnis dieser Wechselseitigkeit hat große Bedeutung. Erklärt sie uns doch die Macht der Gewohnheit. Viele Menschen haben sich an vieles Trinken gewöhnt. Sie sind dazu gekommen, weil es in ihrem Kreis üblich ist, weil es ihnen gut schmeckt, aus Langeweile, aus „Nervosität". Sie brauchen nicht so viel zu trinken — pflegt man zu sagen, und man hat damit recht und nicht recht. An sich „braucht" ihr Organismus natürlich nicht mehr Wasser als der Organismus anderer Menschen. Infolge der fortgesetzt reichlichen Wasserzufuhr hat sich aber ihr Wasserausscheidungszentrum auf große Wassermengen eingestellt. Nur schwer, vielleicht kaum mehr, läßt es sich umstellen. Und deshalb „brauchen" diese Menschen eben *wirklich* mehr Wasser. Was ursprünglich freiwillig war, ist Gewohnheit, Gewöhnung, Zwang geworden.

Jeder kennt die eigentümlich drückende oder schnürende Empfindung, die sich bald mehr im Oberbauch, bald mehr im Hals oder im Rachen bemerkbar macht — jene Empfindung, die man *Hunger* nennt. Gefühle von Leere, Müdigkeit, Unruhe, Konzentrationsunfähigkeit können dazukommen. Hunger treibt die Menschen zur Arbeit, Hunger läßt Entdeckungen und Erfindungen entstehen, Hunger — und sein Bruder, der Durst — macht Feinde aus Freunden, zerschlägt die Bindungen der Gesellschaft, der Liebe, der Pflicht, der Selbstachtung. Hunger treibt die Völker in Haß und Krieg.

Es ist eine gefährliche Macht, die da im Menschen entstehen kann. Was ist sie? Woher kommt sie? Die Sprache gebraucht das Wort „Hunger" in verschiedenem Sinn. Als Hunger bezeichnet sie bestimmte *Empfindungen und Gefühle*, daneben aber den *Zustand* der Unterernährung, auch wenn er nicht mit Hungerempfindungen verknüpft ist. Wenn wir von Gewebehunger, Eiweißhunger, Hunger nach Macht, Sonnenhunger sprechen, gebrauchen wir das Wort Hunger gleichbedeutend mit *Bedarf*, *Bedürfnis*, *Verlangen*.

Die eigentümliche Verbindung von Empfindungen und Gefühlen, die wir Hunger nennen, kommt — wie wir aus Erfahrung wissen — zustande, wenn der Körper Nahrung braucht. Trotz jahrzehntelanger Bemühung wissen wir noch nicht sicher, welche Veränderungen der tätigen Gewebe es letzten Endes sind, die die Meldung: Nährstoffbedarf ausschicken. Eine Zeitlang herrschte die Lehre des russischen Physiologen Iwan Pawlow (1849—1936) von der Abscheidung des Magensafts als der wesentlichsten Bedingung des Hungergefühls: *Hunger ist Magensaft.* Klinische Beobachtungen erwiesen die Unzulänglichkeit dieser Lehre. Zwar ist es richtig, daß man mit Gewürzen und Alkohol die Magensaftabscheidung in Gang bringen und gleichzeitig Nahrungsverlangen auslösen kann. Der Appetit kommt bekanntlich beim Essen. Es können aber Menschen mit ganz unzureichender Magensaftabscheidung und Menschen ohne Magen hungrig werden wie andere auch.

Andere Forscher wollten in Zusammenziehungen des leeren Magens, den sogenannten *Hungerkontraktionen,* die Ursache des Hungergefühls und der Hungerempfindungen sehen. In der Tat treten Hungerkontraktionen und Hungerempfindungen meist gleichzeitig auf. Die Kontraktionen gehen der Hungerempfindung voraus. Man kann aber Hunger empfinden, auch wenn der Magen noch nicht leer und selbst wenn er, wie gesagt, operativ entfernt ist. — Ebensowenig bestehen gesetzmäßige Beziehungen zwischen Hunger und dem *Zuckergehalt des Blutes.* Unbekannt ist die Ursache des Hungerschwundes — fälschlich spricht man meist von „Appetitlosigkeit" — bei unzureichender Vitamin B_1-Zufuhr und bei vielen Krankheiten. Alles in allem: Wir wissen nicht, welcher Art Reize das nahrungsbedürftige Gewebe aussendet, wie der Gewebehunger zum Hunger des Individuums wird. Wie dem auch sei — der Nahrungsmangel wird an eine Zentralstelle gemeldet und von dort aus entstehen Hungergefühl und Hungerempfindung. *Diese Zentralstelle „Hunger" liegt in der Nähe der Zentralstelle „Durst" im Zwischenhirn.*

Die *Vorgänge im Zwischenhirn* können, genau wie beim Durst, auch ohne bewußt zu werden, das Lebewesen zur Nahrungsaufnahme veranlassen. Der Frosch ohne Großhirn und der Neugeborene, dessen Großhirn noch nicht in Tätigkeit ist — beide streben nach Nahrung ohne bewußte Hungerempfindung. Bei krankhaften Störungen der Zwischenhirnsteuerung, z. B. bei der „Kopfgrippe", kann es zu krankhafter Gefräßigkeit kommen. Auf arteriosklerotischen Zwischenhirnveränderungen beruht das Vielessen, das man gelegentlich bei alten Männern findet.

Vom Zwischenhirn aus kann die normale *Zueinanderordnung von Brennstoffbedarf des Körpers und Hunger* gelockert werden. Hunger ohne entsprechenden Bedarf führt zu Fettleibigkeit — Bedarf ohne entsprechenden Hunger zu Abmagerung. Bei Störungen von Hormondrüsen kann der Bedarf des Körpers so stark erhöht sein, daß ihm auch ein gesteigerter Hunger nicht mehr deckt und der Mensch trotz allen Hungers *abmagert.* Das ist z. B. bei der Basedowschen Krankheit der Fall. *Fettleibigkeit* entsteht, wenn der Mensch mehr ißt, als er braucht. Ein bißchen lieblos hat man von Mastfettsucht oder Faulheitsfettsucht gesprochen. Dabei handelt es sich aber immer um gleichzeitige Störungen der Stoffwechselsteuerungen, denn der gesunde Körper hält eben sein Gewicht auch bei wechselnder Brennstoffzufuhr annähernd fest: Er verbrennt mehr, wenn er viel bekommt, er verbrennt weniger, wenn er knapp gehalten wird. Das ist sehr zweckmäßig, denn der Hunger allein würde nicht genügen, das Körpergewicht über Jahre hin auf gleicher Höhe zu halten. 5 g Fett am Tag zuviel — Hunger und Appetit können so ein winziges Zuviel nicht wahrnehmen — machen im Jahr 2 kg und in 10 Jahren Fettleibigkeit! — Reißen bestimmte Gewebe krankhaft gierig Nahrung an sich, nur um sie festzuhalten und abzulagern, dann steht dem Körper bei gleichbleibender Zufuhr für seine Bedürfnisse weniger Nahrung zur Verfügung. Obwohl also nicht mehr geleistet wird, wächst der Hunger, weil „alles zu Fett“ wird.

Jede bewußte Empfindung ist an das Großhirn gebunden. *Bewußte Hungerempfindung und Hungergefühl* kommen also erst zustande, wenn das *Zwischenhirn* die eingelaufenen Meldungen „nach oben“ weitergibt. Vielleicht bringt das Zwischenhirn auch die Hungerbewegungen des Magens in Gang mit der „Absicht“, uns den Hunger eindrucksvoller zum Bewußtsein zu bringen. Je niedriger ein Tier in der Stammesentwicklung entsteht, desto weniger entwickelt ist sein Großhirn, desto selbständiger arbeitet sein Zwischenhirn.

Es wird aber nicht nur das Großhirn vom Zwischenhirn aus, sondern auch das Zwischenhirn vom *Großhirn* aus beeinflußt. Auf diesem Weg gewinnt Seelisches Einfluß auf das Hungergefühl: Freude, Ekel, Trauer, Wollen und Denken. Auf diesem Weg kann der Mensch — der eine mehr, der andere weniger — seinen Hunger verlieren, vergessen, erregen oder willensmäßig beherrschen. Angst vor Hunger macht Hunger. Man bekommt Hunger, wenn Erinnerungen an gutes Essen wach werden. Ein einladend gedeckter Tisch, ein gutes Restaurant, ein leckerer Geruch kann so wirken. Pawlow nannte das „bedingte Reflexe" — bedingt, weil sie durch Verknüpfung von Sinneseindrücken mit Erfahrung *bedingt* sind und nicht *ohne* vorausgehende Erfahrung, d. h. *unbedingt,* ablaufen.

Wir müssen mit der Möglichkeit rechnen, daß aus nachhaltigen seelischen Erlebnissen körperliche Veränderungen entstehen und daß diese Veränderungen — ähnlich der Durstkrankheit — die seelischen Zustandsänderungen überdauern. Lang dauernde Nahrungsenthaltung und Unterernährung scheint die Steuerungssysteme des Zwischenhirns und der Hormondrüsen zu schädigen. Der Hunger kehrt dann auch nach Beseitigung der Ursache der Nahrungsenthaltung oder Unterernährung — Not, Hungerstreik, Schwermutszustand — nur unvollkommen zurück.

Umgekehrt kann gewohnheitsmäßiges Vielessen zu wirklich größerem Hunger führen. „Ein Vielfraß wird nicht geboren, sondern erzogen." Daß Erkrankungen des Großhirns — Entzündungen, Gewächse, Kreislaufstörungen — die Tätigkeit niederer Gehirnteile und damit die Nahrungsaufnahme in ähnlicher Weise beeinflussen können, mag nur nebenbei erwähnt werden.

Wenn wir hungrig sind und zu essen haben, so viel wir wollen, dann essen wir, bis wir *satt* sind — wenigstens tun das die meisten Leute. Was satt sein heißt, verstehen wir aber nur, wenn wir neben dem Hunger auch die Bedeutung des Appetits kennen. Ehe wir von der Sättigung reden, müssen wir uns also mit dem Appetit beschäftigen.

Wenn *„Hunger"* den *Trieb nach Nahrung überhaupt* bezeichnet, dann bezeichnet *„Appetit"* den Trieb, die *Lust* *nach bestimmten Nahrungsmitteln.* Hunger bezeichnet den quantitativen, Appetit den qualitativen Nahrungstrieb. Wir müssen in jedem Fall überlegen, wieweit ein Nahrungsverlangen Hunger und wieweit es Appetit ist. Wenn wir ganz „ausgehungert" sind, heißhungrig, dann wählen wir nicht mehr lange. Alles Eßbare ist uns recht. Von auswählendem Appetit kann nicht mehr die Rede sein — nur noch von Hunger. Je weniger „heiß" der Hunger, desto mehr tritt der Appetit in den Vordergrund. Pellkartoffeln „kann" man dann nicht mehr, wenn man Butterbrot und Obst und Kuchen noch sehr gut „kann". Ein leckerer Nachtisch findet auch nach einem reichlichen Diner noch Platz — ganz ohne Hunger.

Das *Appetitgefühl* läßt sich kaum beschreiben. Mit bestimmten sinnlichen Empfindungen ist es nicht immer verbunden. Hunger und Appetit steigern aber — vor allen Dingen beim Tier! — die Empfindlichkeit der Sinne.

Der Appetit sagt: Iß dies! — Iß jenes! Woher weiß er aber, was er wählen soll? Er weiß es nicht aus urtümlichen Verbindungen von Nahrung und Körper, nicht aus einem dunklen „Instinkt" heraus, er weiß es — und das müssen wir uns immer vor Augen halten — aus *Erfahrung.* Die Erfahrung hat uns gelehrt, welche Empfindungen und Gefühle mit dem Essen eines Apfels, eines Stück Fleisches, einer Scheibe Brot verknüpft sind. Manche Dinge schmecken oder riechen so unangenehm, daß wir sie von vornherein und ein für allemal ablehnen. Wir haben also *gelernt,* wie uns die einzelnen Nahrungsmittel bekommen. Wir haben gleichzeitig gelernt, *daß* sich gewisse, unangenehme drängende Gefühle und Empfindungen am angenehmsten und schnellsten durch ganz bestimmte Nahrungsmittel beseitigen lassen. Ganz rätselhaft bleibt freilich, *wie* sich der Mangel an ganz bestimmten Nährstoffen in eindeutig gerichteten Appetit umsetzt. Es ist keine Erklärung, wenn man eine Theorie aufstellt und sagt: aus dem Mangel heraus entstehen Zustandsänderungen im Körper, unter anderem auch Zustandsänderungen in den Sinnesorganen von Mund und Nase — und wenn man dann diese Zustandsänderungen nicht *nachweisen* kann. Diese Änderungen sollen die Geschmacksempfindungen für gewisse Stoffe umstellen, so daß das Lebewesen angeregt wird, bestimmte Stoffe zu suchen.

Niemals kann sich der Appetit auf Dinge richten, die man noch nie gesehen hat, von denen man noch nie etwas gehört hat und die an nichts Bekanntes erinnern. Vor Dingen, zu deren Beurteilung weder eigene noch fremde Erfahrungen zu Gebote stehen, versagt der Appetit. Da gibt er keine (oder eine falsche) Antwort auf die Frage: Erstrebenswert oder nicht? Lockende neuartige Zusammenstellung bekannter Dinge kann man sich natürlich leicht ausdenken. Nur der Erfahrene aber kann sagen: Ich habe jetzt Appetit auf einen Apfel, ich habe Lust auf eine Scheibe Wurst. Bei manchen Kranken kann man dieses Erfahrung-Sammeln-Müssen miterleben: Nach großen Insulingaben tritt gelegentlich ein eigentümliches unangenehmes Gefühl auf, das der unerfahrene Kranke von sich aus nicht zu beseitigen weiß. Er muß erst allmählich herausfinden oder vom Arzt lernen, daß es nach 1 oder 2 Stück Zucker sofort verschwindet.

Appetit und Appetitbefriedigung sind demnach an eine Reihe von Voraussetzungen geknüpft: An die zuverlässige Funktion der Sinne, an ein leistungsfähiges Gedächtnis, an die regelrechte Tätigkeit der Nahrungsaufnahme- und Verdauungsorgane, und nicht zuletzt an die Möglichkeit einer Nahrungswahl.

Nach tausendfältigen Erfahrungen steht es außer Zweifel, daß der *Appetit in vielen Fällen einen Bedarf anzeigt*. Das Verlangen nach Brot entsteht, weil dem Körper irgendein Stoff fehlt, der im Brot enthalten ist — vielleicht Stärke. Der Appetit richtet sich auf Brot und nicht auf Stärke oder Vitamin oder Salz, weil der Körper ja niemals Gelegenheit gehabt hat, die besondere Art der Appetitbefriedigung kennenzulernen, die mit dem Genuß von Stärke verknüpft ist. Immer und überall hat es die Menschheit gelernt, ihren Nahrungsbedarf mehr oder minder vollständig zu decken. Es ist ganz erstaunlich, wie immer wieder neue Mittel und Wege zur Sicherung der stofflichen Grundlagen des Lebens, zur Befriedigung der tausendfältigen Bedürfnisse des Organismus gefunden worden sind. Die Erfahrung hat die Menschen aller Erdteile zu annähernd dem gleichen Eiweißverzehr gebracht. Die Erfahrung lenkte den Appetit der Eskimos auf die mit Pflanzenresten gefüllten Eingeweide des Beutetieres, sie führte die vom Skorbut bedrohten Seefahrer der alten Zeit zum Sauerkraut. Alteingewurzelte Ernährungsgewohnheiten dienen meist in irgendeiner Weise der Versorgung mit lebensnotwendigen Nährstoffen.

Aber *nicht jeder Bedarf äußert sich als Appetit*. Der Appetit ist eben *kein* Trieb, der sich mit unfehlbarer Sicherheit *immer* einstellt, wenn dem Körper ein notwendiger Nährstoff fehlt. Er ist keine Macht, die den Menschen dazu zwingt, *alles* nötige seinem Körper zuzuführen. Die Geschichte der Ernährungskrankheiten zeigt eindrucksvoll, daß Mangelernährung nicht selten die Ursache von Krankheiten ist, ohne daß sich die Menschen über diese Ursachen klar sind. Erst die ärztliche Forschung deckt die Zusammenhänge auf: Jahrhundertelang erkrankten die ostasiatischen Reisesser an Beriberi — der holländische Arzt Eijkman mußte ihnen im Jahre 1897 zeigen, daß die Samenschalen desselben Reiskorns die Krankheit heilen. Die naturnahen Tiroler Bauern haben nie selbst gemerkt, daß sie kropfig wurden aus Mangel an Jod, und daß ihnen in der Sonne das beste Heilmittel gegen die englische Krankheit ihrer Kinder frei zur Verfügung stand.

Es ist eine Frage von größtem biologischem und praktischem Interesse, *ob der Appetit stets einen Bedarf anzeigt*. Appetit auf Zitronensaft — Appetit auf Süßigkeiten und Hummer — Appetit auf eine Zigarette — Appetit der Schwangeren auf saure Gurken und Kreide — besteht da immer ein wirklicher Bedarf des Körpers?

Beim Zitronensaft ist die Möglichkeit nicht von der Hand zu weisen. Vielleicht verlangt der Körper nach Vitamin C und P? Süßigkeiten und Hummer sind sicher nicht lebensnotwendig. Ob der schwangere Organismus saure Gurken und Kreide braucht, ist zum mindesten nicht erwiesen. Genußmittel schließlich kennt der primitivste Volksstamm genau so wie das Kulturvolk. Nicht zufällig verfügt die Menschheit über eine so große Auswahl. Alkoholika, Kaffee, Kolanuß, Betel, Haschich,

Opium, Tabak sind die bekanntesten. Auf der ganzen Welt dienen die Genußmittel dem ewigen menschlichen Verlangen nach Lustempfindung, nach Loslösung vom Alltag, nach Beflügelung und Begeisterung. Der Appetit nach solchen Dingen ist ein ganz ähnliches Gefühl wie der Appetit nach Brot. Subjektiv lassen sich beide „Appetitarten" nicht voneinander unterscheiden. Wir alle kennen den Appetit nach solchen „überflüssigen" Dingen und sehen daraus, *daß der Appetit durchaus nicht immer einen lebensnotwendigen stofflichen Bedarf anzuzeigen braucht*. Der Körper kann sich an solche von Haus aus *nicht* lebensnotwendigen Stoffe derart gewöhnen, daß oft nur ein allmählicher Entzug möglich ist. Wir Menschen haben den Appetit bewußt zu einer Quelle des Genusses und der Freude ausgestaltet. Wir essen nicht nur, weil unser Körper Nahrung braucht, wir essen auch einfach deshalb, weil es gut schmeckt.

Diese Verknüpfung mit dem bewußten Verlangen nach Lust bringt es mit sich, daß der Appetit — noch mehr als der Durst und der Hunger — bestimmbar ist durch bewußte seelische Erlebnisse. Daß Freude, „appetitliches" Anrichten, Gedrücktheit, Ekel und vieles andere eine große Rolle spielen, sind bekannte Dinge.

Weitgehend wird der Appetit schließlich durch *Gewohnheit* bedingt. Erziehung und Gewöhnung bestimmen die *Richtung des Appetits* und die *Stunde seines Erwachens*. Andererseits können wir auch die Lieblingsspeise nicht mehr sehen, wenn sie zu oft serviert wird, wenn wir sie allzusehr „gewöhnt" sind. *Abwechslung* regt den Appetit an. Man ist schon *vor* dem Essen halb satt, wenn sich der gleiche Speisezettel alle Woche wiederholt. Eigentlich eine merkwürdige Erscheinung! Das Tier frißt Tag für Tag dasselbe, der Säugling trinkt täglich um dieselbe Zeit dieselbe Menge Milch, die Kost des Bauern bietet viel weniger Abwechslung als die Kost des Städters. Dabei wird sich auch kaum ein Städter weigern, Morgen für Morgen Tee oder Kaffee mit Butterbrot zu essen. Das Bedürfnis nach Abwechslung scheint um so größer zu sein, je vielfältiger die Appetitmöglichkeiten, je größer die „Differenziertheit" des Menschen ist. Wir werden darauf im

14. Abschnitt zurückkommen. Wichtig wäre es zu wissen, ob das Abwechslungs*bedürfnis* einem wechselndem *Bedarf* entspringt. Die Frage ist unbeantwortet.

Tausend Dinge bestimmen neben dem Bedarf des Körpers unsere Appetitgewohnheiten. Es ist ganz erstaunlich, wie sich auf einmal bestimmte Nahrungsmittel allgemeiner Beliebtheit erfreuen. Die *Mode* wechselt nicht nur bei den Schlipsen und Hüten. Heute sind es Vitamine, gestern waren es Nährsalze, vorgestern Eiweißstoffe und Fleischextrakt, auf die jeder erpicht war und von denen keiner genug kriegen konnte. Allgemeine Lebensanschauungen, falsch verstandene und einseitig überwertete wissenschaftliche Forschungsergebnisse, Propaganda und Bedürfnisse der Industrie, romantische Naturgefühle, Nachahmung, religiöse Vorstellungen spielen bei solchen Schwankungen mit. Und da der Glaube bekanntlich Berge versetzt, stellt denn auch jeder hocherfreut die vorzügliche Wirkung des jeweils modernen Nährstoffs an sich fest. Was man noch vor wenigen Jahren ungenießbar und scheußlich fand — heute da es alle essen und loben schmeckt es wirklich ausgezeichnet. Wenn dieser Beliebtheit keine gesundheitlichen Bedenken entgegenstehen, mag man sie gewähren lassen. Nur kann man eben diesen Unbedenklichkeitsvermerk *nicht* immer ausstellen! Andere Nährstoffe — heute z. B. das Eiweiß und das Kochsalz — werden auf Kosten der eben modernen als schädlich angesehen und verächtlich belächelt wie unmoderne Hüte. So droht nicht selten die Gefahr unzureichender Ernährung, wenn sich das letzte Geld, das besser in Butter und Brot angelegt würde, in Vitaminpflanzensaft oder Gesundheitsschokolade verwandelt. Die Modeströmungen darf man auch nicht einfach gewähren lassen, wenn sie sich — ohne daß ein wirklich dringendes Bedürfnis dafür besteht — auf Dinge richten, deren Massenverbrauch volkswirtschaftlich unerwünscht ist.

Auf einem anderen Blatt stehen die *nationalen Appetitunterschiede*, wie sie — bedingt durch Klima, Boden, Lebensweise, wirtschaftliche Verhältnisse — in den landschaftlich verschiedenen Eßgewohnheiten und den „Nationalgerichten“ ihren Ausdruck finden. Sie wurzeln meist ganz erstaunlich fest und man kann nie von vornherein sagen, wieweit eine bestimmte Gewohnheit einem *körperlichen Bedürfnis,* wieweit sie *anderen Beweggründen* entsprungen ist. Näheres darüber im 14. Abschnitt.

Wir fragen jetzt noch einmal: *Was heißt satt sein?* „Satt" nennen wir ein eigentümliches Gefühl des Wohlseins und der angenehmen Erschlaffung. Spannung um den Leib, Völle, Magendrücken und Bewegungsunlust gehören *nicht* zum Sattsein. Sich „voll essen" ist etwas anderes als sich satt essen. Keinen-Appetit-haben ist auch nicht dasselbe wie satt sein. Während des Essens tritt der Hunger immer mehr zurück, je näher die Sättigung, um so mehr tritt der Appetit in den Vordergrund. Es ist sehr merkwürdig, daß wir satt sind, wenn die Verdauung noch kaum begonnen hat und der Bedarf der Gewebe — darauf kommt es ja letzten Endes allein an — noch längst nicht gedeckt ist. Das Gefühl „Satt" muß irgendwie zu den *Verdauungsorganen* in Beziehung stehen.

Der *„Sättigungswert"* einer Speise hängt mit ihrer Fähigkeit zusammen, die *Magensaftabscheidung* in Gang zu bringen. Je reichlicher der Magensaft fließt, desto rascher tritt Sättigung ein, desto länger „hält das Essen vor". Dementsprechend besitzen gebratenes Fleisch, gebratener Fisch, Bratkartoffeln (überhaupt Kartoffeln), Brötchen und Brotrinde einen hohen Sättigungswert, gekochter Fisch, gekochte Mehlspeisen einen niederen.

Wir haben im vorigen Abschnitt gehört, daß stark safttreibende Speisen auch länger im Magen verweilen. Neben der Magensaftabscheidung spielt nämlich der *Füllungszustand des Magens* für die Sättigung eine wichtige Rolle. Mit Fett angerichtete Gemüse sättigen besser, weil sie, wie alle fettdurchmischten Speisen, länger im Magen verweilen. Die gebräuchliche Zusammenstellung: Fleisch mit Bratkartoffeln oder Fleisch mit Butter und Brot (vielleicht mit einer saftlockenden Suppe vorher) sind von hier aus gesehen sehr zweckmäßig. Sie vereinigen lebhafte Anregung der Magensaftabscheidung mit langer Verweildauer. War es neben der belebenden Wirkung des Kaffee-, Tee- und Kakaofrühstücks auch sein höherer Sättigungswert, der die morgendlichen Suppen und Breie verdrängt hat? Auffallend bleibt, daß Sättigungswert und Brennwert keineswegs immer Hand in Hand gehen.

Die Berücksichtigung des Sättigungswertes spielt für die *Gestaltung der täglichen Kost* eine große Rolle. Jede Hausfrau stellt ihn in Rechnung. Wir essen ja nicht, weil wir den Stoffbedarf unseres Körpers decken, sondern weil wir satt werden wollen. Anscheinend spielt dabei auch die Kauarbeit eine Rolle. Während des Krieges hat man uns hungernden Deutschen das *„Fletchern"* empfohlen (H. Fletcher war ein amerikanischer Kaufmann). „30 Bissen, die ungefähr 2500 Kauakte oder andere Mundbewegungen innerhalb von 30—35 Minuten benötigen, befriedigten den Appetit vollkommen." Man wird auf diese Weise „satt", d. h. man hat bald genug vom Essen, weil das endlose Kauen schließlich müde macht. Sonst hat das Verfahren keinerlei Vorteile.

Neben diesen rein körperlichen Dingen *hängt der Zeitpunkt der Sättigung von seelischen Dingen ab*. Sie können die Sättigung beschleunigen oder hinausschieben. Bis zu einer bestimmten Grenze kann jeder Mensch über die Sättigung hinaus essen — aus Futterneid oder nach dem schönen Spruch: „Lieber einen Darm im Leib verrenkt, als dem Wirt einen Kreuzer geschenkt." Jenseits dieser Grenze kommt es dann in bekannter Weise zu Völleempfindung, Unbehagen und zu Erbrechen.

Sein *Instinkt* sagt dem Tier, was es fressen muß und was ihm bekommt; der Mensch allein weiß es nicht; hemmungslos lebt er seinen Gelüsten; Genußsucht treibt ihn bald hierhin, bald dorthin. — Wer hat solche Worte nicht schon tausendfach gehört?

Wie steht es mit der Triebsicherheit und dem unfehlbaren „Instinkt" des Tieres? Was ist überhaupt *Instinkt?* Der Sprachgebrauch ist leider uneinheitlich. Maßgebend für die Begriffsbestimmung kann allein die Zoologie sein. Danach sind Instinkte *Handlungen,* die von einem *angebore-*

nen fertigen Mechanismus geleistet werden. Durch äußere oder innere Reize in Gang gesetzt, laufen sie von Anfang bis zu Ende *unabänderlich* ab. Ein nachlässiger Sprachgebrauch verwechselt oft Trieb und Instinkt. Um so klarer muß festgestellt werden: Instinkte sind *Handlungen* — Triebe sind *keine Handlungen*. Triebe können zu Handlungen führen, die aber keineswegs *Instinkt*handlungen zu sein brauchen.

Wird nun das Tier durch seinen Nahrungstrieb wirklich dazu bestimmt, alles das und nur das zu fressen, was es zum Leben braucht und was ihm bekommt? Wir haben im ersten Abschnitt von „Ernährungsspezialisten" gesprochen. Das sind Tiere, die z. B. nur die Blätter *einer* Pflanze fressen. Alles andere lehnt ihr Appetit ab. Je höher organisiert ein Lebewesen ist, desto größer sind seine Möglichkeiten, desto lokkerer sind Appetit und lebensnotwendiger Bedarf verkoppelt. Allzu fest verankerte Triebe und Instinkte behindern offenbar die Weiterentwicklung. Je mehr man sich dem Affen als dem höchsten Tier nähert, desto weniger streng werden Hunger und Appetit *allein* durch den Bedarf bestimmt: Ein sattes Huhn fängt sofort wieder an zu fressen, wenn ein anderes Huhn die umherliegenden Körner aufpickt. Satte Affen verzehren noch gierig Schokolade. Ein Kalb kann nicht von Anfang an giftige Kräuter von ungiftigen unterscheiden. Kühe fressen sich am nassem Klee krank und die Hauskatze lebt zum großen Teil vegetarisch. Futterneid — Freude am Genuß — Sammeln von Erfahrung — Ernährungsumstellung auch beim Tier! Schließlich überläßt man ja die Regelung der Nahrungszufuhr auch nicht dem Trieb des neugeborenen, un„verbildeten" Menschen. Man gewöhnt ihn an einen bestimmten Ernährungsrhythmus, weil ihm das erfahrungsgemäß besser bekommt, und weil bei Kindern, die man nach ihrem Willen trinken läßt, häufiger Ernährungsschäden auftreten.

Blicken wir noch einmal zurück. Durst, Hunger und Appetit zwingen den Menschen zur Erhaltung seines Körpers. Sie sichern jedoch nicht mit absoluter Zuverlässigkeit eine ausreichende Nahrungszufuhr. Durst, Hunger und Appetit stehen auch *nicht* allein im Dienste der lebensnotwendigen Nährstoffbeischaffung. Hunger und Appetit sind auch auf die Zufuhr *nicht* lebensnotwendiger Stoffe gerichtet, u. U. sogar auf die Zufuhr von Stoffen oder Stoffmengen, die einzelnen Organen mehr Schaden als Nutzen bringen. Aus eigener und fremder Erfahrung bildet sich die zweckmäßigste Art der Ernährung. Alle Nährvorschriften, die alten, allgemeinen Eßgewohnheiten widerstreiten, sind mit größtem Mißtrauen zu betrachten. Die „Fehlermöglichkeiten" der Triebe jedoch machen uns eine immer wiederholte Nachprüfung der Ernährung des Menschen zur dringenden Pflicht.

So wenig beim Menschen Durst, Hunger und Appetit mit unfehlbarer Sicherheit die Zufuhr *alles* nötigen und *nur* des Nötigen besorgen, so wenig tun sie es beim Tier. Man darf sagen, daß die Unsicherheit um so größer wird, je höher das Lebewesen in der Stammesreihe steht. Je größer die Freiheit, desto größer die Gefahren!

XI. Von der Hygiene der Nahrung und des Essens.

Die Nahrung gibt und erhält uns Gesundheit und Leben. Gesundheit und Leben sprudeln aber nur aus *reinen* Quellen. Eine Gesundheit und Leben erhaltende Ernährung muß nicht nur alle notwendigen Nährstoffe in genügender Menge und im richtigen Verhältnis dem Körper zuführen. Davon wird im folgenden Abschnitt zu reden sein. Gesundheit und Leben werden auch gefährdet durch verdorbene Nahrungsmittel, durch krank machende Bakterien, durch unzweckmäßige Konservierungsmittel, Verfälschungen, Düngerreste und Schädlingsbekämpfungsmittel und nicht zuletzt durch schlechte Küche und schlechte Eßgewohnheiten. Die Wissenschaft von der Erhaltung der Gesundheit ist die *Hygiene*. Wir wollen jetzt also einen Blick werfen auf die Hygiene der Nahrung und auf die Hygiene des Essens.

Dem *Trinkwasser* galt die Sorge der Menschheit schon in Sumer und Akkad. Gewaltige Bauten, Erfindungen, Kriegszüge entsprangen dem Verlangen nach gesundem Wasser. Unzählige pflanzliche und tierische *Lebewesen* finden im Wasser beste Lebensbedingungen. Verheerende Seuchen gingen immer wieder vom Trinkwasser aus und tun es heute noch trotz allen Wissens und aller Vorsicht. Cholera, Dysenterie und die Erkrankungen der Typhusgruppe sind die gefährlichsten. Wasser zweifelhafter Herkunft muß deshalb vor dem Genuß stets abgekocht, sterilisiert werden. Die fieber- und schmerzhafte Weil'sche Krankheit wird auch durch Badewasser übertragen, da die Erreger durch die unverletzte Haut und Schleimhaut in den Körper dringen. — Eine große Gefahr liegt in den *Bleirohren der Wasserleitung*. Kleinste Bleimengen lösen sich im Wasser, vor allen Dingen im kohlensäurereichen Wasser. Das monate- und jahrelange Trinken bleihaltigen Wassers macht zunächst geringe, dann immer schwerere Krankheitserscheinungen: Darmkrämpfe, Schleimhautentzündungen, Blutarmut, Nerven- und Gehirnschädigungen, die schließlich zum Tode führen können. Gehäufte Erkrankungen kamen noch in jüngster Zeit in Dörfern vor, wo trotz aller Hinweise von ärztlicher Seite die Bleirohre der Wasserleitung nicht entfernt worden waren. *Arsenschädigungen* durch Trinkwasser sind heute sehr selten. — Gutes Trinkwasser darf selbstverständlich keine krankmachenden Stoffe enthalten. Darüber hinaus soll es geruchlos, wohlschmeckend und klar sein. Trübungen durch Eisen- oder Manganverbindungen sind nicht gesundheitsschädlich. Die gebräuchliche, sachgemäß durchgeführte Reinigung des Trinkwassers gefährdet die Gesundheit in keiner Weise. Diese Reinigungsverfahren sind für die Wasserversorgung großer Städte, wo der Tagesbedarf oft 150 Liter je Kopf überschreitet, ganz unentbehrlich.

Noch besser als in Wasser gedeihen *Kleinlebewesen* aller Art in der *Milch*. Typhus- und Cholera-, ja Scharlach- und Diphtherieepidemien werden durch verunreinigte Milch verbreitet. Von kranken Kühen können Tuberkulose, Darmerkrankungen und Bang'sche Krankheit (seuchenhaftes Verkalben), in seltenen Fällen Maul- und Klauenseuche auf den Menschen übergehen. Kommen die Bazillen tuberkulöser Kühe in die Milch, dann gefährden sie vor allem das Kind, dessen Darmorgane gegenüber den Tuberkelbazillen außergewöhnlich empfindlich sind. Die Ansteckungsgefahren lassen sich durch das Pasteurisieren der Milch (vgl. Abschnitt VII) so gut wie völlig vermeiden. — Alle übrigen Bakterien der Milch sind an sich zwar ganz harmlos, machen sie aber doch gelegentlich ungenießbar: Buttersäurebazillen bedingen einen unangenehmen Geruch, Heubazillen einen bitteren, kratzigen Geschmack, andere Bazillen bilden Farbstoffe. — Man sieht es auch ungern, wenn die Milch nach *Stall* duftet, und wenn Erinnerungen an den Stall in ihr schwimmen. Selten scheidet die Kuh die Giftstoffe *giftiger Futterpflanzen* (Herbstzeitlose, Tollkirsche, Bilsenkraut) mit der Milch aus. Der Geschmack allein wird gelegentlich durch die Art der Fütterung unangenehm verändert. — Harmlos, aber doch recht störend ist die Eigenschaft der Milch, *fremde Gerüche* anzunehmen, nach Salzheringen, Harzerkäse, parfümierter Seife, Gewürz und Petroleum zu riechen. — Die „*Verlängerung*" der Milch mit Wasser, Magermilch und Buttermilch, der Zusatz von Eindickungs- und Konservierungsmitteln aller Art ist in den meisten Ländern verboten. Verbotenerweise benutzt der Milchhändler gelegentlich Borax, Soda und Natrium bicarbonicum, um in der heißen Jahreszeit die Gerinnung zu verzögern. Diese Mittel verdecken die äußeren Kennzeichen einer schlechten Ware.

Chemische Mittel, *Konservierungsmittel,* werden den Lebensmitteln zugesetzt, weil sie Keimwachstum und Fermenttätigkeit hemmen (vgl. Abschnitt VII). Die hygienische Beurteilung dieser Stoffe ist nicht leicht, weil sie meist ganz uncharakteristische Krankheitserscheinungen zur Folge haben. *Borax und andere Borsäurepräparate* hat man früher gern zur Konservierung von Milch, Fleisch und Wurst benutzt. Man muß große Mengen nehmen, weil ihre konservierende Fähigkeit schwach ist. Das Fleisch kann dabei verdorben sein, ohne daß man es ihm ansieht! Es hat sich zudem herausgestellt, daß diese Borsäuremengen keineswegs harmlos sind. Borsäure wird sehr langsam ausgeschieden und häuft sich im Körper an. Der Gebrauch von Borsäureverbindungen muß deshalb möglichst eingeschränkt werden. — *Soda und Natrium bicarbonicum (Natron)* sind als solche unschädlich. —

Als Konservierungsmittel kommen noch in Betracht die Benzoesäure und ihre Verbindungen (Salizylsäure, Oxybenzoesäure), Essig, Milchsäure, Ameisensäure, Formalin, Wasserstoffsuperoxyd, schweflige Säure und Hexamethylentetramin. *Benzoesäureschädigungen* lassen sich selbst nach langem Gebrauch nicht nachweisen. Salizylsäure hemmt Wachstum und Fermentwirkungen bestimmter Bakterien, bei anderen hemmt sie nur das Wachstum und einer dritten Gruppe dient sie sogar als willkommener Nährboden. In der Milch hemmt sie das Wachstum der Milchsäurebakterien; um so üppiger wuchern dafür jene Keime, die die gefürchtetsten „Milchfehler" verursachen. Reizerscheinungen von seiten der Nieren machen sich nach größeren Salizylmengen gelegentlich bemerkbar. Im übrigen braucht man Gesundheitsschäden durch Salizylate in Mengen, wie sie die Haltbarmachung der Nahrungsmittel erfordert, kaum zu befürchten. Eher sind sie *mittelbar* gesundheitsschädigend durch Verdeckung schlechter Beschaffenheit. Die Oxybenzoesäure scheint das unschädlichste aller bisher bekannten Konservierungsmittel zu sein. Dabei ist sie durchaus wirkungskräftig. — Ohne Bedenken dürfen *Essigsäure und Milchsäure* benutzt werden. Sie sind — ebenso wie der konservierende *Alkohol* — körpereigene Stoffe, die leicht verbrannt werden. — Von Schädigungen durch *Ameisensäure* in den zur Haltbarmachung an Obstsäften usw. verwendeten Mengen ist nichts bekanntgeworden. — *Formalin,* wenig keimwidrig, erschwert die Verdauung und Ausnutzung der Nahrung. Zum größten Teil verbrennt es der Körper, zum kleineren scheidet er es als Ameisensäure aus. — *Wasserstoffsuperoxyd* zerstört die Fermente, z. T. auch die Vitamine der Milch und zersetzt sich indem es wirkt. Aus diesem Grund haben mit Wasserstoffsuperoxyd haltbar gemachte Nahrungsmittel vor allen anderen den Vorzug, frei von körperfremden Stoffen zu sein. — *Schweflige Säure* ist nicht ungefährlich. Schon nach 10 mg in ganz dünner Lösung tritt bei manchen Menschen Magendrücken, Durchfall und Benommenheit auf. Schon kleine Mengen machen sich auch geschmacklich unangenehm bemerkbar. Am „geschwefelten" Obst haften selbst nach sehr gründlichem Waschen oft noch erhebliche Mengen. Dem Fleisch erhält sie zwar die rote Farbe, kann aber die fortschreitende Zersetzung nicht aufhalten. Weniger gefährlich, weil chemisch fester gebunden, sind die geringen Mengen schwefliger Säure des Weines. — Chemische Konservierungsmittel sind schließlich Kochsalz und Zucker. Man hat dem *Kochsalz* viel Böses nachgesagt. Und so viel ist richtig: Unter bestimmten Bedingungen können große Salzmengen krankhafte Störungen verschlimmern oder — bei einem kranken Körper — krankhafte Störungen hervortreten lassen. Ein ganz gesunder Körper wird aber vom Kochsalz allein niemals krank — auch wenn er jahrelang 20 und 30 g täglich zu sich nimmt! Mit Pökelfleisch und gesalzenen Fischen kann man sich nicht vergiften — jedenfalls nicht kochsalzvergiften. Schädigungen durch die Zusätze von Salpeter und salpetriger Säure zu Pökelsalz sind nicht bekanntgeworden. — *Zucker* erhöht die Haltbarkeit von Früchten und Milch. Gesundheitsschäden (Vitamin B_1-Mangelkrankheit) gibt es erst, wenn man jeden Tag pfundweise Zucker ißt. Die Schuld des Zuckers an andern Schäden, z. B. an der gefürchteten Zahnfäule, ist trotz wiederholter Behauptungen bisher nicht erwiesen.

Um die Konservierungsmittel tobt seit Jahren ein heftiger Kampf — ein Kampf, in dem Voreingenommenheit, Unkenntnis und Unsachlichkeit eine große Rolle spielen. „Gift in der Nahrung" heißt der zugkräftige Titel einer sensationellen Schrift. Der Kampf ist heute im Abflauen. Zweifellos liegt in den Stoffen zur Haltbarmachung von Nahrungsmitteln eine Gefahrenquelle. Ihre Zahl ist aber längst nicht so groß und ihr Anwendungsgebiet nicht so ausgedehnt, wie manche uns glauben machen möchten. Und es geht selbstverständlich nicht an, aus Giftwirkungen *großer* Mengen eines Stoffes zu schließen, alle Nahrungsmittel, die *irgendwann einmal* mit diesem Stoff in *Berührung* gekommen sind, seien nun auch giftig! Beweise aus der Erfahrung werden bezeichnenderweise für solche Behauptungen nicht beigebracht. Es gibt Menschen, die überempfindlich sind gegenüber einzelnen Stoffen des täglichen Lebens. Wie es Überempfindlichkeit gibt gegenüber Erdbeeren, Heringen und Eiern, so kann es auch einmal Überempfindlichkeit gegen ein bestimmtes Konservierungsmittel geben. Aber das sind Seltenheiten.

Vor einem halben Jahrhundert lebte man in einer allgemeinen Bazillenfurcht, über die wir jetzt lächeln. Heute sehen sich viele auf allen Seiten von „Giften" bedroht. Und in 50 Jahren? Immerhin, eine Gefahrenquelle liegt in den Konservierungsmitteln — um so mehr, als der Verbraucher dem Nahrungsmittel den Zusatz nicht ansieht, denn eine entsprechende Kennzeichnung wird nur in Ausnahmefällen verlangt und verantwortungslose Lebensmittelverfälscher gefährden immer wieder die Volksgesundheit.

Konservierungsmittel können wir nicht entbehren solange die Notwendigkeit besteht, Lebensmittel aufzubewahren und über weite Strecken hin zu versenden. Unser Streben geht dahin, in jeder Hinsicht unschädliche und doch wirksame Mittel zu benutzen, und wo irgend möglich, ohne solche Mittel auszukommen. Vor allen Dingen ist eines nötig: Die Gesetzesvorschriften müssen mit voller Schärfe durchgeführt werden. Empfindliche Strafen müssen jeden treffen, der sich in dieser gefährlichen Art auf Kosten der Volksgesundheit bereichern will. Die Hausfrau aber muß das ihre dazutun und nicht glauben, die Butter sei um so besser, je gelber, der Konservenspinat um so nahrhafter, je grüner die Farbe ist.

Nach unserem Ausflug ins Gebiet der Konservierungsmittel kehren wir ins Reich der Milch zurück. Wir sprachen davon, daß mit der Milch Krankheitserreger verbreitet werden können. Krankheitserreger, schlechter Geschmack und Geruch, Stallerinnerungen gehen von der Milch auf Butter und Käse über. Daneben enthält die *Butter* (wie die Milch) stets ungefährliche *Bakterien* in großer Zahl — 1 bis 10 Millionen in 1 g. Im Käse wissen wir die Tätigkeit dieser Bakterien sehr zu schätzen und verspeisen sie mit Genuß. Sie machen den Käse erst zum Käse. „Schimmel und Rinde eßbar" steht auf der Camembert-Schachtel. Harmlos sind auch die Bakterien und Pilze, die die Butter ranzig machen. — Farblose Butter darf mit unschädlichen Anilin- oder Pflanzenfarbstoffen *gelb gefärbt* werden. Damit läßt sie sich allerdings von der karotinreicheren, d. h. vitaminhaltigeren „Grasbutter" nicht mehr unterscheiden. — In gesundheitlicher Hinsicht belanglos sind bei Butter und Käse *Zumischungen* pflanzlicher oder anderer tierischer Fette, nicht belanglos Verfälschungen mit Schwerspat und — wegen Vortäuschung besserer Beschaffenheit — der verbotene Zusatz von Borsäure und Benzoesäure.

Im Käse wachsen gelegentlich giftstofferzeugende Bakterien („Käsevergiftung"). Käsemilben, Maden, Käsefliegen gelten bei uns als unerwünschte Beigaben. Gesundheitsschädlich können Verunreinigungen mit Schwerspat und Metallen werden (über Metallvergiftungen vgl. unten). Der Edamer Käse verdankt sein Leuchten einem unschuldigen Bad in rotem Paraffin.

Die *pflanzlichen und tierischen Fette* außer Butter machen eine Reihe chemischer und mechanischer Veränderungen durch. Mit schwefliger Säure, Metallen, Natronlauge, Farbstoffen und vielem anderen kommt das Rohmaterial in Berührung. Die Möglichkeiten einer Gesundheitsschädigung müssen bei jedem Herstellungsverfahren genau geprüft werden. Daneben kommt die Beimischung giftiger Rohstoffe und unerlaubter Konservierungsmittel in Betracht.

Tierische und pflanzliche Parasiten tragen in den meisten Fällen die Schuld an der Gesundheitsschädlichkeit des *Fleisches.* Von *tierischen Parasiten* stehen an vorderster Stelle gewisse Schmarotzerwürmer. Intensives Kochen und Braten tötet sie. — Als gesundheitsschädlich muß das *Fleisch* von Tieren mit Milzbrand, Tollwut, Rotz, Schweinerotlauf, Paratyphus, Starrkrampf und schwerer Tuberkulose angesehen werden. Fleisch von wenig kranken Tieren darf nach Entfernung der kranken Teile und Kochen oder Dämpfen als „Freibankfleisch" verkauft werden. — Eine große Rolle spielen *Krankheitskeime,* die erst *nach dem Tode des Tieres* in das Fleisch gelangen, sich dort vermehren und mit dem Fleisch verbreitet werden. Das sind Erreger von Paratyphuserkrankungen (Baz. enterit. Gärtner, Baz. enterit. Breslau) und der Bazillus botulinus. Der Bazillus botulinus wirkt *mittelbar* krankmachend, indem er im Fleisch ein starkwirkendes Gift bildet. Dieses Gift läßt den Menschen in vielen Fällen tödlich erkranken. — Gesundheitsschädlich ist Fleisch in beginnender *Zersetzung und Fäulnis.* Fleisch kranker Tiere verdirbt besonders rasch. Von Konservierungsmitteln sind nur Pökelsalz, für Fleischsalat auch Benzoesäure erlaubt. Farbstoffe dürfen nicht benutzt werden.

Für *Fische* gilt im wesentlichen dasselbe wie für Fleisch. Faule Fische, durchsetzt von Bakterien, machen eher Vergiftungserscheinungen als faules Fleisch. Fische verderben überhaupt leicht. Mit rohen Fischen werden in Nordeuropa und Ostasien nicht selten Bandwürmer (Dibothriocephalus latus) verzehrt. Für *Krabben* und bestimmte Fischkonserven sind deshalb Konservierungsmittel erlaubt. Bombierte (durch Gasentwicklung aufgetriebene) Konserven können nie als sicher einwandfrei betrachtet werden — mögen sie nun Fleisch, Fisch oder Gemüse enthalten! *Miesmuschel*vergiftungen sind früher wiederholt bekanntgeworden. Anscheinend bilden Muscheln in stehendem und verdorbenem Wasser Giftstoffe, die beim Menschen zu schweren Durchfällen und Lähmungen führen. Aus verunreinigten Gewässern kann selbst die geschätzte *Auster* Krankheitskeime übertragen.

Faule *Eier* lehnt jeder Europäer schon wegen ihres üblen Geruchs ab. Erst in den letzten Jahren hat sich herausgestellt, daß *Krankheitserreger* aus der Paratyphusgruppe (Baz. enterit. Breslau) *vor* der Schalenbildung in Enteneier eindringen können. Solche Eier sind zu Ausgangspunkten von Epidemien geworden. In Deutschland tragen deswegen seit 1936 alle Enteneier die Aufschrift: „Entenei! Kochen!“ Enteneier müssen mindestens 8 Minuten gekocht oder in Backofenhitze durchgebacken werden. Das gelegentliche Vorkommen von Hühnertuberkelbazillen in Eiern und das Eindringen von Schimmelpilzen durch die Schale beim Lagern der Eier bildet keine ernstliche Gefahr.

Gewisse Verunreinigungen des Mehls machen sich in *Brot und Mehlspeisen* bemerkbar. In früheren Jahrzehnten spielten *Mutterkorn*erkrankungen eine Rolle. Der Pilz Claviceps purpurea siedelt sich in den Blüten von Roggen, Weizen und Gerste an und bildet ein 2—4 cm langes, aus der Ähre herausragendes dunkelviolettes „Korn". Wird das Getreide nicht sorgfältig gereinigt, dann geraten diese Gebilde ins Mehl. Die Krankheit beginnt mit Taubheitsgefühl und Kribbeln in Fingern und Zehen. Im weiteren Verlauf kommt es zu schmerzhaften Krämpfen und Absterben ganzer Finger und Zehen. — Giftige Unkrautsamen bilden heute kaum eine Gefahr mehr.

Vor einer Reihe von Jahren ist die Frage der Gesundheitsschädigung durch *mineralische Düngemittel* (Kunstdünger) aufgeworfen worden. Mineralgedüngte pflanzliche Nahrungsmittel sollten minderwertig sein; Kalidüngung im besonderen sollte das Krebswachstum fördern. Nun ist für uns in Deutschland Pflanzenbau ohne Düngung nicht mehr möglich. Jedes Düngemittel — Mineraldünger, Stalldünger oder Kompost — kann im pflanzlichen Nahrungsmittel die *Anreicherung gewisser Stoffe erleichtern,* die Anreicherung anderer *erschweren.* Der Dünger kann weiter die *Bildung* pflanzeneigener Stoffe *anregen oder hemmen.* Und schließlich ist es nicht immer ausgeschlossen, daß *Düngerreste* mit den Nahrungsmitteln *in den menschlichen Körper gelangen.*

Wie für jedes Düngemittel lassen sich auch für den Mineraldünger Schädigungen auf diesen 3 Wegen denken. Erfahrene Köche, alte Diätärzte, haben auf *Geruchs- und Aromaverluste* von Getreide und Gemüse hingewiesen und einen Zusammenhang mit der Mineraldüngung erwogen. Wenn Mineraldünger die Geschmackswerte auch nicht zu beeinträchtigen *braucht* — daß die *Möglichkeit* nicht von der Hand zu weisen ist, läßt sich wohl kaum bestreiten. Es hat sich aber bisher niemals auch nur wahrscheinlich machen lassen, daß die Mineraldüngung einer Anreicherung *gesundheitsschädlicher Stoffe* in der Pflanze Vorschub leistet. Soweit untersucht, hat sich das Verhältnis der pflanzeneigenen Stoffe niemals in gesundheitsgefährdender Richtung verschoben. Die *Reste von Mineraldünger,* die unter Umständen an der tischfertigen Nahrung haften, sind viel zu klein, als daß sie eine wesentliche Gefahr bilden könnten.

Die Frage: Mineraldünger oder nicht darf man nicht gefühlsmäßig beantworten wollen. Dazu sind diese Dinge von viel zu entscheidender Bedeutung für unsere Volksernährung. Nur Beobachtung und Erfahrung berechtigen zu einem Urteil. Und bisher haben Beobachtung und Erfahrung noch *keine überzeugenden Beweise für gesundheitsschädliche Wirkungen des Mineraldüngers* beigebracht. Wenn die Fütterung mit Kalisalpeter bei Ratten eine Neigung zu Blutpfropfbildung mit Absterben von Gliedmaßenteilen entstehen läßt, dann besagt das noch lange nicht, daß Düngung des Brotgetreides mit Kalisalpeter beim Menschen zu denselben Schädigungen führt. Behauptungen von der krebserzeugenden Wirkung kaliumreicher Nahrung sind oft wiederholt, niemals wahrscheinlich gemacht oder gar bewiesen worden. Dasselbe gilt von der krebserzeugenden Wirkung magnesiumarmer Nahrung. Selbstverständlich muß die Wissenschaft diese Fragen im Auge behalten und verfolgen. Es muß aber unbedingt verhindert werden, daß geltungsbedürftige Schwärmer haltlose Behauptungen propagieren und grundlos Beunruhigung und Sorge ins Volk tragen.

Wenn man so will, sind Stallmist, Jauche und Kompost auch nicht immer ganz harmlos. Kommen Stalldünger und Jauche zu spät auf die Pflanzen, dann verderben sie das Aussehen und geben ihnen oft genug einen schlechten Geschmack. Parasiten (Spulwurmeier) und bakterielle Krankheitserreger können mit dem Naturdünger an die Gemüse kommen. Deswegen ist gegenüber Obst und Gemüse aus Seuchengegenden größte Vorsicht am Platz.

Die Düngerfrage berührt in gleicher Weise Getreide, Gemüse und Obst. Wir müssen aber noch einmal zu *Getreide und Mehl* zurückkehren. Weniger gefährlich als widerlich — die amtliche Bezeichnung heißt *„verdorben"* — ist schimmeliges und fremdartig riechendes Mehl, Mehl mit *Milben, Mehlmotten* und anderen Bewohnern. Zur Vertreibung dieser Schädlinge sind mancherlei Verfahren ersonnen worden. Wir wissen heute noch nicht sicher, ob die verschiedenen Mittel: Blausäure, schweflige Säure, Schwefeldämpfe, Nitrosegase, Nikotin, Fluorverbindungen, keine nachteiligen Folgen für die Gesundheit des Verbrauchers haben.

Dasselbe gilt für gewisse *Zusätze* zur Erhöhung der Quellbarkeit des Mehls, der Backfähigkeit und der Teigausbeute und zum „Bleichen“ des Mehls. Superoxyde, Brom, Chlor, Ozon, schweflige Säure, Persulfat sind gebräuchliche Bleichmittel. Grotesk genug werden diese Prozeduren als Verfahren zur „Mehlveredelung“ bezeichnet. In größerer Menge sind das alles schwere Gifte. Keinesfalls sind sie von vornherein unbedenklich — auch nicht in den Mengen, die schließlich im Mehl bleiben. Gefahren könnten schon vermieden werden, wenn wir aufhörten, das Mehl nach seiner Farbe zu beurteilen und den Müller nicht zum Bleichen verführten. — Gefährlich ist die Verwendung von gebeiztem, d. h. haltbar gemachtem Saatgut. Selbstverständlich muß *Saat*getreide gebeizt werden. Dabei wird es mit arsen-, kupfer- und quecksilberhaltigen Mitteln übergossen. Gebeiztes Getreide ist als Brotgetreide nicht mehr verwendungsfähig. — Schwere, nicht selten tödlich endigende Strychnin- und Thalliumvergiftungen sieht man, wenn Weizen, der zur *Schädlingsbekämpfung* bestimmt ist, versehentlich oder absichtlich gegessen wird. — *Verfälschung* des Mehls mit Alaun und Schwerspat kommt immer wieder einmal vor — vor allem in teuren Zeiten. Im Weltkrieg wurde das Mehl amtlich mit Stroh-, Mais-, Kartoffel- und Bohnenmehl „gestreckt“ — nicht gerade gesundheitsförderliche, aber wenigstens keine schädlichen Stoffe.

Schließlich noch ein Wort über die *Farben*, ohne die Bäckerei, Konditorei und Konservenindustrie nicht auskommen. Nicht jede giftgrüne Farbe ist giftig! Wenn Teer krank macht, dann ist damit noch nichts über die Giftigkeit von Stoffen gesagt, die aus Teer gewonnen werden. Über die Wirkung im Körper geben allein der chemische Aufbau, der Versuch und die Erfahrung am Menschen Auskunft. Sicher gibt es gesundheitsschädliche Teerfarben (Pikrinsäure, Dinitrokresole und viele andere); ihre Anwendung ist verboten. Daneben verfügen wir aber über eine große Menge ganz ungiftiger natürlicher und künstlicher Farbstoffe. *Natürliche* Farbstoffe sind die Säfte von Flechten, Heidelbeeren, roten Rüben, Kirschen, natürliche Farbstoffe sind Karamel, Safran, Knochenkohle und vieles andere. Die ungiftigen *künstlichen* Farbstoffe haben vor den natürlichen den Vorzug größerer Ausgiebigkeit und Billigkeit.

Das andere große Volksnahrungsmittel ist die *Kartoffel.* Sie bedroht uns nicht von so vielen Seiten mit Gefahren wie das Korn. Bei — 3° C erfriert die Kartoffel. Sie schmeckt dann süß, ist aber nicht gesundheitsschädlich. Gelegentlich sind Vergiftungen durch solaninhaltige Kartoffeln beobachtet worden. Solanin entsteht im Frühjahr, wenn die überwinterten Kartoffeln dem Licht ausgesetzt sind und zu keimen anfangen. — Auf Kartoffelsalat wachsen Typhusbazillen besonders gut.

Vergiften kann man sich bekanntlich mit *Giftpilzen.* Davon abgesehen wird rohes *Gemüse und Obst* im allgemeinen nur dann zur Gefahrenquelle, wenn ihm *Reste von Schädlingsbekämpfungsmitteln* oder tierische und pflanzliche *Krankheitserreger* anhaften. Daß man vom Tomatenessen Krebs bekommt, ist ein Märchen. Schimmeliges, faules, angegorenes Obst ißt kaum jemand — schon des Geschmacks wegen. Nur wenige Leute haben eine ausgesprochene Vorliebe für faules Obst. Vergiftungserscheinungen treten hin und wieder nach dem Genuß verdorbener Bohnenkonserven auf. Frischem Obst und Gemüse dürfen Konservierungsmittel nicht zugesetzt werden.

Beim *Pflanzenschutz* kann man ohne arsen- und kupferhaltige Mittel nicht ganz auskommen. Die Blüten oder Früchte (Trauben!) werden mit den Schutzmitteln bespritzt. Bis zur Reife haben Wind und Regen das meiste heruntergefegt. Die haftengebliebenen Arsen- und Kupfermengen sind in der Regel so minimal, daß sie eine Gefahr nicht mehr bilden. So fanden sich in 500 g Äpfeln, die zweimal mit Arsenpräparaten behandelt waren, 0,14—1,0 mg Arsen; die ärztlich verordneten Tagesmengen liegen zwischen 0,5 und 5,0 mg. Die Gefahr ist gestiegen, seitdem mancherorts mit fester haftenden Schutzmitteln gearbeitet wird. Diese Mittel wirken intensiver gegen die Schädlinge, gleichzeitig werden aber die reifen Früchte kupfer- und arsenreicher, auch bleireicher, wenn es sich um bleihaltige Mittel handelt. — Kupfer droht dem Obst und Gemüse noch von anderer Seite: Konserven, die schön grün bleiben sollen, werden mit Kupfer behandelt — ein Verfahren, das sobald wie möglich verschwinden sollte.

Und dann die *Kochtöpfe!* Sie sind aus Kupfer, Zink, Messing, Eisen, Aluminium und emailliertem Metall oder Ton. Viele Nahrungsmittel enthalten Säuren. Andere lassen an der Luft während der Zubereitung oder unter der Einwirkung von Bakterien Säuren entstehen. Diese Säuren bilden *lösliche Metallverbindungen* und bringen so Metalle in das Kochgut. Günstiger als beim Kochen — dabei wird ja die Luft abgehalten — sind die Bedingungen für die Bildung solcher Metallverbindungen beim Aufbewahren. So nimmt in *Zink*gefäßen aufbewahrter Johannisbeer- und Stachelbeersaft schon nach kurzer Zeit durch lösliche Zinkverbindungen einen unangenehmen Geschmack an. Zinksalze stören die Magen- und Darmtätigkeit, scheinen im übrigen aber harmlos zu sein. — Essig, Käse, Bouillon, aber auch eingemachte Früchte und Wein lösen Kupfer. Kupfer und Zink ist in Metalllegierungen wie Rotguß, Messing, Neusilber, Argentan u. a. enthalten. Kleine Mengen von Kupfer, Zink, Zinn, Blei und Aluminium enthält jede Nahrung. Nachlässige Zubereitung kann aber die tägliche Kupferzufuhr um das Zehnfache und höher steigern. Das sind Mengen, die auf die Dauer schädlich werden! Magenschmerzen, Erbrechen, Darmkoliken, blutige Durchfälle, Störungen von seiten des Nervensystems sind die Folgen. Ähnliche Erscheinungen treten bei allen Metallvergiftungen auf. — Die Gefahr der *Blei*vergiftung ist geringer geworden, seitdem bleihaltige Eß-, Trink- und Kochgeschirre verboten sind und alle Haushaltgeschirre nicht mehr als 10%, andere Haushaltgegenstände nicht mehr als 1% Blei enthalten dürfen. Trotz allem sieht man gelegentlich noch Bleivergiftungen. Bleihaltiges Trinkwasser, Konservendosen, schadhafte Geschirre aus glasiertem Ton und Steingut (die Glasur enthält Blei) können daran schuld sein. Oft gehört kriminalistischer Scharfsinn dazu, um die Quelle einer Bleivergiftung herauszufinden. — Lösliche *Zinn*verbindungen gelangen von Stanniol und Konservendosen in den Körper. Der Inhalt schlechter Konserven ist meist sauer und damit stärker metallösend. — *Nickel* ist nicht säurelöslich. Nickelgefäße sind sehr widerstandsfähig. Dasselbe gilt für *verchromte* Kochtöpfe. — Die Verdächtigungen des *Aluminiums* als Gefahrenquelle gehen auf Konkurrenzkämpfe der Industrie zurück. Sie sind völlig aus der Luft gegriffen! In Wirklichkeit ist Aluminium auch bei langer Koch- und Aufbewahrungsdauer saurer Speisen vollkommen unlöslich und eines der bestgeeignetsten Küchenmetalle. — Gegen *Glas*gefäße bestehen gleichfalls keine gesundheitlichen Bedenken.

Wir wissen jetzt, wann und wodurch unsere Hauptnahrungsmittel zu Gefahren für Gesundheit und Leben werden. Über Gesundheitsgefährdung durch die *übrigen Nahrungsmittel* können wir uns kurz fassen. Zucker, Honig, Salz, Gewürze, Essig, Kaffee, Tee, Kakao, Tabak, alkoholische Getränke werden mit allen möglichen, immer neuen und nicht immer harmlosen Dingen verfälscht. In Gewürzen findet man gelegentlich giftige Samen von Schierling, Bilsenkraut und anderen. Viele nehmen leicht fremde Gerüche an. Der hohe Hopfenharzgehalt des Jungbiers macht bei manchen Menschen schmerzhafte Blasenreizung. Branntweinfälschungen werden gefährlich, wenn sie reichlich Fuselöle oder Methylalkohol enthalten. Unzweckmäßige Aufbewahrung und unübersehbare industrielle Bearbeitungen können schließlich alle Lebensmittel mehr oder weniger gesundheitsschädlich und ungenießbar machen.

Die Kochtöpfe sind nicht selten die Ursache von Beschwerden und Gesundheitsschäden. Das liegt aber nicht nur an den *Kochtöpfen* — es liegt auch an der Art ihrer Nutzbarmachung, mit andern Worten: an *der Köchin.* Daß der Speisezettel keine unwesentliche Nebensächlichkeit ist, wissen wir schon (vgl. Abschnitt X). Wie sehr hängt doch unser Wohlbefinden und unsere freundliche Laune von der Kunst der Küche ab! Man sollte die kleinen Freuden des Alltags nicht ohne Not durch lauwarmen Tee, versalzene Suppen, halbgare Gemüse, verbrannte Kartoffeln und hoffnungslos zähes Fleisch ins Gegenteil verkehren. Es grenzt schon an vorsätzliche Gesundheitsschädigung, wenn das schwere, überfette Mittagessen wie Blei im Magen liegt und der Bäcker das Brot naß und klumpig verkauft, weil es dann schwerer ist und mehr

Geld bringt. Hoch ausgemahlenes Brot „verträgt" so gut wie jeder, vorausgesetzt, daß es anständig gebacken ist! Aus langjähriger Erfahrung wissen wir sehr gut — und die Hausfrau weiß es auch — was uns schmeckt und was uns bekommt. *Warum* es uns schmeckt, welche physiologischen Vorgänge da zugrunde liegen, das bleibt uns freilich zum großen Teil verborgen. Wir müssen deshalb biologisches Wissen und alltägliche Erfahrung zusammennehmen, um unsere Ernährung möglichst bekömmlich und zweckmäßig zu gestalten.

Mit der ausreichenden Zufuhr alles Notwendigen, mit einwandfreien Rohstoffen, einwandfreiem Speisezettel und einwandfreier Küche ist noch immer nicht alles getan. Es kommt hinzu, was man die *„Hygiene des Essens"* genannt hat. Von der *Einteilung der Mahlzeiten* hängt viel für das tägliche Wohlbefinden ab. Feste Einzelregeln können niemals für alle verbindlich gemacht werden. Die äußeren Lebensbedingungen sind zu verschieden und die Frage kann immer nur heißen: Welche Einteilung ist *unter den gegebenen Verhältnissen* die zweckmäßigste? Für uns Europäer genügen drei Mahlzeiten täglich. Die Hauptmahlzeit liegt für die meisten Menschen besser nicht am Mittag, denn der Hauptmahlzeit soll eine Ruhepause folgen. Während der Verdauung muß der Dünndarm reichlich mit Blut versorgt werden. Die Erweiterung der Strombahn im Bereich der Verdauungsorgane erlaubt aber nur eine geringe Durchblutung — und damit eine geringere Leistungsbereitschaft — anderer Gebiete: der Muskulatur und des Gehirns. Bei Durcharbeitszeit gewährt die kurze Mittagspause nicht mehr die für eine umfangreiche Mahlzeit nötige Ruhe. Die beste Zeit für die Hauptmahlzeit ist der Abend nach getaner Arbeit — sofern das Abendessen nur 2—3 Stunden vor dem Schlafengehen liegt.

„Gut gekaut ist halb verdaut." Langsames Essen, körperliche und geistige Entspannung, gutes Kauen sind Vorbedingungen der Bekömmlichkeit. Die Zeitung gehört nicht auf den Eßtisch!

Im allgemeinen ist es sicher unnötig, *zum Essen zu trinken*. Die Verdauung wird aber nur durch so große Flüssigkeitsmengen gestört, die gleichzeitig auch den Appetit beeinträchtigen. Man darf nicht vergessen, daß Kinder ein größeres Flüssigkeitsbedürfnis haben als Erwachsene. Die Wirkung von *Alkohol und Kaffee* ist so verschieden, daß sich dafür keine allgemeingültigen Regeln aufstellen lassen.

Die Mundhöhle kühlt *heiße Speisen* ab und erwärmt *kalte*. Es kommt also weniger darauf an, wie heiß und wie kalt die Speisen *sind*, als darauf, wie rasch man sie *schluckt*. Rasch geschluckte heiße Speisen (dicke Breie und Suppen, fette Fleischbrühe mit einer Temperatur von etwa 50° C) lösen Schmerzen in der Magengegend aus und schädigen auf die Dauer die Schleimhaut. Starke Reize, besonders für den leeren Magen und Darm, sind rasch hinuntergegossene kalte Getränke. Heftig einsetzende Magendarmbewegungen, Durchfall, Ohnmacht, vielleicht auch einmal ein plötzlich einsetzender Magendarmkatarrh, können die Folge sein.

Und schließlich die *Reinlichkeit beim Essen!* In mancher Gaststätte vergeht einem der Appetit, wenn man einen indiskreten Blick in die Küche tut. Eine gepflegte Umgebung, ein liebevoll gedeckter Tisch, lecker zugerichtete Speisen erhöhen Genuß und Bekömmlichkeit. Die unangenehmen Erlebnisse des Tages werden besser erst *nach* Tisch besprochen.

„Vor dem Schlafen, nach dem Essen — *Zähneputzen* nicht vergessen!" Zahnfäule (Karies) und Zahntascheneiterung (Paradentose) kommen nicht vom schlechten Zähneputzen. Zahnkrankheiten und Mundkrankheiten aller Art werden aber durch mangelhafte Reinigung des Mundes und der Zähne verschlimmert. Das gilt noch immer, wenn wir inzwischen auch die Bedeutung der Vitamine und Hormone für die Entstehung der Zahn- und Mundkrankheiten höher schätzen gelernt haben.

Zur Hygiene des Essens gehört schließlich noch die *Hygiene des Stuhlgangs*. Mindestens einmal täglich soll der Mensch Stuhlgang haben, am besten immer um dieselbe Zeit. Erziehung und Gewöhnung sind hier von allergrößter Bedeutung. Den Kampf um den täglichen Stuhlgang kämpfen viel mehr Menschen als der Uneingeweihte ahnt. Viele sind bedauernswerte Opfer ihres Berufs, ihrer Erziehung, ihrer Ernährung. Die Verstopfung ist eine Volkskrankheit und eine nie versiegende Quelle von Mühen und Plagen. Oft genug wird sie als shocking verheimlicht und dadurch nur noch mehr verschlimmert. Für die Hygiene der Nahrung und Ernährung wie für die Gesundheitspflege im Ganzen gibt es überhaupt nichts, was shocking, unwichtig, und nicht Gegenstand ernster Bemühung sein könnte.

XII. Vom Nahrungsverbrauch und seinen Schwankungen.

„Und jetzt zeigte sich, ähnlich freilich wie vorher schon in der Michaelschlacht, ein dunkles Zeichen im Bild des deutschen Heeres. An mehr als einer Stelle stockte der Vormarsch, auch ohne daß hier britische Gegenwehr die Stürmenden aufhielt. In den reichlich gefüllten Proviantlagern der britischen Gräben und Stellungen brach sich oft für Stunden der Angriff. Die in jahrelanger Not ausgehungerten Soldaten ertrugen den Anblick der Vorratslager nicht mehr. Sie fielen in unbezwinglicher Gier darüber her, sie waren taub für Befehl und Bitte, sie wollten einmal, *einmal* wieder das Gefühl des Sattseins kosten. Es ist für den Nachlebenden ein wahrhaft erschütterndes Bild: Diese Soldaten hatten vorher tagelang im Regen gelegen, sie waren dann, ohne zu murren, mit ihren hohläugigen Gesichtern angegangen gegen Granaten und Minen und Maschinengewehre. Nicht der feuerspeiende Hagel und nicht der Anblick der fallenden Kameraden hatte sie lang aufhalten können, sie hatten sich durch den Schlamm der Wege und Sümpfe den Weg gebahnt — und nun blieben sie liegen, als sie die Büchsen mit Corned beef und die Laibe des Weißbrotes vor sich sahen... Die britische Blockade des Hungers, die schon so viel verwüstet hatte, streckte nun ihre tödlichen Krallen auch auf das Schlachtfeld aus.“ (Aus einer Schilderung der Flandernschlacht vom April 1918).

Hunger von früh bis spät — *Unterernährung* — *Untergrabung der inneren Widerstandskraft* waren es, die uns im Jahre 1918 zum Erliegen brachten. Alle menschlichen Gefühle und Strebungen werden überrannt, wo der Hunger übermächtig geworden ist und die langersehnte Gelegenheit zur Befriedigung findet. Wie unbestimmt waren früher unsere Vorstellungen, wenn wir von Hungersnöten in China und Rußland und von 10000 oder 20000 Verhungerten hörten. Die britische Hungerblockade von 1916—1920 hat uns die Schrecken des Hungers und die Gefahren der Unterernährung mit furchtbarer Eindringlichkeit vor Augen geführt. Nicht nur, daß alle Gedanken um Hunger und Essen kreisten, daß Sitte, Pflicht, Kameradschaft und Freundschaft in dieser Not litten, daß der Hunger die *Seele* des Volkes vergiftete — auch in den *Körper* des Volkes schlug er tiefe Wunden.

Das Harmloseste war noch die allgemeine Gewichtsabnahme. Dann aber sank die körperliche und geistige Leistungsfähigkeit und Spannkraft. Unausgleichbare Schäden erlitt die stets hungernde heranwachsende Generation. Erfahrene Frauenärzte beziehen die heute so verbreitete Unterentwicklung der Gebärmutter vor allem auf Hungerschäden des Weltkriegs; ein großer Teil dieser Frauen ist unfruchtbar. Der Aufbau des Knochengerüstes litt schwer unter der Unterernährung („Hungerosteomalacie"). Die Sterblichkeit der 1—15jährigen Kinder betrug 1917 das 1½ fache von 1913! Auch die Sterblichkeit der übrigen Altersklassen (ohne Soldaten) war um 30—40% angestiegen. Tausende erkrankten an „Hungerödem", viele starben daran. Die Sterblichkeit an Lungentuberkulose stieg von 12 (je 10000 der Bevölkerung) im Jahre 1913 auf 20 im Jahre 1918. Wieviel Elend steht hinter diesen nüchternen Zahlen!

Unter allen Ernährungsfragen steht die Frage: *Was müssen wir essen, um voll leistungsfähig zu sein,* nicht nur in Zeiten der Not und des Hungers im Vordergrund des Interesses. Die Antwort auf diese Frage ist nicht ganz einfach.

Wir fragen *einmal:* Was essen die Menschen tatsächlich? Wir wollen also, um einen vielgebrauchten Fachausdruck zu benutzen, die *tatsächliche Ernährung bei „freigewählter Kost"* feststellen. Individuelle Verbrauchsverschiedenheiten kommen bei dieser statistischen Methode um so weniger zur Geltung, je größer die Volksgruppe ist, auf die sich die Erhebung stützt. Nun gibt es streng genommen aber gar keine „freigewählte Kost". Marktlage und Geldbeutel ziehen immer unüberschreitbare Grenzen. Es erhebt sich also die *zweite Frage: Ist die frei gewählte Ernährung ausreichend*? Selbstverständlich dürfen auch dabei die Verhältnisse einer Volksgruppe nicht ohne weiteres auf eine andere übertragen werden.

Geht die erste Frage auf die Auswertung von *Massenstatistiken,* so lenkt sich die zweite auf die *Beobachtung kleiner Gruppen oder einzelner Menschen.* Die Auswirkungen eines Zuviel oder Zuwenig lassen sich am Einzelnen früher und genauer erkennen. Dafür müssen individuelle Eigenheiten in Kauf genommen werden. Einzelbeobachtungen dürfen also *noch* weniger verallgemeinert werden als statistische Feststellungen. Beide Forschungsrichtungen müssen einander ergänzen.

„Mit Statistik kann man alles beweisen", glauben jene, die von *Statistik* nichts verstehen, und jene, die der statistischen Unkenntnis oder Unehrlichkeit anderer bereits einmal zum Opfer gefallen sind. Statistik ist eine Wissenschaft für sich. Die Bedeutung einer „einfachen" Zahlenreihe zu erkennen ist gar nicht leicht. Man muß mit den Fehlermöglichkeiten, der Art und den Grenzen der Erhebung genau vertraut sein, ehe man Schlüsse zieht. Wo diese Voraussetzungen aber erfüllt sind, da gibt die Statistik immer eine *eindeutige und beweisende Antwort.*

Bei ernährungsstatistischen Erhebungen müssen vor allem jahreszeitliche Schwankungen und Unterschiede von Körpergröße und Körpergewicht und Alter beachtet werden. Und immer wieder wird aus der *Gleichzeitigkeit* zweier Erscheinungen auf ihren *ursächlichen Zusammenhang* geschlossen — nach dem Muster: 1. In Mitteleuropa werden die Störche seltener — 2. In Mitteleuropa werden weniger Kinder geboren — 3. Schluß: weil es weniger Störche gibt, werden weniger Kinder geboren. Über *ursächliche Zusammenhänge* zweier biologischer Erscheinungen kann also der Statistiker nichts sagen — hier ist allein der *Biologe* zuständig.

Bei der Ernährungsstatistik fällt der *Altersaufbau* am stärksten ins Gewicht. Wir müssen kurz darauf eingehen, weil die Nichtbeachtung zu ständigen Irrtümern und Meinungsverschiedenheiten Anlaß gibt. Ein Säugling ißt bekanntlich weniger als ein 25jähriger Mann. Die früher allgemein übliche Berechnung „je Kopf" läßt diese Unterschiede völlig außer acht. Heute rechnen wir mit „Verbrauchseinheiten" oder „*Vollpersonen*". Nach der am meisten gebrauchten Aufstellung der Hygienesektion des Völkerbundes stellt der Mann vom 14. bis 60. Lebensjahr eine Vollperson dar (100%). Die Frau zählt zeitlebens, der Mann vom 60. Jahr an nur als 80prozentige Vollperson. Das Kind im 1. Lebensjahr rechnet als 20% und steigt alle 2 Jahre um 10% bis zu 80% im 13. Lebensjahr. Eine Familie mit je einem 6-, 3- und 1jährigen Kind besteht demnach zwar aus 5 Köpfen aber nur aus 2,8 Vollpersonen. Die „Je-Kopf-Rechnung" hat z. B. zur Unterschätzung des Fleischverbrauches vor dem Krieg geführt. Wenn unsere 5köpfige Familie jährlich 143 kg Fleisch verzehrt, dann sind das je *Vollperson* 143:2,8 = 51 kg, je *Kopf* aber 143:5 = 29 kg. Mit anderen Worten: bei gleichem Gesamtverzehr ergibt die Je-Kopf-Rechnung einen niedereren Wert als die Vollperson-Rechnung — niederer, weil die Je-Kopf-Rechnung eben von der falschen Voraussetzung ausgeht, alle 5 Familienmitglieder wären gleichstarke Fleischesser. Da die Kinderzahl vor dem Kriege höher war als heute, hatten die Familien mehr Köpfe aber mehr halbe und viertels Esser als heute. Diese halben Esser wurden aber nach der Je-Kopf-Rechnung sämtlich als volle Esser gezählt und erweckten damit den Anschein eines niedereren Fleischverzehrs. Je *Vollperson*, d. h. tatsächlich, ging der Fleischverzehr von 1904 bis 1936 um 2,1 kg zurück — je Kopf wäre er um 0,4 kg angestiegen! Die Je-Kopf-Rechnung täuschte einen *Anstieg* vor, wo in Wirklichkeit ein *Abfall* ist! Wo nicht anders vermerkt sind also die folgenden Zahlenangaben deshalb stets auf Vollpersonen (und Jahr) in Deutschland bezogen.

Es ist unmöglich, auf Grund von Erzeugungs- und Handelsstatistiken den *Verbrauch* an Nahrungsmitteln mit einiger Sicherheit festzustellen. Die einzig brauchbare Grundlage gibt die unmittelbare *Verbrauchserhebung*. Und auch diese ist mit Unsicherheiten behaftet, die in der Natur der Sache liegen. Die meisten verbrauchsstatistischen Angaben vor dem Jahre 1900 sind sehr unsicher. Wenn heute manche so genau wissen, wieviel Brot und Fleisch unsere Großväter zur Zeit der Freiheitskriege gegessen haben — 1816 sollen es z. B. 225 kg Mehl je Kopf und Jahr gewesen sein — dann geht das über ihre Beweiskraft, und zwar einfach deshalb, weil es damals noch gar keine entsprechenden Statistiken gab!

Beim Blick auf die folgenden Absätze wird der Leser vielleicht mit Schrecken ein Gewimmel von Zahlen feststellen. Bei näherem Zusehen verliert sich der Schrecken und ganz ohne Zahlen kommen wir eben nicht aus, wenn wir eine wirkliche Vorstellung von den Tatsachen gewinnen wollen. Wer sich vor den Zahlen allzusehr fürchtet, mag sie überschlagen und am Ende des Abschnitts weiterlesen.

Der Verbrauch an *Roggenmehl* war 1936 etwa gleich hoch wie 1924 (erst seit 1924 gibt es ganz zuverlässige Zahlen), der Verbrauch an *Weizenmehl* 1936 etwas höher. So stehen 122,5 kg Roggen- und Weizenmehl (je halb und halb) im Jahre 1924 einem Verbrauch von 128,1 kg im Jahre 1936 gegenüber. Auf Schätzungen beruht die Annahme eines Mehlverbrauchs von rund 142 kg (je Kopf!) in den Jahren 1909—1913. Der Mehlverbrauch sinkt langsam seit der Jahrhundertwende. Der Verzehr *anderer Getreidearten* hat sich in den letzten 30 Jahren kaum geändert. Dagegen wurden 1909 bis 1913 mehr als doppelt soviel *Hülsenfrüchte* gegessen wie 1935.

Wenig schwankt seit 1924 der *Kartoffel*verzehr; gegenüber Vorkriegszeiten ist er gesunken (1909—1913 230,6 kg). In schlechten Jahren (1924) stieg er auf 222 kg, um 1928/29 auf 198 kg zu fallen, 1932 auf 222 kg anzusteigen und 1936 wieder auf 198 kg zurückzugehen. Die billige Kartoffel als Spiegelbild der Wirtschaftslage! Überall essen die Städter weniger Kartoffeln als die Bauern. — Der *Zucker*verzehr steigt seit 1900 ständig an: 16,7 kg (1900) — 23 kg (1913) — 26 kg (entsprechend 70 g täglich) im Jahre 1936. — Für *Gemüse und Obst* gibt es leider keine zuverlässigen Zahlen. Eine Verbrauchszunahme gegenüber Vorkriegszeiten kann als sicher gelten. Allein Südfrüchte stiegen von 4,1 auf 7,4 kg.

Für das *Fleisch* zeigt sich die — vielleicht überraschende — Tatsache, daß 1936 2,1 kg weniger gegessen wurden als 1904 (52,5 bzw. 50,4 kg). Gesunken ist der Verbrauch an Rind- und Schaffleisch. Schweinefleisch und Kalbfleisch haben sich gehalten. Sachkundige *Schätzung* kommt für 1860 zu einem Gesamtverzehr je Kopf von 38 kg (1904 waren es 43,1 kg je *Kopf*). Der Fleischverzehr ist also im Laufe des 19. Jahrhunderts langsam angestiegen; er hält sich seit der Jahrhundertwende aber auf etwa gleicher Höhe. — Von dem Anwachsen des *Fisch*verzehrs war schon an anderer Stelle die Rede: 1913 je Kopf 5,0 kg, 1937 je Kopf 12,5 kg Seefische. — 1928—1935 verharrte der *Butter*verbrauch auf gleicher Höhe bei etwa 8,7 kg; 1909 bis 1913 waren es 7,7 kg. — Leider weiß man nichts Zuverlässiges vom *Milch*verbrauch. — Verdoppelt hat sich von 1913—1935 der *Margarine*verzehr (von 3,3 auf 7,1 kg), zugenommen hat der *Käse*verzehr (von 4,9 auf 6,2 kg), abgenommen das *Schmalz*. Für alle tierische und pflanzlichen Fette zusammen ergibt sich ein Tagesverzehr je Vollperson von 70,1 g je Vollperson in den Jahren 1909—1913, von 83,0 g im Jahre 1935.

Eier, Honig, Tee, Tabak haben sich annähernd gehalten. *Kaffee* und *Kochsalz* sind gegenüber 1909—1913 zurückgegangen.

Zusammenfassend dürfen wir sagen: *Im Laufe der vergangenen Jahrzehnte ist in Deutschland der Verbrauch an Brotgetreide, Hülsenfrüchten, Kartoffeln, Schmalz und Salz zurückgegangen. Auf etwa gleicher Höhe haben sich Eier und Honig gehalten. Gestiegen sind Fleisch, Fische, Butter, Zucker, Margarine, Speiseöle und Obst.* Der Verzehr an *Gesamteiweiß* wird für 1936 auf 93 g je Kopf und Tag veranschlagt, der Verzehr an *verwertbarem Nahrungseiweiß* im Durchschnitt der letzten Jahre auf 75 g je Kopf und Tag (davon 41 g tierisches Eiweiß).

Das sind Durchschnittszahlen für das *ganze* Volk. Sie zeigen uns die Einstellung der Ernährung im Großen und ihre Verschiebungen über Jahre hinweg. Wie groß sind nun die *Unterschiede innerhalb dieses Rahmens?*

Eine einzigartige Untersuchung in 896 *Arbeiter-*, 546 *Angestellten- und* 498 *Beamtenfamilien* hat da recht aufschlußreiche Ergebnisse über *sozial bedingte Unterschiede der Ernährung* gezeitigt: Fleisch-, Butter-, Käse-, Obst- und Zuckerverzehr nehmen mit steigender sozialer Lage durchweg zu, der Verbrauch an weniger hochwertigen Fetten, vielleicht auch an Brot, sinkt (vgl. Tabelle 1—3). Genau dasselbe wird erkennbar, wenn man die Haushalte jeder der

3 Berufsgruppen in Einkommensklassen teilt: Der Verbrauch an Fleisch, Eiern, Milch, Butter, Käse, Obst, Gemüse und Zucker steigt auch *innerhalb jeder Berufsgruppe* mit steigendem Einkommen. Es steigt gleichzeitig der Verbrauch an

1. Tagesverbrauch in g je Vollperson 1927/28.

	Arbeiter	Angestellte	Beamte
Fleisch	126	132	133
Butter	16	32	35
Andere Fette	39	28	26
Käse	13	15	15
Brot und Backwaren	307	289	299
Kartoffeln	421	392	422
Gemüse	109	120	115
Obst	85	118	130
Zucker	45	46	50

(nach Tornau).

2. Tagesverbrauch je Vollperson 1927/28.

	g Eiweiß	davon tierisches Eiweiß g	Brennwerte
Arbeiter	82,2	42,4	2866
Angestellte	84,2	54,2	2924
Beamte	87,0	46,2	3033

(nach Tornau).

3. Tagesverbrauch 1926 je Vollperson bei

Einkommen von	g Eiweiß	g Fett	g Kohlehydrate	Brennwerte
höchstens 3500 RM.	69,6	101,4	381,9	2746
3501—5000 RM.	75,1	97,9	411,6	2851
über 5000 RM.	80,2	109,4	447,5	3059

(nach v. Tyszka).

Weizenbrot bei sinkendem Roggenbrotverbrauch. Der Kartoffelverbrauch, in der niedersten Einkommensgruppe (in der Tabelle nicht wiedergegeben) am tiefsten und in der zweitniedersten am höchsten, sinkt von der zweitniedersten Gruppe an mit steigendem Einkommen ab. Familien der niedersten Einkommensklasse sind also offenbar nicht einmal in der Lage, sich genug Kartoffeln zu kaufen! Sie essen zwar etwas mehr Brot als die Familien der zweitniedersten Gruppe (3,6 kg je Jahr), aber 12,5 kg Kartoffeln weniger. Leider ist über die

Krankheitsfälligkeit dieser Volksgruppen nichts bekanntgeworden.

Ähnliche Untersuchungen in *bäuerlichen Haushaltungen* ergaben nur bei 2 von 30 einen Eiweißverzehr von weniger als 80 g; der Höchstwert betrug 149 g je Vollperson! Der Fettverzehr lag zwischen 106 und 222 g, der Brennwertverzehr zwischen 3000 und 5000 Kalorien. *Auf dem Lande wird demnach viel mehr gegessen als in der Stadt.* Es handelt sich hier um selbständige Bauernfamilien in den Jahren 1933. Alle alteingesessenen, gutgehenden Betriebe zeigten höhere Verbrauchsziffern als wirtschaftlich schwache oder Siedlungsbetriebe. Selbst in dem schlechtesten Betrieb betrug der Eiweißverzehr aber immer noch 91 g täglich. Auch in dieser Erhebung tritt der hohe Eiweiß- und Fettverzehr und der hohe Brennwert der Nahrung bei guter wirtschaftlicher Lage deutlich in Erscheinung. Der Kohlehydratverzehr liegt umgekehrt im wirtschaftlich schwachen Betrieb höher als im gutgehenden.

Eine große Überraschung, eine schmerzliche Überraschung für die Vegetarier, war die *Ernährung der Olympiakämpfer* bei der Berliner Olympiade im Jahre 1936. Jeder konnte essen was und wieviel er wollte. Die Küche paßte sich den heimatlichen Eßgewohnheiten vollkommen an. Der zentralisierte Küchenbetrieb ließ gleichzeitig den Verbrauch leicht überwachen. Die sportliche Elite ißt während des Trainings sehr viel Eiweiß, viel Milch, sehr viel Obst sehr viel Gemüse. Mit Ausschluß der *nicht* kämpfenden Begleitmannschaft belief sich der mittlere Tagesverzehr der Teilnehmer aus 42 Nationen je Kopf auf 320 g Eiweiß (vor allem in Gestalt von Fleisch und Milch), 270 g Fett, 850 g Kohlehydrate — insgesamt 7300 Kalorien (Bruttowerte wie alle bisher genannten Zahlen, d. h. Werte einschließlich Abfall und unverdaulicher Bestandteile). Das sind gewaltige Berge! Die meisten Sportsleute verzehrten täglich 600—800 g Fleisch — 5 bis 6 anständige Koteletts —, einzelne noch mehr! Manche brachten es auf $2^1/_2$ l Milch, die meisten auf 1 l Milch täglich. Allen Gemüsen und Obstarten wurde reichlichst zugesprochen; hervorragend beliebt war vor allen Dingen überall die Tomate.

Man muß bei diesen Zeilen aber stets bedenken, daß es sich um eine Ernährung für verhältnismäßig kurze Zeit und extreme Anforderungen gehandelt hat.

Zu den beruflichen treten *landschaftliche und nationale Ernährungsunterschiede.* Wir haben im Abschnitt X die landschaftlich verschiedenen deutschen Eßgewohnheiten erwähnt. In dem Verbrauch 4köpfiger Arbeiterfamilien — diese können als Ausdruck der Ernährungsgewohnheiten auch anderer Berufsschichten gelten — kommen sie überzeugend zum Ausdruck. (Im folgenden sind nur 5 von 9 untersuchten Ländern herausgegriffen: Schlesien, Pommern, Niedersachsen, Rheinland und Bayern.)

4. Der jährliche Nahrungsmittelverbrauch eines 4köpfigen Arbeiterhaushaltes 1927/28.

	Schlesien	Pommern	Niedersachsen	Rheinland	Bayern	Reichsdurchschnitt
Milch (Liter)	340	475	488	547	617	491
Eier (Stück)	273	388	368	450	524	425
Butter, kg	22	25	23	9	10	17
Schweinefleisch, kg	24	36	32	19	40	28
Rindfleisch, kg ...	21	11	14	17	46	19
Fische, kg	19	52	20	19	6	21
Roggenbrot, kg ...	329	337	302	240	181	264
Weizenbrot, kg ...	74	77	53	70	84	61
Teigwaren, kg	2	1	3	7	20	8
Kartoffeln, kg	395	898	540	600	281	483
Gemüse, kg	143	73	101	158	105	118
Obst, kg	57	56	71	84	73	83
Zucker, kg	50	42	44	39	77	51
Täglicher Verbrauch des Haushaltes an:						
Eiweiß, g	211	240	223	219	228	
Brennwerte	9144	9987	8823	8894	8013	

Im *Fleisch*verbrauch steht Bayern an der Spitze; die Niedersachsen und die Schlesier essen dafür am meisten Würste. *Speck* gibt es in Westfalen reichlich, in Bayern so gut wie gar nicht. Am meisten *Milch* verbrauchen die Bayern, am meisten *Butter* die Sachsen. Im Rheinland, in Westfalen und in Ostpreußen spielen andere Fette eine größere Rolle. *Käse* ist nicht etwa in Bayern, sondern in Sachsen, Ostpreußen und Pommern am höchsten geschätzt. Pommern ist das klassische Land der *Kartoffel.* Die Pommern essen auch am mei-

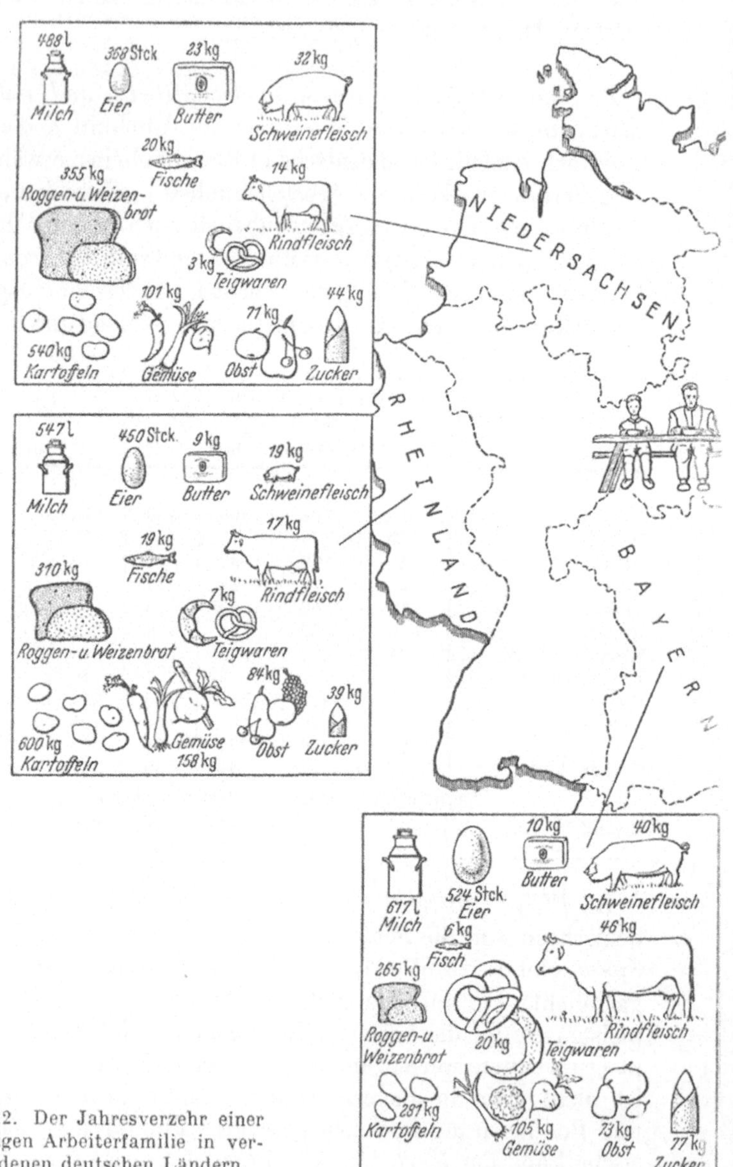

Abb. 22. Der Jahresverzehr einer 4 köpfigen Arbeiterfamilie in verschiedenen deutschen Ländern.

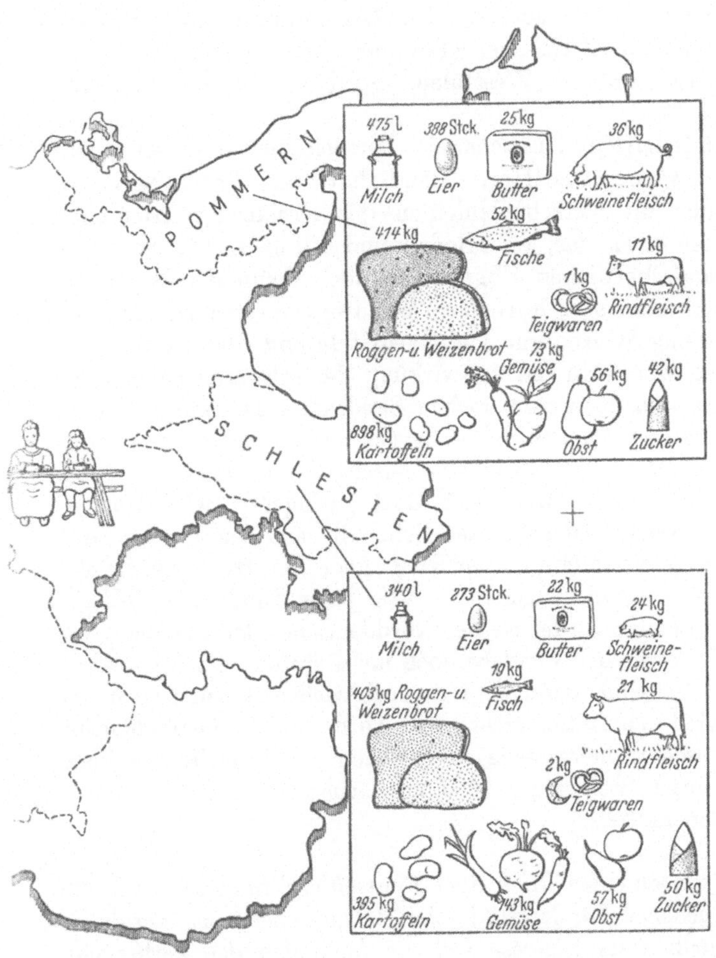

sten *Schwarzbrot*, die Bayern am meisten *Weißbrot, Teigwaren* und *Zucker*. Bemerkenswert große Unterschiede bestehen hinsichtlich des *Gemüse*verzehrs: er ist im Rheinland mehr als doppelt so groß als in Ostpreußen. Bei diesen recht beachtlichen Unterschieden überrascht die Ähnlichkeit des Eiweiß- und Brennwertverzehrs um so mehr. Er liegt je Tag und Vollperson für Eiweiß zwischen 240 und 192 g

(Pommern bzw. Sachsen), für Gesamtbrennwerte zwischen 9987 und 8013 Kalorien (Pommern bzw. Bayern). 52% des Eiweißes sind in Westfalen, 59% in Bayern tierischer Herkunft.

Landschaft und Lebensweise spiegeln sich in diesen nüchternen Verbrauchsziffern. Landschaft und Lebensweise bestimmen die Verschiedenheiten der Ernährung. Aus einer Anpassung an das, was Boden und Klima bieten, entstehen die landschaftlichen Eßgewohnheiten. Wenn der Bayer viel Weizen und wenig Kartoffeln und Roggen verzehrt, der Pommer wenig Weizen und viel Kartoffeln und Roggen, dann erkennen wir darin die Auswirkung des schweren bayerischen Bodens und des pommerschen Sandes. — Ist es das Zeichen eines reichen Landes, wenn Bayern an der Spitze des Zucker- und des Rind- und Schweinefleischverzehrs marschiert? Die billigere Wurst erfreut sich dort geringerer Beliebtheit. — Fische werden (nach dieser Erhebung aus den Jahren 1928 bis 1929) vor allem an der Küste gegessen. Heute dürfte sich das etwas geändert haben. — Wie jeder Süddeutsche ißt der Bayer weniger Butter als der Norddeutsche. Bedenkt man, daß in den nordischen Ländern noch mehr Butter verzehrt wird als in Deutschland, dann liegt es doch vielleicht nahe, auch den verschiedenen Butterverzehr von Nord- und Süddeutschen auf klimatische Unterschiede zu beziehen. — Braucht der Pommer soviel Brennwerte, weil er körperlich besonders schwer arbeiten muß?

Nun noch einen *Blick über Deutschland hinaus!* Vergleiche verschiedener Länder sind sehr viel unsicherer als Vergleiche innerhalb *eines* Landes, weil die Methoden der Verbrauchsfeststellung nicht überall gleich und vor allem nicht überall gleich zuverlässig sind. So dürfen nur ganz große Unterschiede gewertet werden. Außerdem handelt es sich bei den hierfür verfügbaren Zahlen zumeist um *Je-Kopf*-Verbrauchs-Zahlen, nicht um Angaben je *Vollperson.*

Weitaus am höchsten liegt der *Getreide*verzehr in vorwiegend bäuerlichen Ländern wie Polen und Bulgarien. In Kanada und Australien wie auch in Italien und Frankreich

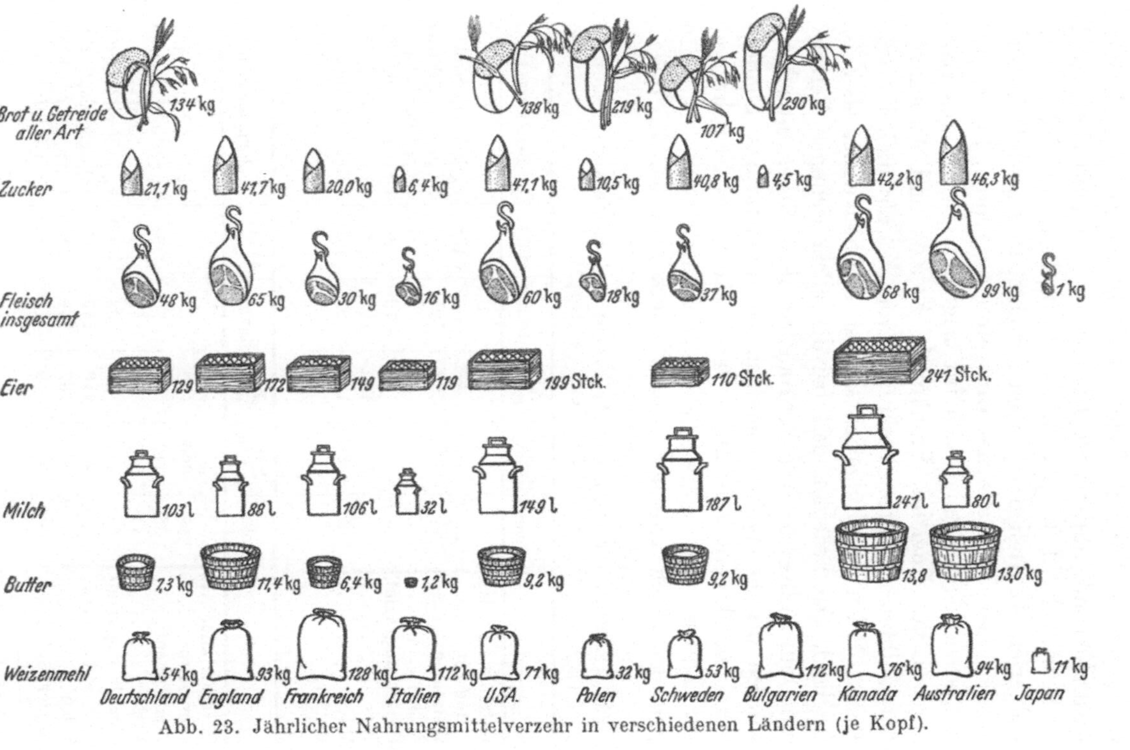

Abb. 23. Jährlicher Nahrungsmittelverzehr in verschiedenen Ländern (je Kopf).

kommen neben dem Weizen andere Getreidearten nicht wesentlich in Betracht. Reiche Agrarländer wie Kanada und Australien mit ihrer industrialisierten Landwirtschaft sind auch wirtschaftlich ganz anders aufgebaut als Polen und Bulgarien. In Italien vertreten Früchte, Reis und Mais zum großen Teil die Stelle des Brotgetreides. Italien, Polen und Bulgarien kennzeichnen sich im Gegensatz zu anderen Ländern (USA., England, Frankreich, Kanada und Australien) durch ihren geringen Verbrauch von Zucker und Fleisch. Italien, Polen und Bulgarien sind aber kinderreicher als z. B. England. Das bedeutet, daß bei der allein richtigen Berechnung auf Vollperson ihre Verbrauchszahlen stärker anwachsen würden als die Verbrauchszahlen der kinderarmen Länder! Deutschland steht hinsichtlich des Zuckers, des Fleischs und der Butter, sehr wahrscheinlich auch hinsichtlich der Eier und der Milch zwischen beiden Ländergruppen. In Italien

5. Jährlicher Nahrungsmittelverbrauch in verschiedenen Ländern je (Kopf).

	Deutschland	England	Frankreich	Italien	USA.	Bemerkungen
Getreide aller Art und Brot	134	—	—	—	138	kg je Vollperson
Weizenmehl	54	93	128	112	71	kg je Kopf 1932/35
Zucker	21	42[1]	20	6	41	kg je Kopf 1934
Fleisch, insgesamt	48	65[2]	30	16	60	kg je Kopf 1932/33
Eier	129	172	149	119	199	Stück je Kopf 1934
Milch	103	88	106	32	149	Liter je Kopf 1934
Butter	7	11	6	1	8	kg je Kopf 1933/34

	Polen	Bulgarien	Schweden	Kanada	Australien	Bemerkungen
Getreide aller Art und Brot	219	290	107	—	—	kg je Vollperson
Weizenmehl	32	112	53	76	94	kg je Kopf 1932/35
Zucker	11	5	41	42	46	kg je Kopf 1934
Fleisch, insgesamt	18	—	37	68	99[3]	kg je Kopf 1932/33
Eier	—	—	110	248	—	Stück je Kopf 1934
Milch	—	—	187	241	80	Liter je Kopf 1934
Butter	—	—	9	14	13	kg je Kopf 1933/34

[1] 1875 noch 27 kg.
[2] Davon 14 kg Hammelfleisch.
[3] Rindfleischverbrauch in Argentinien 93 kg.

treten pflanzliche Fette an die Stelle der Butter. Verläßliche Angaben bezüglich des Obst- und Gemüseverzehrs besitzen wir nicht. Mehr, als daß der Obst- und Gemüseverzehr in Ländern mit höherem Lebensstandard höher liegt, läßt sich nicht sagen.

Im ganzen zeigen die Länder mit starker Industrialisierung und Verstädterung einen höheren Verzehr an Fleisch, Butter, Eiern und Zucker, einen geringeren an Hülsenfrüchten und Getreide. Der Roggenbau beschränkt sich wesentlich auf Deutschland und das östliche Europa, so wie der Reis in seiner Bedeutung als Hauptnahrungsmittel auf Asien beschränkt blieb. Mit dem Rückgang des Getreideverbrauchs verschiebt sich gleichzeitig das Schwergewicht vom Roggen zum Weizen. Einen nennenswerten Kartoffelverbrauch haben nur Deutschland, Polen und Teile von Rußland. Englische Ernährungsstatistiker sagen, der Getreideverzehr stünde in allen Ländern „in inverse relation to the general level of consumption" (in umgekehrtem Verhältnis zur allgemeinen Verbrauchshöhe, d. h. zum Verbrauch an allen übrigen Nahrungsmitteln). Diese Gleichläufigkeiten im Verzehr der einzelnen Nahrungsmittel finden sich, trotz aller Verschiedenheiten von Rasse, Lebensgewohnheiten und Klima überall wieder. Sie finden sich in ganz Europa und bei allen Völkern unter Lebensbedingungen, die den europäischen einigermaßen gleichen (USA., Australien, Japan). Über Verbrauchserhebungen bei Negern, Malaien, Sibiriaken, Eskimos verfügen wir leider nicht. Bei Massenerscheinungen, wie sie der zunehmende Fleisch-, Butter-, Eier- und Zuckerverzehr darstellen, tritt der Einfluß des Individuellen zurück. Hier treten große Gesetzmäßigkeiten zutage. Doch davon später!

Der Physiologe Rubner hat vor langen Jahren versucht, den Eiweiß-, Fett- und Kohlehydratverzehr einer Reihe von Völkern zu berechnen. Bei der Unzuverlässigkeit der Zahlen, die Rubner zur Verfügung standen, können die Ergebnisse höchstens als grobe Schätzungen gewertet werden. Danach läge der Eiweißverzehr des Menschen je Tag in allen bearbeiteten Ländern (es sind eine Reihe europäischer Länder und Japan) zwischen 80 und 90 g, der Kohlehydratverzehr zwischen 400 und 500 g, der Gesamtbrennwert der Nahrung zwischen 2500 beim Japaner und 3000 beim Engländer. Am meisten Fett verzehrt der Engländer, am wenigsten der Japaner (105 bzw. 29 g). Die Zahlen sind, wie nochmals betont sein mag, sehr unsicher und haben heute eigentlich nur noch historisches Interesse. Über Japan gibt es z. B. noch heute so gut wie keine zuverlässigen Angaben. Es wäre erwünscht, wenn auf Grund neuerer, zuverlässigerer Statistiken noch einmal eine solche Berechnung durchgeführt würde. Selbst aus den besten Statistiken läßt sich aber die Mineral- und Vitaminzufuhr nicht berechnen, denn der Mineral- und Vitamingehalt der Nahrungsmittel schwankt in so weiten Grenzen, daß ohne genaue Kenntnis von Art, Herkunft und Zubereitung alle Berechnungen in der Luft hängen.

Bei allen Verbrauchsberechnungen muß man sich darüber klar sein, daß sie über den tatsächlichen Verzehr des *Einzelnen* nichts aussagen. In einem Volke mit hohem durchschnittlichem Eiweißverzehr können breite Schichten eiweißunterernährt sein! Von der *Verteilung* hängt es ab, ob der einzelne gut, ausreichend oder unzulänglich ernährt ist. Was aber ist gut — ausreichend — unzulänglich? Eine endgültige Antwort ist nur von der Beobachtung am Einzelmenschen zu erhoffen.

XIII. Der Bedarf.

Jede Maschine braucht *Brennstoff*. Nur einen mehr oder minder großen Teil des Brennstoffs setzt sie aber in nutzbare Arbeit um; der weitaus größere Teil des zugeführten Brennstoffs wird unmittelbar zu Wärme und geht damit nutzlos verloren. Technisch ausgedrückt: Jede Maschine arbeitet mit einem bestimmten Wirkungsgrad. Nun ist der menschliche Organismus gewiß keine Maschine. Das Gesetz von der Erhaltung der Energie gilt aber auch für ihn (vgl. Abschnitt II). Auch er arbeitet mit einem bestimmten Wirkungsgrad. Es beträgt der Wirkungsgrad der Dampfmaschine 8—10%, des Benzinmotors 20%, des Dieselmotors 40% und des menschlichen Muskels 25—33%.

Eine gewisse Brennstoffmenge — Energie, wie wir allgemeiner sagen — braucht natürlich auch der *ruhende* Körper. Wir nennen jene Energiemenge, die der nüchterne ruhende Körper umsetzt, den *„Grundumsatz“* und messen ihn in Brennwerteinheiten, in Kalorien (vgl. Abschnitt II). Dieser Grundumsatz ist bei verschiedenen Menschen ganz verschieden groß. Er steigt mit der Körperoberfläche. Da kleinere Lebewesen — Tiere wie Menschen — eine verhältnismäßig große Oberfläche haben, haben sie auch einen verhältnismäßig hohen Grundumsatz. Das ist aber nicht das einzige: Alter, Geschlecht, Schwangerschaft und Stillen, Rasse, individuelle Besonderheiten, das Zusammenspiel der Hormone, Klima (besonders deutlich Höhen- und Seeklima), die Temperatur der Umgebung bedingen Schwankungen des Grundumsatzes von 25% und mehr. Im Zustand der Unterernährung sinkt der Grundumsatz: Der Körper spart Brennstoff ein. Als grober Richtwert können 1700 Kalorien als Grundumsatz des 70 kg schweren, 20—40 Jahre alten Mannes in 24 Stunden gelten; das sind rund 40 Kalorien auf den Quadratzentimeter Körperoberfläche je Stunde.

Jede Leistung steigert den Umsatz und damit den Brennwertbedarf („Leistungszuwachs“). Der Leistungszuwachs für eine bestimmte äußere Arbeit läßt sich genau messen. Auch Nahrungsaufnahme und Verdauung erhöhen den Umsatz, weil sich dabei zahlreiche Organe betätigen müssen. Alle jene Einflüsse, die die Höhe des Grundumsatzes bestimmen, wirken sich auch auf die Höhe des Leistungszuwachses aus.

Von größter praktischer Bedeutung ist die Tatsache, daß *gleiche äußere Leistung durchaus nicht immer den gleichen Aufwand erfordert.* Schon der Kraftaufwand beim einfachen Gehen hängt von der Beschaffenheit des Weges, der Temperatur und der Luftfeuchtigkeit ab, von der Ermüdung, von der inneren Einstellung, von der Übung und der Art des Gehens (er ist größer, wenn man z. B. eine Blase am Fuße hat). Jede berufliche Arbeit ist von solchen Dingen abhängig. Dazu kommen Einflüsse durch Werkzeug, Umgebung, Haltung bei der Arbeit, Pausen, Arbeitsfreude, Tageszeit und Wochentag und vieles andere. Möglicherweise bestimmt der

Ernährungszustand den Wirkungsgrad der Muskelarbeit, d. h. die Größe der für eine bestimmte Arbeit aufzuwendenden Energie — etwa so, daß der Wirkungsgrad günstiger wird, wenn sich bestimmte Mineral- oder Vitaminmengen an den Umsetzungen beteiligen. Wir wissen darüber nicht viel Sicheres. Wir wissen nur, daß der trainierte Muskel einerseits eine andere mineralische Zusammensetzung aufweist, andererseits mit einem besseren Wirkungsgrad arbeitet als der untrainierte.

Diese Dinge muß man sich vergegenwärtigen, um zu verstehen, daß *alle Angaben über Energieaufwand und Brennwertbedarf bei Arbeit nur Schätzungen sein können.* Nur als Schätzungen dürfen die folgenden Zahlen betrachtet werden.

Für 1 Stunde Arbeit werden an Kalorien über den Grundumsatz hinaus gebraucht bei:

Schreiben	20	Gehen	100—200
Nähen	25—30	Schwimmen	200—700
Schuhmacherarbeit	um 100	Radfahren	200—600
Holzsägen	um 400	Ringen	um 1000.

Die Hygienekommission des Völkerbundes nimmt als *Richtwert für den Bedarf eines Erwachsenen* bei regelmäßigem Leben in gemäßigtem Klima ohne körperliche Arbeit 2400 Nettokalorien (d. h. wirklich verwertbare Kalorien) an und rechnet bei leichter Arbeit je Stunde 75 Kalorien hinzu, bei schwerer Arbeit 300 Kalorien und mehr. Wenn auf diese Weise der Tagesbedarf eines regelmäßig arbeitenden Mannes auf 5000 Kalorien berechnet wird, so heißt das aber nicht: Er muß Tag für Tag genau 5000 Kalorien zu sich nehmen. Das wäre praktisch undurchführbar. Er soll nur im Durchschnitt aller Tage 5000 Kalorien zu sich nehmen. Erfahrungsgemäß bekommt es uns ja auch viel besser, wenn wir an einem Tage etwas mehr, am andern etwas weniger essen und mit der Zusammenstellung der Kost wechseln.

Unzureichende Brennwertversorgung führt zu *Unterernährung.* Gewichtsabnahme, Abnahme der körperlichen und geistigen Spannkraft, erhöhte Anfälligkeit und Widerstandslosigkeit gegenüber Infektionskrankheiten sind die Folgen. Vielfach treten bei Unterernährung Mangelerscheinungen durch Fehlen eines *einzelnen* Nährstoffs oder durch eine ungünstige Verschiebung des Nährstoff*verhältnisses* in den Vordergrund. Davon später! Am raschesten geht der Verfall, wenn der Körper *ausschließlich* aus eigenen Beständen leben muß: wenn er völlig hungert. Am längsten hat McSwiney, der Bürgermeister von Cork, gehungert. Als er nach 75tägigem Hungerstreik in einem englischen Gefängnis starb, hatte er 60% seines Gewichts verloren.

Die Folgen der *Überernährung* in Gestalt der Fettleibigkeit sind bekannt. Mancher Vielfraß bleibt mager, auch wenn er sich nicht viel bewegt. Zu wirklicher Fettleibigkeit kommt es eben nur, wenn die Hormondrüsen nicht voll leistungsfähig sind — dann allerdings oft auch *ohne* übermäßige Nahrungszufuhr! Vom vielen Essen allein bekommt man zwar keine Zuckerkrankheit und keine Gicht. Es ist aber kein Zweifel, daß allzureichliche Ernährung gelegentlich diese Krankheiten auslöst: die „krankheitsbereiten" Zellen sind der Belastung durch reichliche Ernährung nicht gewachsen. Man hat aus diesen Erfahrungen schließen wollen, wir säßen allesamt viel zu viel. Dabei muß aber vor allem bedacht werden, daß eine Verknappung der Nahrung die Entstehung wieder anderer Krankheiten begünstigt. Wir wissen noch nicht, ob eine eher knappe Ernährung zweckmäßiger ist oder eine eher reichliche.

Der Streit um das *Eiweiß* wäre fruchtbarer und erfreulicher, wenn man mehr auf Tatsachen und biologische Beobachtungen und weniger auf die Wahrung gewisser Dogmen sehen wollte. Mit dem Leben ist ein ständiger Abbau von Eiweiß verbunden. Dieses Eiweiß muß laufend ersetzt werden. Da das abgebaute Eiweiß als Stickstoffverbindung (Harnstoff) im Harn erscheint, ist uns der Stickstoffgehalt des Harns ein Maß für die Größe des Eiweißumsatzes.

Man kann mit sehr wenig Eiweiß im Stickstoffgleichgewicht sein, d. h. ebensoviel Stickstoff im Harn ausscheiden wie die Nahrung enthält. Mit 23 g Nahrungseiweiß hat z. B. ein bejahrter Arzt in entsagungsvollem Selbstversuch 7 Monate lang gelebt; sehr wohl hat er sich dabei offenbar nicht befunden. Ein anderer, jüngerer, lebte mit täglich 33 g Eiweiß — nach 25 Monaten einer solchen Ernährung brach er körperlich und seelisch völlig zusammen. Die Beispiele ließen sich leicht vermehren. Uns interessiert hier aber weniger, mit wieviel Eiweiß man zur Not noch leben *kann*. Wir wollen wissen, mit wieviel Eiweiß man *am besten* lebt.

In allen langfristigen *Versuchen mit eiweißarmer Ernährung* fällt schon früh eine allgemeine „Gedämpftheit", ein Erlahmen der körperlichen und seelischen Spannkraft des Menschen, ein Nachlassen der Entschlußkraft, der Konzentrationsfähigkeit und der sexuellen Funktionen auf. Die Widerstandskraft gegen Infektionskrankheiten sinkt. Tierzüchterische Erfahrungen lehren, daß Schädigungen durch unzureichende Eiweißzufuhr unter Umständen erst nach *Jahren* erkennbar werden! Unzureichende Eiweißzufuhr gilt als die wesentliche Ursache des Hungerödems, jener mit wassersüchtigen Schwellungen einhergehenden Krankheit, die wir aus dem Weltkrieg kennen. 1918 standen in Deutschland noch etwa 30 g Eiweiß je Kopf und Tag zur Verfügung. Einzelangaben über hervorragende Leistungen eiweißarm ernährter Menschen können keine Allgemeingültigkeit beanspruchen. Meist stehen solche Leistungen im Dienst einer Idee, und dann sind es bezeichnenderweise *Dauer*leistungen, die keine intensive Kraft*konzentration* auf wenige Augenblicke erfordern. Für uns kommt es darauf an, jene Eiweißmenge herauszufinden, die für *alle* die zweckmäßigste ist.

Wenn man einmal zusieht, was *aus den verschiedensten Teilen der Welt über den Eiweißverzehr* berichtet wird — es handelt sich hier nicht um große Durchschnittsstatistiken, sondern um Einzelbeobachtungen — dann findet man ganz erstaunliche Unterschiede.

Eiweißverzehr je Kopf und Tag in g:

Eskimo	212—530
Sibirischer Nomade	200—270
Süditaliener	73
Chinese	53 (74)
Brahmine und Hindu	32—28 (53—45)

In Klammern: Werte der kleinen Rassen (Gewicht rund 50 kg), umgerechnet auf 70 kg Körpergewicht.

Der hohe Eiweißverzehr der Eskimos und Sibiriaken ist leicht verständlich. Sind sie doch gezwungen, so gut wie ausschließlich von tierischer Nahrung zu leben. Brahmine und Hindu sind strenge Vegetarier. Ist es ein Zufall, daß gerade dem Hindu Beschaulichkeit und Versenkung die höchsten Stufen geistiger Existenz sind und daß kaum ein Volk so wenig Initiative aufbringt wie diese Inder? Viel höher liegt der Eiweißverzehr der mohammedanischen Sikhs im indischen Norden. Das sind aber die besten Soldaten Indiens und die erprobten Träger der Himalajaexpeditionen! Der Wert für Süditaliener ist ungewöhnlich tief, wenn man berücksichtigt, daß ihr Nahrungseiweiß ausschließlich wenig wertvolles Mais- und Bohneneiweiß ist (über Eiweiß„wertigkeit" vgl. unten!). Man hat der Kost dieser Menschen Fleisch und Eier zugelegt und dabei eine deutliche Zunahme ihrer Leistungsfähigkeit gesehen.

Im Tierversuch hat es sich herausgestellt, daß der Körper bei *unzureichender Eiweißversorgung* seine gewebliche Zusammensetzung ändert, ohne an Gewicht abzunehmen. Aus dem Körpereiweiß werden Teile herausgebrochen und durch Eiweißbausteine minderen Wertes ersetzt. Wachstum und Fortpflanzungsfähigkeit leiden dadurch schon zu einem Zeitpunkt, wo sich der übrige Betrieb noch ganz glatt abwickelt. Die Wertminderung des Körpereiweißes erklärt es, daß Tier und Mensch nach solchen Versuchen — auch wenn sie im Stickstoffgleichgewicht blieben — reichlich Eiweiß ansetzen, sobald ihnen wieder ausreichend Eiweiß angeboten wird. Die minderwertigen Eiweißbausteine werden dann sofort wieder durch vollwertige ersetzt. Das sind Beobachtungen von allergrößter Tragweite! Sie zeigen, daß *Stickstoffgleichgewicht keineswegs Eiweißgleichgewicht bedeutet.*

Als Eiweiß fassen wir eine große Gruppe verschiedener Stoffe, d. h. verschiedener Eiweiß*arten* zusammen, die letzten Endes alle aus Aminosäuren bestehen (vgl. Abschnitt II.). Nicht jede Eiweißart enthält alle für den Organismus nötigen Eiweißbausteine und Aminosäuren in hinreichender Menge. 12 g Harnstickstoff können aus hochwertigem Eiweiß stammen und ausreichende Bedarfsdeckung anzeigen. 12 g Stickstoff erscheinen aber auch im Harn nach entsprechenden Mengen minderwertigen Eiweißes, die den Bedarf des Körpers an bestimmten Eiweißbausteinen und Aminosäuren ungedeckt lassen. Wir sprechen von *„biologisch hochwertigen“* und *„biologisch minderwertigen“ Eiweißarten*. Die biologische Wertigkeit der Eiweißarten läßt sich zahlenmäßig abschätzen. Setzt man die biologische Wertigkeit des Milcheiweißes = 100, dann ergibt sich folgende Abstufung für die biologische Wertigkeit anderer Eiweißarten:

Fleisch-, Eier- und Fischeiweiß	90	Erbseneiweiß	55
Kartoffel- und Reiseiweiß	80	Weizen- und Maiseiweiß	50
Hafer- und Hirseeiweiß	75	Roggeneiweiß	45
Gersteneiweiß	65	Bohneneiweiß	30

Eine für den Erwachsenen hochwertige Eiweißart kann für die Ratte oder das Pferd, ja schon für das Kind wenig wertvoll sein und umgekehrt. Fleischeiweiß ist z. B. für Kinder nur halb so wertvoll wie für den Erwachsenen. Die eine Eiweißart ist wertvoller für das Wachstum, die andere für die Erhaltung des Körpers.

Bei allen Angaben über die Höhe des Eiweißbedarfs muß also die biologische Wertigkeit des zugeführten Eiweißes in Betracht gezogen werden. (Es scheint übrigens einzelne Eiweißarten zu geben, deren Wert beim Kochen steigt.)

Außer der biologischen Wertigkeit haben noch *andere Dinge auf den Eiweißbedarf Einfluß*. Je knapper die Kohlehydrat- und Fettzufuhr, desto größer der Eiweißbedarf. Kohlehydrate sind bessere Eiweiß„sparer“ als Fette. Ist der Eiweißbedarf geringer, wenn wir sehr viel Obst und Gemüse, d. h. vitamin- und mineralreich essen? Manche Beobachtungen könnten daran denken lassen. Schwere Muskelarbeit erhöht den Eiweißbedarf nicht nennenswert.

Ein fester *unterer Grenzwert der notwendigen Eiweißzufuhr* läßt sich also nicht angeben. Er schwankt mit der Gesamtheit der übrigen Ernährung, mit der Art des Eiweißes, mit individuellen Besonderheiten des Körpers und der Lebensweise. 70—100 g wirklich verwertbaren Eiweißes (mindestens 1 g je Kilogramm Körpergewicht) werden im allgemeinen sicher genügen — vorausgesetzt, daß der übrige Brennwertbedarf mit Fett und Kohlehydraten ausreichend gedeckt ist. Kinder, Schwangere und stillende Frauen brauchen verhältnismäßig mehr, und andererseits gibt es auch Menschen, die mit weniger auskommen, ohne Mangelsymptome zu zeigen. Als Richtwert für Massenernährung muß aber ein Wert gewählt werden, der den Bedarf aller Menschen mit Sicherheit deckt. Ein Verzehr von 70 bis 100 g Eiweiß täglich wird auch nach den Verbrauchsstatistiken fast überall erreicht.

Wo aber liegt die *obere Grenze? Von wann ab wird das Eiweiß gesundheitsschädlich?* Alle möglichen Krankheiten soll eine zu hohe Eiweißzufuhr mit sich bringen. Dem gegenüber ist festzustellen, daß diese Behauptungen einer kritischen Prüfung *nicht* standgehalten haben. Daß hohe Eiweißzufuhr dem *Kranken* schaden kann, steht außer Frage. Davon ist hier nicht die Rede.

In *einer* Hinsicht nur kann vielleicht eiweißreichste Ernährung den Gesunden krank machen: Jeder kennt die dicken Herren, die reichlich Fleisch essen, fett essen, „gut leben", häufig an Verdauungsstörungen leiden und einen stark gelichteten Haarboden besitzen. Rötung der Haut, Hautausschläge, Furunkulose treten dazu. Das überreichliche Fleisch- und Fettessen trägt hier wahrscheinlich die Schuld an dem Zustand. Es ist aber nicht die Eiweiß- und Fettüberfütterung als solche! Eskimos und Nomaden sehen anders aus, obwohl sie noch viel mehr Fleisch essen. Es scheint vielmehr das gestörte Nährstoff*gleichgewicht* zu sein: Der Körper braucht Vitamin H, um Eiweiß und Fett richtig verwerten zu können. H-Mangel macht Haarausfall und Hauterscheinungen der genannten Art. Der Europäer ißt fast nur H-armes Muskelfleisch, der Eskimo dagegen verzehrt das *ganze* Tier, und Leber und Nieren sind die H-reichsten Organe! Die „Eiweißüberfütterungskrankheit" dürfte also in Wirklichkeit eher eine Vitaminmangelkrankheit sein.

Es ist eine selbstverständliche, aber oft vergessene Forderung, daß vor jedem Urteil über eine Ernährungskrankheit zwei Fragen geklärt sein müssen — die eine Frage: Lassen sich andere Ursachen mit Sicherheit ausschließen? Und die andere Frage: Liegt ein Zuviel auf der einen Seite vor oder ein Zuwenig auf der andern? Vorschnelle Urteile haben da schon viel Verwirrungen angerichtet.

An Eskimos und sibirische Nomaden stellt das Leben härteste Anforderungen. Trotzdem sind sie in Jahrhunderten nicht zugrunde gegangen. Fleischessende Nomaden waren die

Hunnen und die Krieger des Dschingis Khan — von unterdurchschnittlicher Leistungsfähigkeit kann bei ihnen wohl kaum die Rede sein. In der Arktis lebten neuerdings Amerikaner jahrelang — bis zu 7 Jahren — unter Eskimos mit Eskimokost, zum Teil ausschließlich von Fischen. Die Versuche wurden in New York noch 1 Jahr lang fortgesetzt mit einer Kost, die aus täglich 100—140 g Eiweiß und 200 bis 300 g Fett bestand. Irgendwelche nachteiligen subjektiven oder objektiven Folgen traten nicht auf. Die Männer blieben völlig leistungsfähig und gesund. *Man kann also in kühlem oder kaltem Klima allein von Eiweiß und Fett leben ohne Schaden zu nehmen.*

In heißem Klima ist eine reichliche Eiweißernährung unzweckmäßig. Es wird nämlich ganz allgemein bei jeder Nahrungszufuhr ein gewisser Teil der Nährstoffe sofort nach der Aufnahme verbrannt. Der Körper erhöht dabei seine Wärmeerzeugung und gibt diese Wärme nach außen ab. Nach Zufuhr von 100 Kohlehydratkalorien beträgt diese „nutzlose" Wärmeabgabe 6 Kalorien, nach 100 Fettkalorien 4 Kalorien, nach 100 Eiweißkalorien aber 30 und mehr Kalorien! Man spricht hier von „spezifisch-dynamischer Wirkung" der Nährstoffe. Ein auffallend großer Teil des Nahrungseiweißes verbrennt also ohne anderen Nutzen als den der unmittelbaren Wärmeerzeugung: „Es wird einem ordentlich warm vom Essen". Bei 40° C im Schatten wird eine solche zusätzliche Erhitzung von Innen heraus wenig angenehm empfunden. Man ißt deshalb im Süden weniger Eiweiß und vor allem weniger Eiweiß in der konzentrierten tierischen Form als im Norden.

Fett und Kohlehydrate decken den Hauptbrennwertbedarf. Sie können sich untereinander so weitgehend vertreten, daß man praktisch sowohl fettfrei wie auch kohlehydratfrei leben kann. Notwendig wird regelmäßige *Fett*zufuhr nur dann, wenn das Fett der einzige Vitamin A- und D-Träger der Nahrung ist. Von den möglichen Folgen des „relativen" Vitamin H-Mangels infolge überhöhter Fettzufuhr und von der erwiesenen Unschädlichkeit jahrelangen Genusses von täglich 200—300 g Fett war schon die Rede.

Übermäßiger *Kohlehydrat*verzehr — täglich ein Pfund Zucker und mehr — führt auf die Dauer zu Zeichen von Vitamin B_1-Mangel. Wie der Körper zur Eiweiß- und Fettverwertung Vitamin H braucht, so braucht er zur Kohlehydratverwertung Vitamin B_1. Steigen Kohlehydrat- und B_1-Zufuhr nicht gleichzeitig, dann kommt es zu „relativem" B_1-Mangel, zu B_1-„Hypovitaminose". An dieser Stelle mag die verbreitete Meinung erwähnt werden, die Zunahme der Zahnfäule (Karies) und der Zahntascheneiterung (Paradentose) rühre von dem zunehmenden Verbrauch von Zucker und von weichem Brot aus wenig ausgemahlenem Mehl. Die letzten Ursachen dieser Volkskrankheiten kennen wir zwar noch nicht. Für eine ursächliche Bedeutung des zunehmenden Zuckerverbrauchs und der geringen Ausmahlung des Mehls liegen überzeugende Beweise bis heute aber *nicht* vor! Schließlich sind ja $^3/_5$ der Menschheit Breiesser! $^3/_5$ aller Menschen genießen überhaupt kein Brot, ohne daß ihre Zähne schlechter wären als unsere. Das Kauen von grobem Brot reinigt lediglich mechanisch, beseitigt Gärungserreger, regt die Durchblutung der Schleimhäute an — ähnlich wie die Zahnbürste — und trägt auf diesem Wege zur Gesunderhaltung des Mundes bei.

Wenn es schon schwer ist, die Größe der notwendigen Eiweißzufuhr zu bestimmen, dann ist das noch viel schwerer für die *Mineralzufuhr. Kaum übersehbar schwankt der Mineralbedarf* in Abhängigkeit von den übrigen Mineralien und Nährstoffen, in Abhängigkeit von Alter und Geschlecht, vom Gleichgewicht der Hormone, von den Verdauungsorganen, von Klima, Lebensweise und Arbeit. Je tiefer die Forschung eindringt, desto aussichtsloser will es uns scheinen, jemals Überschau und Einsicht zu gewinnen. Es wäre Anmaßung, wollten wir auf unsere heutigen Kenntnisse schon Ernährungsvorschriften aufbauen. Mit gutem Gewissen kann das nur, wer das verwickelte Ineinanderspiel nicht ahnt.

Die Frage, ob die *Kalzium*zufuhr einzelner Menschen oder ganzer Volksschichten unzureichend sei, läßt sich trotz aller Mühe noch nicht eindeutig beantworten. Die Meinung eines englischen Physiologen, mehr als 50% aller Engländer litten an Kalkmangel, klingt nicht recht glaubhaft. Am ehesten wird man bei Kindern unbemittelter Eltern an Kalkmangel denken müssen. Man muß sich aber andererseits vor Augen halten, daß die *Beseitigung* eines gesundheitlichen Schadens durch Mineralzufuhr, etwa durch Kalk, noch lange nicht bedeutet, daß die *Ursache* dieses Schadens Kalkmangel war! Dieser Fehlschluß wird oft genug gezogen. Vitamine, Hormone und andere Wirkstoffe werden nicht selten durch Mineralien „aktiviert", d. h. wirksamer gemacht, und so kann (innerhalb gewisser Grenzen) ein Vitamin- oder Hormonmangel durch Mineralzufuhr ausgeglichen werden. So aktiviert Kalzium das Vitamin D, Natrium das Nebennierenrindenhormon usf. In solchem Zusammenwirken mit Vitaminen spielt das Kalzium vielleicht eine Rolle bei der Entstehung der Zahnfäule. Im übrigen liegen Ursachen und Entstehungsweise der Zahnfäule noch fast ganz im Dunkel.

In Gurgl in Tirol (1923 m hoch), wo das Wasser kalkarm ist und wo 9 Monate im Jahr kein frisches Obst und kein frisches Gemüse hinkam, starben die Leute hochbetagt mit ausgezeichneten Gebissen, ehe der Wintersport dahin kam und eine Änderung der Ernährungsweise mit sich brachte. Aber was war der springende Punkt bei dieser Ernährungsumstellung? Es klingt erstaunlich: Wir wissen es nicht! Ähnliche Beobachtungen wie in Gurgl hat man übrigens auch in der Schweiz (in Goms) und in Grönland gemacht.

Kochsalz (chemisch Natriumchlorid) ist *kein* lebensnotwendiger Bestandteil der Nahrung — lebensnotwendig ist nur Natrium und Chlor, und diese beiden Mineralien sind bekanntlich in vielen Nahrungsmitteln enthalten. Das Salzen der Nahrung hebt jedoch in vielfacher Hinsicht die Leistungsfähigkeit und Anpassungsfähigkeit des Körpers. Verarmt der Körper an Natrium und Chlor — nach übermäßigem Schwitzen zum Beispiel — dann kommt es zu Krankheitserscheinungen, ja zum Tod unter Krämpfen. Salz schadet nur, wo bereits eine Krankheitsbereitschaft vorliegt. Dort kann es zu Krankheitserscheinungen von seiten der Haut, der Nieren oder der Kreislauforgane kommen. Im ganzen ist regelmäßiges Salzen unter unseren Lebens- und Ernährungsverhältnissen durchaus angebracht. Sehr starkes Salzen gilt von jeher als Zeichen schlechter Küche. Schädigung des Gesunden ist von täglich 10, 20 und mehr Gramm Salz nicht zu fürchten.

*Phosphor*mangel führt zu körperlicher und geistiger Leistungsunfähigkeit, *Jod*mangel zu kropfiger Entartung der Schilddrüse und geistiger Störung (Kretinismus). Wenn man nicht von einer ganz besonders ausgeklügelten Nahrung lebt, braucht man — vielleicht vom Jodmangel abgesehen — Schädigungen durch ungenügende oder übermäßige Mineralzufuhr nicht zu fürchten. „*Nährsalze*" sind völlig überflüssig. Die Furcht vor Mineralverarmung durch feines Mehl oder abgebrühte Gemüse entbehrt der biologischen Begründung. Gesundheitsschädliche „Übermineralisierung" allein durch Nahrungsmittel (ohne künstliche Zusätze) gibt es nicht.

Eine ganz grobe Vorstellung von der *Größe des Mineralbedarfs* geben die folgenden Zahlen. Der Bedarf je Kopf und Tag beträgt für den Erwachsenen 4—5 g Natrium, 2—3 g Kalium, 0,7—1,4 g Kalzium, rund 0,3 g Magnesium, rund 6 g Chlor und 1,3—2,2 g Phosphor. Über die notwendigen Mindestmengen von Silizium (Kieselsäure), Jod, Eisen, Kupfer und anderen Mineralien lassen sich noch keine Zahlen angeben.

Größer als die Gefahr des Mineralmangels scheint nach unseren heutigen Kenntnissen die Gefahr des *Vitaminmangels*. Der Bedarf schwankt kaum weniger stark als der Mineralbedarf und hängt von den gleichen Umständen ab.

Bei unzureichender Versorgung des Körpers mit *Vitamin A* geht die Fähigkeit verloren, im Dunkeln zu sehen (Nachtblindheit); die Hornhaut des Auges, Haut und Schleimhäute werden dick und trocken, die Widerstandskraft gegen Infektionskrankheiten sinkt, das Wachstum des Kindes verlangsamt sich. Während der Schwangerschaft benötigt die Frau mehr Vitamin A. Bei an sich schon knapper Versorgung sieht man deshalb in der Schwangerschaft gelegentlich Zeichen von A-Mangel (A-Hypovitaminose). Die Gefahr der A-Hypovitaminose droht auch in den Elendsvierteln der Großstadt, wo die Kinder nur Magermilch, keine Butter und wenig Obst und Gemüse bekommen. Als Notbehelf kommt hier Margarine mit Vitamin A-Zusatz in Betracht. Erkrankungen durch überreichliche A-Zufuhr (A-Hypervitaminose) kennt man beim Menschen nicht. Als beste tägliche A-Zufuhr rechnet man eine Menge, die 3—5 mg Karotin entspricht (Mindestbedarf 1 mg).

Leichter scheint es nach unseren heutigen Kenntnissen zu einer unzureichenden *Vitamin B_1-Zufuhr* zu kommen. Die Rolle des Vitamin B_1 bei dem oben genannten *Hungerödem* scheint darin zu bestehen, daß es die Resorption der Nahrung erleichtert. Zugabe von Vitamin B_1 kann die Entstehung des Hungerödems wohl verzögern, nicht aber aufhalten. Eine Beobachtung des Engländers Bray von den Südseeinseln zeigt eine ganz unerwartete Art von Deckung des Vitamin B_1-Bedarfs; sie zeigt gleichzeitig, wie wohl begründet landschaftliche Ernährungsgewohnheiten sein können, die man vielleicht als schrullig oder „genußsüchtig" abtun könnte: Den Eingeborenen wurde von Obrigkeits wegen der Genuß eines Bieres aus Kokosmilch verboten, weil es dabei zu unliebsamen Zwischenfällen gekommen war. Der Erfolg war ein Hochschnellen der Säuglingssterblichkeit auf 45%! Als man nach der Ursache forschte und sich dabei auch das Kokosmilchbier näher ansah, fand sich darin ein ganz ungewöhnlicher B_1-Reichtum. Nach anderweitiger Sicherstellung der notwendigen Vitamin B_1-Zufuhr sank die Säuglingssterblichkeit dann rasch wieder auf 9% ab. — Mit der geringeren Ausmahlung des Mehls hat sich in den letzten Jahrzehnten der B_1-Gehalt unserer Nahrung erheblich vermindert. Einen gewissen Ausgleich bietet vielleicht der stärkere Schweinefleischverzehr. Gleichzeitig mit dem Anwachsen des Zuckerverzehrs ist aber der *B_1-Bedarf* gestiegen. Vermehrten Bedarf machen auch Schwangerschaft, Muskelarbeit, fieberhafte Krankheiten und — merkwürdigerweise — ein hoher Feuchtigkeitsgehalt der Luft. Appetitlosigkeit und Versiegen der Magensaftabscheidung sind die ersten Zeichen des B_1-Mangels, wassersüchtige Anschwellungen und Lähmungen folgen. — Von reinen B_2-Hypovitaminosen des Menschen wissen wir nichts Sicheres, wenn auch gewisse Krankheiten (Sprue, Pellagra) mit allzu knapper Versorgung mit Vitaminen der B_2-Gruppe im Zusammenhang stehen. B_1- und B_2-Hypervitaminosen des Menschen sind unbekannt. Die B_1-Bestzufuhr wird auf 2 mg, die Mindestzufuhr auf 0,5 mg geschätzt, die B_2-Zufuhr auf 2—3 mg bzw. 1 mg.

Die Frage einer ausreichenden *Vitamin C-Versorgung* beansprucht alle Aufmerksamkeit. In früheren Abschnitten war von dem sinkenden C-Gehalt des Obstes und der Gemüse gegen das Frühjahr hin die Rede und von den C-freien Konserven. Die Massennährung aus großen Küchen enthält nachweislich nicht ganz selten sehr wenig C! C-Mangel wird verantwortlich gemacht — wie weit mit Recht ist noch fraglich — für die „Frühjahrsmüdigkeit", für die Neigung zu Zahnfleisch- und Hautblutungen und Katarrhen, für die Neigung zu Zahnfäule, Eßunlust und Blässe. Steigt der C-Bedarf aus irgendeinem Grund — bei Schwangerschaft, bei Infektionskrankheiten, im Kindes- und Greisenalter —, dann kommt es besonders leicht zu solchen Mangelerscheinungen. Die klassische C-Mangelkrankheit ist der Skorbut. Er kommt bei uns selbst bei C-ärmster Ernährung so gut wie nicht vor. Auf langen Seereisen ging in früheren Jahrhunderten oft die Hälfte der Schiffsbesatzung an Skorbut zugrunde. In Rußland erkrankten 1849 260000 Menschen, 60900 starben. Ein altes Heilmittel ist das C-reiche Sauerkraut. 1534 erschien die erste Mitteilung über die Heilwirkung frischer Kiefernadeln (auch sie sind ungemein C-reich!). Seitdem werden auch Kiefernadelextrakte verwendet. Kiefernadelextrakte, Kiefernrinde in Brot, Beeren von Nadelhölzern, uralt in ihrer Verwendung, bewahren die Völker des pflanzenarmen Nordeuropa und der Arktis vor Skorbut. 1795 führte die britische Flotte Zitronensaft als Vorbeugungs- und Heilmittel ein. Mit übermäßiger C-Zufuhr wird kein Schaden angerichtet. Der Erwachsene soll täglich mindestens 20 mg Vitamin C gebrauchen.

Als allgemein bekannt können die Zeichen der klassischen *Vitamin D*-Mangelkrankheit, der Rachitis, gelten. Die Knochenverkalkung liegt darnieder, die Knochen biegen sich durch, die Zahnbildung erleidet schwere Störungen. Sicher spielt das Vitamin D nicht nur für das Milchgebiß und nicht nur für die *werdenden,* sondern auch für die *bleibenden* Zähne eine Rolle. Zahnfäule läßt sich mit Vitamin D wirkungsvoll *bekämpfen,* leider aber auch mit großen Dosen nicht völlig *verhindern.* Die Mindestzufuhr an Vitamin D beläuft sich auf 0,002 mg, die Bestzufuhr auf 0,01 mg täglich. Unter dem Einfluß des Sonnenlichts kann unsere Haut Vitamin D bilden. Vitamin D-„Vergiftungen" durch überreichliche Zufuhr (Kalkablagerungen in den inneren Organen, Durchfälle) kommt nur bei Verabfolgung von Vitaminpräparaten vor, nicht durch Nahrungsmittel allein.

Ob der Mensch *Vitamin E* nötig hat, läßt sich noch nicht entscheiden. Nötig sind *Vitamin H und P;* aber wieviel?

Wir haben jetzt eine Vorstellung von den Auswirkungen der Nährstoffzufuhr auf Gesundheit und Wohlbefinden des Menschen. Haben wir damit auch vielleicht Zugang zum *Verständnis jener Verbrauchsverschiebungen,* die die Statistik erweist?

Nehmen wir einmal Deutschland als Ganzes! Der Deutsche hat im Laufe der letzten 50 Jahre immer weniger Brotgetreide und Hülsenfrüchte, immer mehr Fleisch, Butter, Zucker, Gemüse und Obst gegessen. Bei verschiedenen Einkommensschichten wiederholt sich dieselbe Erscheinung, und zwar gleichgültig, ob es sich um Arbeiter, Angestellte oder Beamte handelt: Je höher das Einkommen, je freizügiger die Ernährung gestaltet werden kann, desto weniger Brotgetreide und Hülsenfrüchte, desto mehr Fleisch, Butter, Zucker, Gemüse und Obst wird verzehrt. Der Brennwertverzehr steigt — selbst wenn er in den ärmsten Schichten ausreichend war — mit steigendem Eiweißverzehr. Er muß schon steigen, weil bei jeder Eiweißzufuhr ein Drittel der Brennwerte in Wärme umgesetzt wird (vgl. oben). Und könnte dieser Anstieg des Brennwertverzehrs nicht vielleicht darauf hindeuten, daß reichliche Ernährung für den Körper im großen und ganzen zweckdienlicher ist als knapp, daß sich hier Nützliches und Angenehmes verbinden?

Vergleichen wir die deutschen Länder miteinander, das reiche Bayern und das arme Schlesien — wieder ist es dasselbe! Und dasselbe ist es schließlich, wenn wir den Blick über die Erde schweifen lassen und den Verzehr hochindustrialisierter Kulturländer neben den Verzehr von weniger entwickelten Ländern stellen. Überall treten die umfangreichen Nahrungsmittel zurück — jene Nahrungsmittel, die vorwiegend Kohlehydrate, aber nur wenig Eiweiß und Fett enthalten. In den Vordergrund schieben sich konzentrierte Eiweißträger, leicht verdauliche Kohlehydrate (Zucker), konzentrierte Brennwertträger, d. h. tierische und pflanzliche Fette und vitamin- und mineralreiche Nahrungsmittel in Gestalt von Obst und Gemüse.

Soviel bekannt, hat *Japan* einen besonders geringen Verzehr von Eiweiß, Gemüse und Obst. Gegenüber gewissen Bestrebungen bei uns ist es nun sehr interessant, daß diese „Anspruchslosigkeit“ des Japaners den verantwortlichen Männern eine Quelle der Sorgen ist. Die Japaner sind zum großen Teil unterernährt, ihre Zähne sind noch schlechter als unsere, Tuberkulöse gibt es mindestens doppelt soviel. Im Japanischen Reichstag teilte der Kriegsminister vor kurzem mit, es müßten jährlich mehr als 3000 Soldaten wegen Tuberkulose entlassen werden! In Japan wird amtlich, von höchsten Stellen, Propaganda gemacht für Fleisch, Obst und Gemüse. Die Propaganda scheitert nur zum großen Teil an der Armut des Volkes.

Solchen durchgehenden *Verbrauchsverschiebungen* müssen *Bedarfsverschiebungen* zugrunde liegen. Es kann sich da nicht mehr um persönliche Geschmackswünsche, um Nachahmungstrieb, um „soziale Eitelkeit“ handeln. Wer tiefer sehen will, ist mit Schlagworten von „Naturentfremdung“, „Entartung“, „Verweichlichung des modernen Menschen“ nicht zufriedengestellt.

Wir müssen die Ursache dieser Verbrauchsverschiebungen in den *Wandlungen des modernen Lebens* sehen. Heute stellt das tägliche Leben an alle Anforderungen, die es vor 100 Jahren höchstens an einzelne gestellt hat. Immer geringer wird der Hundertsatz jener Menschen, die schwere körperliche Arbeit leisten und dementsprechend *große* Nahrungsmengen verzehren. Wer viel ißt, bekommt auch in einer wenig konzentrierten Nahrung ausreichende Nährstoffmengen, denn was mit zunehmender Muskelarbeit wächst, ist in erster Linie der (mit Kohlehydraten leicht stillbare)

Gesamt*brennwert*bedarf. Nicht genug Eiweiß, Vitamine, vielleicht auch Mineralien bekäme aber, wer von einer solchen Schwerarbeiterkost *wenig* ißt. Was vom heutigen Menschen verlangt wird, ist intensivste Arbeit in scharfem Wettbewerb, hohe Konzentrationsfähigkeit, erhöhte geistige Tätigkeit, Beweglichkeit und ständige Bereitschaft. Die Essenspausen sind kurz, häusliche Mahlzeiten oft unmöglich. Eine fleisch-, fett- und zuckerreiche Kost mit reichlich Gemüse und Obst enthält die notwendigen Nährwerte in konzentrierter Form. Nur eine *konzentrierte* Nahrung gibt aber die Gewähr, daß sich der heutige — oft mehr abgespannte als richtig hungrige — Mensch überhaupt ausreichend ernährt. Die Belastung der Verdauungsorgane und die kurzen Essenspausen stehen der Aufnahme großer Nahrungsmengen, wie sie eine mehl- und kartoffelreiche Kost mit sich bringt, störend entgegen. Für den Menschen, der viele Stunden hintereinander arbeiten muß, ist außerdem der hohe Sättigungswert des Fleisches und Fettes wertvoll. Wenn *wirtschaftliche* Notwendigkeiten eine Einschränkung des Fettverzehrs erfordern, dann muß diese Einschränkung natürlich durchgeführt werden. *Ernährungsphysiologisch* dagegen ist unser hoher Fleisch- und Fettverzehr unbedenklich.

Praktische Richtlinien für die Ernährung kann man nicht in Gestalt von Brennwert-, Eiweiß- und Vitaminzahlen geben. Die weitaus meisten Menschen können solche Berechnungen nicht durchführen. Selbst der Arzt und der Ernährungsphysiologe wären dazu nur imstande, wenn sie die verzehrte Nahrung chemisch analysieren könnten. Schon an einer Berechnung nach Tabellen können ja große Fehler haften.

„Ebensowenig wie künstliche Atemübungen für die Volkserziehung und Volksertüchtigung nötig sind, und wie ein Anhalten zu vernünftiger Lebensweise und zu Leibesübungen im Freien für die Ausbildung von Lunge und Brustkorb genügen, ebenso genügen einfache Grundlehren für die Wahl der Kost, und diese Grundlehren müssen unbedingt ins Volk getragen werden und müssen Gemeingut aller Schichten der Bevölkerung und aller Menschen der verschiedenen Rassen werden. Diese Regeln müssen aber einen weiten Spielraum lassen; wenige und einfache, allgemeingültige Grundregeln vermag das Volk zu erfassen und zu befolgen, und solche Regeln werden auch zu Erfolgen in der Volksernährung führen, nicht aber Zahlennormen, denn nach solchen Zahlennormen werden die Völker der Erde jedenfalls noch lange nicht essen" (Durig).

Die Grundregeln für eine uns Deutschen des 20. Jahrhunderts angepaßte Ernährung lassen sich in wenige Worte fassen: 1. Iß zu bestimmten Tageszeiten und nur dann! 2. Iß abwechslungsreich, und richte dich nach dem, was die Jahreszeit bietet! 3. Iß nur, was Dir bekommt und solange es Dir bekommt! 4. Iß regelmäßig dunkles Brot aus hochausgemahlenem Mehl! 5. Iß regelmäßig Milch in jeder Form (Vollmilch, Magermilch, Buttermilch, Käse, Quark)! 6. Iß in butterknappen Zeiten mehr Leber, Salat, Spinat und Karotten! 7. Iß Fische! Sie enthalten hochwertiges Eiweiß in billiger Form. 8. Iß jeden Tag frisches Obst oder frisches Gemüse! 9. Gewürze und Gewürzkräuter bereichern den Speisezettel — aber nur, wenn man sie nicht im Übermaß verwendet. Gewöhne dich nicht an Reizmittel! 10. Vermeide alle Einseitigkeiten und hüte dich vor den Ernährungsaposteln!

XIV. Besondere Ernährungsformen.

Hand in Hand mit den Änderungen unserer gesamten Lebensweise hat unsere *Ernährung in den vergangenen 100 oder 200 Jahren mancherlei Veränderungen erfahren.* Der Schwerpunkt der Ernährung verschob sich, wie wir eben gesehen haben, von den Mehlfrüchten und Kartoffeln weg zu den brennwertreichen Fetten, zum Fleisch, zu Obst und Gemüse. Aus der Anhäufung großer Menschenmassen auf engem Raum ergab sich die Notwendigkeit, Lebensmittel von weit her heranzuschaffen, sie zu lagern und vor dem Verderben während Transport und Lagerung zu schützen. Ausländische Nahrungsmittel fanden Eingang in den Speisezettel. Wenn sich auch schon der primitive Ackerbauer und der ungebundene Jäger vor die Notwendigkeit gestellt sieht,

Nahrungsmittel aufzubewahren, weil nirgendwo der Nahrungsstrom das ganze Jahr über in gleicher Fülle fließt, so entfernte sich doch erst *unsere* tägliche Kost immer weiter von der Kost jener Menschen, die der Erde die Nahrung abringen und deren Nahrung ausschließlich die pflanzlichen und tierischen Erzeugnisse ihres Heimatbodens bilden. Die meisten der heute üblichen Verfahren der Nahrungsmittelkonservierung entstammen daher den Erfordernissen des modernen Lebens.

In dieser Entwicklung liegen die *Ursachen der Ernährungs-Reformbewegungen*. Unsere Nahrung ist „unnatürlich" geworden, sagt der Reformer. Und gegen „unnatürliche" Ernährung sträubt sich selbstverständlich jeder.

Was heißt aber „natürliche" Nahrung? Wenn wir die Schriften der verschiedenen Ernährungsbewegungen durchsehen, dann finden wir keine klare Antwort darauf. Wir finden nur die Tatsache, daß jede Ernährungsform sich selbst als die einzig natürliche bezeichnet.

Das Wort *„natürlich"* wird in der Regel in Gegensatz gestellt zu *„unnatürlich"*, d. h. vermenschlicht. „Die Natur ist vollkommen überall, wo der Mensch nicht hinkommt mit seiner Qual." Alles, was der Mensch dazu oder daran tut, macht die Nahrung unnatürlich. Also weg mit den Konservierungsverfahren! Weg mit der Brot- und Getränkebereitung durch Gärung! Weg mit dem Backen und weg mit dem Kochen! Weg mit jeder Zubereitung der Nahrungsmittel! Wenn wir das alles abtun und das „natürlich" folgerichtig zu Ende denken — die meisten, die das Wort „natürlich" so gern benutzen, tun das allerdings nicht — dann sind wir, so überraschend es klingen mag, etwa bei der Kostform jenes Menschenaffen angelangt, aus dem sich vor unvorstellbar langer Zeit einmal der Mensch entwickelt hat.

Die meisten machen viel früher Halt und sagen: natürlich war die Ernährung unserer Großväter. Andere sind strenger: natürlich war nur noch die Ernährung unserer germanischen Vorfahren. Die dritten gehen noch weiter: wir müssen die Nahrung essen, wie sie die Natur uns gibt, mit Schalen und Kernen und Steinen. Nur das ist natürlich! —

Solange man sich über die *Kennzeichen einer „natürlichen" Ernährung* nicht einig ist, kann selbstverständlich jeder die Grenzen der Natürlichkeit ziehen, wo er will — nur wird er damit niemand von der Alleinrichtigkeit seiner Lehre überzeugen. Die ältesten Menschen, von denen wir wissen, sollen vor 500000 oder 1000000 Jahren gelebt haben. Diese Menschen kannten jedoch bereits das Feuer. In Sage und Religion *aller* Zeiten und Völker spielt das Feuer eine Rolle. Die Nahrung mit Feuer zuzubereiten ist aber ohne Zweifel höchst „unnatürlich". Schon vor 500000—1000000 Jahren ernährte sich also die Menschheit unnatürlich! Und vielleicht ist schon vor 1000000—2000000 Jahren, als eben das Rösten am Feuer aufkam, einmal einer aufgestanden, um gegen diese modernen Unsitten, gegen diese „Unnatürlichkeit" zu wettern. Er hätte es jedenfalls mit dem gleichen Recht tun können, wie die heutigen Vorkämpfer für „natürliche" Ernährung.

Alles in allem: wenn das Wort „natürlich" in der Ernährungslehre überhaupt einen Platz behalten soll, dann darf es offensichtlich nicht in diesem Sinn gebraucht werden. Es gewinnt jedoch einen guten Sinn, wenn wir unter *„natürlicher" Ernährung eine Ernährung verstehen, die den vielfältigen Bedürfnissen eines Menschen entgegenkommt und in der Befriedigung aller Bedürfnisse gleichzeitig die Voraussetzungen zu neuer Leistung schafft.* Die natürlichste Ernährung eines Menschen ist jene, die mit seiner „Natur", so wie sie sich im konkreten Einzelfall aus Erbe und Umwelt gebildet hat, am vollkommensten im Einklang steht. Wir gewinnen auf diese Weise im Bedarf einen festen Maßstab für den Grad der „Natürlichkeit". Natürlichkeit und Unnatürlichkeit, biologische Merkmale einer Nahrung werden damit *beweisbar*. Der Beweis ist freilich nicht immer leicht. Die Schwierigkeiten einer Beweisführung machen sie jedoch nicht überflüssig.

Wenn wir „natürlich" im Sinn von „dem Bedarf angepaßt" gebrauchen, dann kommen wir gar nicht in Gefahr, phantastische Ernährungsdogmen aufzustellen. *Der Bedarf wechselt mit den Anforderungen.* Wir hausen heute nicht mehr in Höhlen, wir jagen nicht mehr den Ur und den Wisent.

Wir arbeiten nicht mehr als Bauern mit primitiven Werkzeugen und leben nicht mehr das ruhige Alltagsdasein unserer Urgroßväter. Ist es ein Wunder, wenn wir, die wir nie Zeit haben, die wir im Auto und am telephonbewehrten Schreibtisch sitzen, die wir kurze Essenspausen und weite Stadtwege haben — wenn wir anders essen, anders essen *müssen* als unsere Ahnen? Was für den Pfahlbauer die natürliche Nahrung war, ist für den Berliner von 1938 denkbar unnatürlich — ebenso unnatürlich, wie es die Großstadternährung von 1938 für den Pfahlbauer wäre. Unsere heutige Ernährung ist den heutigen Leistungsforderungen angepaßt! Wenn uns die „naturnahen" Farbigen als Muster von Lebenskraft und Leistungsfähigkeit vorgestellt werden, dann sollte man daran denken, daß nicht sie es waren, die die großen Werte unserer Kultur schufen, und daß im Vernichtungsfeuer der Weltkriegsschlacht die Weißen besser bestanden als die Farbigen. Und Knochenfunde aus vorgeschichtlichen, „naturnäheren" Zeiten aber zeigen, daß die Menschen schon damals an Knochengewächsen, englischer Krankheit, Tuberkulose und Krebs litten.

Wie kommt es aber, daß so viele *Ernährungssekten* — wenn das Wort „Sekten" einmal gebraucht werden darf —, so verschieden sie untereinander sein mögen, durchweg *Anspruch auf Alleingültigkeit und Alleinrichtigkeit* erheben?

Die Wurzeln jener Lehren liegen entweder in den *Erfahrungen eines Einzelnen* oder in den *Vorstellungen eines Einzelnen* von Natur und Naturgeschehen. Wo *biologische Erfahrungen zugrunde liegen,* haben solche Lehren nicht selten wichtige neue Gesichtspunkte in die Ernährung hineingetragen. Sobald aber aus abwägenden Erfahrungen unbeirrbare Lehren werden, verengt sich das Blickfeld. Man sieht jetzt nicht mehr, daß in vielen Fällen auf andere Weise gleiches, ja mehr zu erreichen ist. Man merkt nicht die Schäden, die *jede* eingreifende Ernährungsumstellung mit sich bringen kann. Ernährungsfragen sind eben für viele weniger eine Angelegenheit des biologischen Wissens als eine Angelegenheit des Glaubens.

Dazu kommt der *Kampf mit den Gegnern*. Auf keinem Gebiet der Gesundheitspflege wird mit so viel Unduldsamkeit, Erbitterung und Voreingenommenheit gestritten. Der eine will nicht gelten lassen, daß eine Ernährungsform ganz ausgezeichnet sein kann, auch wenn man von ihrer biologischen Wirkungsweise keine Ahnung hat. Er will nicht anerkennen, daß allein die *Erfahrung* entscheidet. Dem andern hingegen ist seine Lehre ein Stück Leben geworden. Durch jeden Einwand fühlt er sich persönlich verletzt. Um Gegner und Gleichgültige zu überzeugen und seine Lehre zu sichern, versucht er, die Lehre naturwissenschaftlich zu unterbauen — mit dem einzigen Erfolg, daß der biologische Gegner neue Waffen in die Hand bekommt: Solche Versuche naturwissenschaftlicher Unterbauung lassen sich oft genug mühelos als unzutreffend nachweisen. Wozu aber eine gute Sache schlecht begründen? Wer von ihrer Brauchbarkeit überzeugt ist und an sie glaubt, *braucht* keine biologische Begründung, und wer *nicht* an sie glaubt, wird dadurch nur noch abgeneigter.

Wo *philosophisch-religiöse Vorstellungen* die Ernährung bestimmen, da sind biologische Tatsachen belanglos. Wo aber *theoretische Vorstellungen von biologischen Geschehnissen* herangezogen werden, da entscheidet einzig und allein der Biologe über richtig oder falsch.

Wir wollen nun einen Blick auf die wichtigsten Sonderlehren werfen.

Zunächst die *Rohkost!* Als Begründer der Rohkost in ihrer heutigen Form kann der Züricher Arzt Dr. M. Bircher-Benner gelten. Die Rohkost verzichtet auf Feuer und Hitze, weil „der größte Meister die gesamte freilebende Tierwelt auf reine Rohkost gesetzt hat“ (Bircher-Rey). Die Rohkost erlaubt jedoch nicht *alle* rohen Nahrungsmittel. Fleisch und Speck sind verboten. Manche gestatten tierische Beikost (Milch, Sahne, Käse), andere halten streng auf reine Pflanzennahrung. Verzichtet man auf Pflanzenöle, dann wird die Rohkost brennwertarm. Arm ist sie auf alle Fälle an Eiweiß, Chlor und Vitamin B_1 und D; reich ist sie an Kalium, Kalzium, Magnesium, Vitamin A und C und an unverdaulichen, die Darmbewegungen anregenden Stoffen. Selbst bei bester Zubereitung der Kost sieht man gelegentlich Verdauungsstörungen, Appetitlosigkeit, Frösteln, Völle- und Schweregefühl. Wenn Pflanzenfresser ihre Rohkost so sehr viel besser ausnutzen als der Mensch, dann zeigt das, welchen verschiedenen Ernährungsformen die Lebewesen angepaßt sind. Für den Menschen bedeuten die großen Nahrungsmengen der Rohkost eine erhebliche Belastung. Die großen Kotmengen bedingen außerdem höhere Stickstoffverluste. Brennwert- und Stickstoffgehalt werden bei Rohkost zwar kaum weniger gut ausgenutzt als bei gekochter Gemüsekost, deutlich schlechter dagegen als bei einer üblichen gemischten Ernährung.

Rohkost ist teuer. Würden sich breite Kreise ausschließlich von Rohkost ernähren, dann müßten dafür große Summen ins Ausland fließen. Viele unserer heimischen landwirtschaftlichen Erzeugnisse sind andererseits nur auf dem Umwege über das Tier verwertbar. Dauernde ausschließliche Rohkosternährung Gesunder hält schon aus ernährungsphysiologischen Gründen kein Sachkundiger für erstrebenswert. Man kann sich mit landesüblicher Kost genug Vitamine, Mineralien und „Ballaststoffe" zuführen. In der Behandlung gewisser Kranker dagegen ist Rohkost ein wertvolles, ja unentbehrliches Hilfsmittel. Hin und wieder ein Rohkosttag bekommt auch dem Gesunden gut. Längere Rohkostkuren soll man aber niemals ohne vorherige Rücksprache mit dem Arzt anfangen. Es gibt Menschen, denen man mit Rohkost Schaden zufügen kann. Das ist viel zu wenig bekannt!

Viele sehen *das Wesen der Rohkost* in ihrem Reichtum an Nahrungsmitteln, die das „Sonnenlichtpotential" unzerstört enthalten. Solche Nahrungsmittel von höchstem Nährwert („Akkumulatoren I-Ordnung") sind alle in natürlichem, frischem, ungekochtem Zustand genießbaren pflanzlichen Organe, außerdem Milch und Eier. In allen andern Nahrungsmitteln ist das „Energieniveau der Urnährwerte" gesenkt („trüblichtige Nahrung").

Großer Wert wird vielfach auf das „Nahrungsintegral" gelegt. Das bedeutet, daß Nahrungsmittel *vollständig* (das lateinische Wort „integer" heißt unverletzt) verzehrt werden *müssen:* Der Apfel mit Schale und Kernen, die Kartoffel mit der Schale usw. Die Abgrenzung dieser „Integrale" stößt freilich auf Schwierigkeiten.

Wenn auch viele jener chemischen und biologischen Beweisgründe als unzutreffend erweisbar sind — nichts wäre verkehrter als die Rohkost abzulehnen, weil ihr Begründer keine richtige biologische Erklärung geben kann. Die günstigen Wirkungen der Rohkost werden davon gar nicht berührt.

Den Rohköstlern stehen die *Vegetarier* nahe. Der strenge Vegetarier verschmäht jede Nahrung tierischer Herkunft. Er verabscheut „Tierleichen" und „Leichenaufgüsse" (sprich: Fleischbrühe). Seine pflanzliche Nahrung bereitet er aber in gewohnter Weise mit Hitze und Feuer. Weniger strenge Vegetarier beschränken sich auf die Ablehnung des Fleisches. Andere Nahrungsmittel tierischer Herkunft — Milch, Butter, Käse, auch Eier — essen sie gern. Im Gegensatz zur Rohkostbewegung blickt der Vegetarismus auf eine jahrtausendealte Geschichte zurück. Zu allen Zeiten gab es Menschen, die aus philosophischen oder religiösen Gründen tierische Nahrung ablehnten. Dem *modernen* Vegetarismus blieb es vorbehalten, ernährungsphysiologische Deutungen und Begründungen heranzuziehen.

Wenn man genug Milch und Eier hat, kann man ohne Schwierigkeiten ein Leben lang ohne Fleisch leben. Die Nahrung des *strengen* Vegetariers (und des Rohköstlers) enthält dagegen sehr wenig *Eiweiß*. Von den Auswirkungen eiweißarmer Ernährung auf Spannkraft und Konzentrationsfähigkeit war im Abschnitt XIII die Rede. Gern wird darauf hingewiesen, daß Vegetarier Langläufe gewonnen hätten. Es scheint allerdings nicht erwiesen zu sein, daß das *echte* Vegetarier ohne jede tierische Eiweißnahrung waren. Und dazu kommt ein weiteres!

Wie alle Ernährungssekten gründet sich der Vegetarismus — trotz aller gegenteiligen Behauptungen — in Wirklichkeit *mehr auf Glauben und Gefühl als auf biologisches Wissen.* Es ist sicher kein Zufall, daß Vegetarier, Rohköstler und andere Ernährungsreformer sooft gleichzeitig auch Alkohol-, Nikotin- und Arzneigegner und Anhänger eigentümlicher Gesundheitslehren, Kleidungsformen und Kleidungsarten sind. Ernährungsreformer werden häufig zu Gesundheitsfanatikern und Gesundheitsasketen. Mit biologischen Tatsachen kann man die Lehren der Ernährungssekten wohl angreifen und widerlegen — man wird damit aber nicht *einen* Jünger seinem Glauben abspenstig machen. Die Anhänger dieser Gemeinschaften setzen alles an die Ausbreitung ihrer Lehre und auf diese Weise können sehr wohl auch sportliche Höchstleistungen zustandekommen. Bezeichnenderweise sind es *Dauer*leistungen, in denen sich Vegetarier hervortun. Es sind nicht Leistungen, die intensivste Konzentrierung aller Kräfte, gespanntes Zusammenreißen aller Energien fordern. Wir haben gesehen, daß die Fähigkeit zu solchen Leistungen bei eiweißarmer Ernährung zuerst nachläßt. Der Beweis, daß Vegetarier gesünder sind und körperlich und geistig mehr leisten als Durchschnittsmenschen, steht noch aus. Wieviel *strenge* Vegetarier gibt es unter den führenden Sportsmännern? Und welche Sportarten betreiben diese? Das sind Fragen, die eine eingehende Bearbeitung wohl verdienten.

Andere Sekten haben vom Vegetarismus nur die *Eiweißfeindschaft* übernommen. Eiweißreiche Ernährung soll „Schlacken" im Körper hinterlassen und diese Schlacken sollen die Ursache von allen möglichen Krankheiten sein. Hier mag die Feststellung genügen, daß solche Schlacken trotz aller Mühe bisher noch niemals nachgewiesen werden konnten und daß lebenstüchtigste Völker noch ungleich eiweißreicher leben als wir. Es ist auch darauf hingewiesen worden, daß Herrenvölker immer starke Eiweißesser waren. Trotzdem wird natürlich in Werbeschriften und Warenanpreisungen unentwegt von den lebensgefährlichen Eiweißschlakken geredet.

Wenn die Rohkostbewegung aus einer Ablehnung aller Verfahren der Nahrungsmittelzubereitung erwachsen ist, so sehen die Anhänger der *biologisch-dynamischen Düngungsweise* die Gefahren in den Folgen der mineralischen Düngung. Getreide, Gemüse und Obst sollen *ohne* Kunstdünger gezogen werden. Wir erinnern uns an die Besprechung der Düngung im Abschnitt IV. Dort waren wir zu dem Ergebnis gekommen, daß übersteigerte Mineraldüngung zwar das Pflanzenwachstum verdirbt, daß aber die meisten Einwände gegen den Kunstdünger offenbar mehr einem Gefühl von Unnatürlichkeit der Mineraldüngung entspringen.

Die Lehre des Chemikers Ragnar Berg von der *basenüberschüssigen Kost* gründet sich auf theoretische Erwägungen. „Wirklich gesund und dauernd gesund erhaltend ist die Nahrung erst, wenn sie mehr Äquivalente anorganische Basen als Äquivalente anorganische Säurebildner enthält" (Berg). Anorganische Säurebildner sind Chlor, Phosphor und Schwefel, anorganische Basenbildner Natrium, Kalium, Kalzium und Magnesium. Jedes Nahrungsmittel enthält Säurebildner und Basenbildner. Mehr anorganische Säurebildner als Basenbildner enthalten Fleisch, Käse, Eier, Hülsenfrüchte, Getreide und Nüsse. Berg bezeichnet diese Nahrungsmittel deshalb als „säureüberschüssig". „Basenüberschüssig" sind Kartoffeln, Obst, die meisten Gemüse, Milch und Honig. Um basenüberschüssig zu leben, muß man also sehr viel Kartoffeln, Obst und Gemüse, wenig Mehl und Brot, Fleisch, Käse, Hülsenfrüchte und Eier essen. Bei säurereicher bzw. basenarmer Ernährung häufen sich nach R. Berg unausscheidbare Schlacken im Körper an; die Ausnutzung der Nährstoffe, vor allen Dingen des Eiweißes, leidet Not. Auf die Dauer führt das — immer nach R. Berg — zu Schädigung der Nieren, zu Tuberkulose, Zuckerkrankheit, Blinddarmentzündung, Krebs, Gicht und vielen anderen Krankheiten.

Wieweit stehen diese Erwägungen und Behauptungen mit den biologischen Tatsachen in Einklang? Vor einer *Säureüberschwemmung* schützt den Körper die Niere. Freilich kann sie einen Säurebildner immer nur unter Mitausscheidung eines Basenbildners aus dem Körper entfernen. Die Niere besitzt aber eine höchst bedeutsame Fähigkeit: Sie kann nämlich in Gestalt des Ammoniaks basische Stoffe aufbauen und mit Hilfe des Ammoniaks große Mengen „ausscheidungspflichtiger" Säuren ausscheiden. Von Schädigungen der Niere durch ausgiebige Ammoniakbildung ist niemals etwas bekannt geworden. Überschüssige saure Wertigkeiten können also *ohne* Minderung der Basenvorräte des Körpers entfernt werden! In ihrer den Körper vor Säureüberladung schützenden Tätigkeit wird die Niere noch von den Bluteiweißkörpern unterstützt: Ohne Erhöhung des Säuregrades kann das Blut Säuren binden und damit die Gewebe schützen. Jedenfalls führt ein Überschuß von anorganischen Säurebildnern in der Nahrung *nicht* zu einer *Säureüberladung* der Körpergewebe, sondern höchstens zu einer *erhöhten Säureausscheidung im Harn.* Es hat sich außerdem herausgestellt, daß die harnsäuernde Wirkung eines Nahrungsmittels seinem (in chemischen Analysen festgestellten) Säureüberschuß durchaus nicht immer entspricht. Milch zum Beispiel besitzt einen erheblichen *Basenüberschuß* — nach Milchgenuß steigt aber die *Säureausscheidung* im Harn! Gewisse Tatsachen des Gewebsstoffwechsels, auf die hier nicht eingegangen werden kann, machen uns solche scheinbaren Widersprüche verständlich.

Schließlich wurde die basenüberschüssige Kost als *eiweißsparend* empfohlen. Ein schwedischer Forscher, der vor kurzem die ganze Frage zusammenfassend bearbeitet hat, kommt zu dem Ergebnis: „Soweit ich habe feststellen können, dürfte man es vorläufig nicht für erwiesen erachten können, daß Verschiebung der Säurebasenverhältnisse (wie sie durch säureüberschüssige Nahrung möglich ist) gesteigerten Eiweißabbau ergibt.“ Daneben bleibt immer noch die grundsätzliche Frage bestehen, ob es überhaupt zweckmäßig und erstrebenswert wäre, den Eiweißumsatz soweit wie möglich herabzudrücken. Wir möchten in der Einschränkung des Eiweißabbaus viel eher eine Not- und Sparmaßnahme des Körpers erblicken. Von „trübseligem Niederbruch endokriner und plasmatischer Energie“ hat einer unserer angesehensten und erfahrensten Diätärzte gesprochen. Die oft behauptete *Verschlackung* des Körpers bei säureüberschüssiger Kost hat bisher noch niemand nachweisen können.

Die theoretischen Voraussetzungen der aus theoretischen Erwägungen erwachsenen Lehre sind unhaltbar. Aber auch die *Praxis* widerlegt sie. Basenreiche Kost benutzt der Arzt mit Vorteil zur Behandlung bestimmter Krankheiten. Für den Gesunden ist es aber gänzlich belanglos, ob er säureüberschüssig oder basenüberschüssig lebt. Eskimos und Nomaden leben fast nur von Fleisch, d. h. enorm säureüberschüssig. Die Russen essen seit Jahrhunderten vor allem säureüberschüssiges Brot, die Chinesen und Japaner säureüberschüssigen Reis. In Tirol ißt man Käse, Hafer und Gerste, Speck, Roggenbrot, Mehlspeisen und Hülsenfrüchte — ungemein säureüberschüssig! Noch niemand hat behauptet, die Tiroler seien besonders kränklich oder leistungsunfähig. Eine Kost nach den Vorschriften R. Bergs behagt dem Durchschnittsmenschen wenig. Der Durchschnittsmensch empfindet die basenüberschüssige Kost keineswegs als „natürlich". Man muß schon — wie Berg es getan hat — alle Menschen, die die basenüberschüssige Kost ablehnen, als instinktlos und triebverkehrt bezeichnen, wenn man die „Natürlichkeit" der basenüberschüssigen Kost retten will.

Schließlich wäre es auch ein unerklärliches Wunder, daß es *Raubtiere* gibt: Lebende Wesen, die noch nicht zivilisationsverbildet sind, fressen seit unzähligen Jahrtausenden tagaus, tagein nichts als säureüberschüssiges Fleisch und sind dabei anscheinend doch recht lebenskräftig.

Eine besondere gesundheitsfördernde oder krankheitsverhütende Wirkung besitzt also die basenüberschüssige Kost nicht. Sie findet heute lediglich noch dort Anhänger, wo sie auf ihren Wahrheitsgehalt nicht geprüft wird oder nicht geprüft werden kann.

Wie es zu allen Zeiten Vegetarier gab, so gab es zu allen Zeiten Menschen, die *fasteten* (vgl. Abschnitt XV). Zu allen Zeiten hat es auch Menschen gegeben, die im periodischen *Fasten das* Mittel gegen körperliche und seelische Leiden aller Art sahen. Ein Allheilmittel ist das Fasten nun zwar nicht. Unter entsprechender Leitung sind Fastenkuren jedoch ein wertvoller Bestandteil unseres heilkundlichen Rüstzeugs. In *jedem* Fall ist Fasten ein starker Eingriff in den Körperhaushalt, der ebensowohl von Nutzen wie von Schaden sein kann.

Vor Beginn der Fastenkur soll man unbedingt seinen Arzt zu Rate ziehen! Ein paar Fasttage im Jahr bekommen in erster Linie jenen Menschen gut, die sich im allgemeinen zu reichlich ernähren und zu Fettleibigkeit neigen.

Die *„Deutsche Gesellschaft für Lebensreform"* vertritt reformerische Ernährungsbestrebungen nur, soweit ihnen staats- und parteipolitische Bestrebungen nicht entgegenstehen. In ihren Grundsätzen verkündet sie: „Lebensreform bedeutet Wiederherstellung der vielfach verlorengegangenen natürlichen Lebensordnung", und „Vorbild darin erscheint uns... der große Deutsche und Kämpfer Paracelsus" — jener Arzt also, von dem das Wort stammt: „Und das ist Sapientia (Weisheit), daß einer *wisse* und nicht *wähne*" (aus dem Labyrinthus Medicorum). Wie andere Reformbewegungen begründet die Lebensreformbewegung ihre Vorstellungen vom Naturgeschehen teils biologisch, teils — wo sich die Vorstellungen biologisch nicht begründen lassen oder mit biologischen Tatsachen in Widerspruch stehen — philosophisch-religiös. Wenn die Lebensreformbewegung in ihrer Propaganda auch gelegentlich über das Ziel hinausschießt, so hat sie doch große Verdienste um die Ausbreitung jener Ernährungsbestrebungen, die wir heute für so wichtig halten. Mit voller Kraft setzt sie sich seit langem für Obst und Gemüse, für schonendes Kochen, für Vollkornbrot und Rohkost ein. Ohne Übertreibung gibt es eben in der Massenpropaganda keinen Erfolg.

„Neuform" hat nichts mit der „Gesellschaft für Lebensreform" zu tun. *„Neuform"* und *„Thalysia"* sind die Namen zweier großer Industriekonzerne, die ihre Erzeugnisse als „Reform"erzeugnisse bezeichnen. Sie beliefern die Reformhäuser mit Reformnahrungsmitteln, Reformkleidern, Reformschuhen und reformerischem Schrifttum.

XV. Nahrung, Ernährung und Kultur.

„Die Welt ist nichts ohne das Leben, und alles, was lebt, nährt sich.

Die Tiere fressen, der Mensch ißt; der gebildete Mensch allein ißt mit Bewußtsein.

Das Schicksal der Nationen hängt von der Art ihrer Ernährung ab.

Sage mir, was du ißt, und ich sage dir, was du bist.

Indem der Schöpfer dem Menschen die Verpflichtung auferlegt, zu essen, um zu leben, ladet er ihn durch den Appetit ein und belohnt ihn durch den Genuß.'"

(Aus den Aphorismen zur Physiologie des Geschmackes von Brillat-Savarin, 1755—1826.)

Das Verlangen nach Lust, Genuß und Freude ist der stärkste Lebensmotor von Tier und Mensch. Mit Gefühlen der Lust, des Genusses und der Freude geht die Befriedigung jener Bedürfnisse einher, die der Erhaltung und Weitergabe des Lebens dienen. Die Natur hätte das Leben nicht besser sichern können als eben durch diese enge Koppelung der lebensnotwendigen Betätigungen mit den Empfindungen der Lust. „Einstweilen, bis den Bau der Welt Philosophie zusammenhält, erhält sie das Getriebe durch Hunger und durch Liebe." (Schiller, Die Weltweisen.) Wäre das Stillen des Hungers und der Liebe nicht mit Lust und Freude verbunden — das Getriebe der Welt, das menschliche und tierische, käme in kurzer Zeit zum Stillstand.

Mit dem *Bewußtsein* tritt beim Menschen etwas hinzu, was dem Tier als unbewußtem Wesen abgeht: Der Mensch allein hat die naturnotwendige Befriedigung des Hungers und der Liebe bewußt zu einer Quelle der Lust, des Genusses und der Freude ausgestaltet. Riechen, Schmecken, Tasten, Sehen, Hören — über alle 5 Sinne kann die Nahrungsaufnahme in unserem Bewußtsein Lust, Behagen, Freude erregen. Wir wissen aber, daß sich diese Sinneserregungen nicht in angenehmen Empfindungen erschöpfen: Die Verdauungsvorgänge werden durch Sinneseindrücke objektiv nachweisbar beeinflußt. Was das primitiv-tierhafte *Fressen* zum menschlichen *Essen* macht, das ist die immer sorgfältigere und bewußtere Pflege aller mit der Nahrungsaufnahme verknüpfbaren Sinnesempfindungen. Die bewußte *Pflege* der Sinnesempfindungen erhöht die *Feinheit* der Sinne und vervielfältigt die Genußmöglichkeiten.

Die primitivste Art der bewußten Genußerhöhung besteht in einer *Steigerung der Nahrungsmenge.* Je mehr, desto besser! Die Qualität ist dabei nicht so wichtig. Wenn man alte Berichte von Hochzeiten, Kindtaufen, Leichenmählern, kirchlichen und weltlichen Festen liest, dann möchte man glauben, die Menschen hätten früher ganz erheblich mehr essen können als wir. Wo bei diesen Berichten die Grenzen der Phantasie liegen, läßt sich freilich schwer sagen. Ein sächsischer Leibgardist soll 1765 auf einmal ein halbes gebratenes Kalb und 20 Pfund Rindfleisch verzehrt haben — ein Passauer Bürger in 6 Stunden 25 Pfund gebratenes Ochsenfleisch mit 20 Quart Wein — ein Schweizer Soldat auf einmal 4—5 Rinderrücken oder 7—8 Keulen oder 20 Hühner. Das sind nur ein paar Beispiele, und nicht die ungeheuerlichsten! Erstaunliches im Essen sollen auch heute noch afrikanische Stämme leisten.

Die Heimat des *Vieltrinkens* war (oder ist?) Deutschland. Je größer das Fassungsvermögen, desto höher das Ansehen. Aus Berichten vergangener Jahrhunderte wissen wir, daß die deutschen Edelfrauen für ihre ausziehenden Gebieter nicht so sehr das feindliche Schwert fürchteten. Ihre Hauptsorge scheint es gewesen zu sein, den Gatten unbeschädigt von den Gelagen mit seinen Freunden wieder zu bekommen. Die Reste solcher Bräuche sind ja auch heute noch nicht restlos ausgestorben. Anderswo — z. B. in Rußland, im Orient — trinkt man lieber konzentriertere Alkoholika in kleineren Mengen.

„Die Fresser und Säufer wissen nicht, was Essen und Trinken heißt" *(Brillat-Savarin).* Gepflegtes Essen und Trinken erfordert feine Sinne, Geschmack und Überlegung. Hier liegt das Gebiet der *Feinschmeckerei,* der *Gastrosophie,* der *Gastronomie,* der *„Weisheit des Essens",* der *Tafelkultur.* „Die Feinschmeckerei ist eine leidenschaftliche, überlegte und gewohnheitsmäßige Vorliebe für Gegenstände, welche dem Geschmacke schmeicheln. Die Feinschmeckerei ist ein Feind aller Exzesse; wer sich betrinkt oder eine Unverdaulichkeit zuzieht, wird von der Liste gestrichen" (*Brillat-Savarin*). Wir wollen das altertümliche Wort „Feinschmeckerei" in diesem Sinne gebrauchen und beibehalten, weil wir kein besseres haben, um die Sache zu kennzeichnen. Das klassische Buch der Feinschmeckerei ist immer noch die „Physiologie des Geschmacks" von Brillat-Savarin. Mit steigender Eßkultur wird auf die Auswahl und Zubereitung der Speisen, auf die Zusammenstellung der Einzelgerichte und die Speisenfolge immer größerer Wert gelegt. Im späten Rom, am Hofe der Kalifen, im Paris und Wien des 18. und 19. Jahrhunderts ist es zu Höhepunkten dieser Entwicklung gekommen.

Der *Speisezettel des Primitiven* bietet noch nicht viel Abwechslung. Beim Jäger steht das Fleisch Tag für Tag an oberster Stelle, beim Ackerbauer immer derselbe Brei oder derselbe Fladen. Auch im 20. Jahrhundert finden wir noch Volksgruppen, die — mindestens zu gewissen Jahreszeiten — fast ausschließlich dasselbe essen: der Kuli seinen Reis, der Kabyle seinen Gerstenfladen, der Po-Bauer Polenta, der Wolgafischer Fische. Sicherlich ist diese Ernährung in vielen Fällen ergänzungsbedürftig. Wieweit entspricht aber dem offenbar *wenig* ausgesprochenen *Abwechslungsbedürfnis* eine *geringe Bedarfsbreite?* Wir haben schon früher auf eines hingewiesen: Die Menschheit hat nicht aus Übermut und Verderbtheit im Laufe der Jahrhunderte ihre Ernährungsweise geändert. Änderung der Ernährung gilt dem Biologen als Hinweis auf eine Änderung des *Bedarfs,* als Frage: *Was* hat sich hinsichtlich des Bedarfs geändert — *warum* hat es sich geändert? Unter diesem Gesichtspunkt müssen wir die Entwicklung von den einförmigen zu den zusammengesetzten Kostformen sehen.

Kochkunst und Speisezettel der Kulturvölker verfügen über größere Möglichkeiten als die Küche des Primitiven. Aber auch in Europa wechselt von Volk zu Volk, von Jahrhundert zu Jahrhundert der Speisezettel und das Verständnis für eine gepflegte Kochkunst. Wirtschaftliche Umstände (Erreichbarkeit gewisser Nahrungsmittel, Höhe des Lebensstandards). Erziehung, wissenschaftliche Erkenntnisse, Geselligkeitsformen, bewußte Propaganda sind hier treibende Kräfte. Ist es unbegründeter Optimismus, wenn wir heute bei uns eine Aufwärtsentwicklung der Kochkunst zu sehen glauben? Es spricht sich allmählich herum, daß es beim Kochen mehr auf das *Wie* als auf das *Was* ankommt, mehr auf die tausend Geheimnisse der Zubereitung, auf die richtige Zusammenstellung der Einzelgerichte, auf die Speisenfolge. Das sind Dinge, die bei allen Verschiedenheiten des Geschmacks und der Eßgewohnheiten ihre Geltung behalten.

Über den *Geschmack* freilich läßt sich nicht streiten. Ein kaltes Grausen überläuft uns beim Gedanken an Leckerbissen wie Tee mit Salz und Butter und an jahrealte, blauverfaulte Eier. Wo das Gipfelpunkte der Feinschmeckerei sind, ekelt man sich vor der üblen Gewohnheit des Europäers, gehackte Ohren und Füße in Därme zu stopfen, vor der Methode, Milch zu stinkfaulem Gerinnsel zu verarbeiten und dann mit Brillat-Savarin zu meinen: „Ein Dessert ohne Käse ist ein Mädchen ohne Augen!"

Aber wir brauchen gar nicht so weit zu gehen. Jedes Volk, jede Volksgruppe, jeder Stamm hat seine eigene Küche und seine eigenen „*Nationalgerichte*". Eigentümlichkeiten des Klimas und Bodens, die Art der verfügbaren Nährpflanzen, der jagdbaren Tiere und der Haustiere haben „Nationalspeisen" und „Nationalgetränke" entstehen (und verschwinden) lassen. Wer Deutschland kennt, kennt auch die Vielfalt seiner landschaftlichen Eßgewohnheiten. In *Niedersachsen* gibt es Vitsbohnen mit Speck, Himmel und Erde, „Blindes Huhn", Aalsuppe und Labskaus, in *Berlin* Löffelerbsen mit Schweineohr oder Eisbein, Kaßler Rippenspeer, Schweinebauch in Bier, Kartoffelpuffer und die „Weiße". Der *Bayer* schätzt die Kalbshaxe, die Weißwurst, den Leberknödel und allerlei Nudeln. *Wien* ist bekannt für Nockerln, Beuschl, Backhähndl, Palatschinken, Schmarrn, Zwetschen- und Marillenknödel, Dalken und Faschingskrapfen (die man in Berlin Pfannkuchen nennt). Aus der *schwäbischen Küche* kommen Spätzle in unzähligen Formen, Flädle, Maultaschen,

Leberspatzen (die mit Spätzle nichts zu tun haben!), Eierhaber, Pfitzauf — bei festlichen Gelegenheiten ein „Schlachtbraten" und ein warmer Zwiebelkuchen. Überall erwächst die Küche aus den Gegebenheiten der Landschaft. Im nördlichen Europa ist die Kost schwer und fettreich, vor allem reich an tierischem Fett; die alkoholischen Getränke sind konzentriert. Der Süden bevorzugt leichtere gemüsereiche Kost und benutzt viel Öl; die Alkoholika sind weniger stark.

Nationalgerichte sind bodengebundene volkstümliche Feinschmeckereien. Und wie sie aus der Eigenart eines Volksstammes geboren wurden, so sind sie vielleicht auch nicht ohne Rückwirkung auf den „Nationalcharakter" selbst. In ihrer Heimat allein werden die Nationalgerichte richtig zubereitet und gebührend geschätzt. Der Wiener findet die ostelbische Kochkunst barbarisch, und nur einzelne „Preußen" bringen es fertig, sich in jahrelangem Bemühen mit Leberknödeln, Spätzle und Maultaschen zu befreunden. Unglaublich fest können Eßgewohnheiten aus Kinderzeiten wurzeln. Anders wäre es gar nicht einzusehen, warum ein Wiener Kind nicht genau so gern Butterbrot mit Kartoffelpuffern essen soll wie ein Berliner Kind. Jahrzehnte eines Erwachsenenlebens unter ganz andern Verhältnissen und Eßbedingungen können an solchen eingewurzelten Kindergewohnheiten fast spurlos vorübergehen. Auf der andern Seite haben sich Nationalspeisen wie der ostasiatische Reis, das ungarische Gulyás und das bayrische Bier die ganze Welt erobert.

Die Küche bemüht sich um die *Befriedigung des Geruchs- und Geschmackssinns*. Mit diesem Bemühen erzieht sie die Sinne und steigert ihre Leistungsfähigkeit. *Eine gute Küche erzieht den Esser*. Sie bildet seinen Geschmack, sie erschließt ihm neue Genußmöglichkeiten — sofern er nicht ein unrettbarer und unzugänglicher Eß-Barbar ist. Römische Feinschmecker sollen durch den Geschmack die zwischen den Tiberbrücken gefangenen Fische von den weiter unten im Strom gefangenen unterschieden haben. — „Schade", sagte Talleyrand beim Verspeisen eines Rebhuhns, „es wäre vortrefflich, wenn es nicht in schlechter Gesellschaft gebraten worden wäre." Die Nachforschung in der Küche ergab, daß der Koch gleichzeitig einen Schafschlegel an den Spieß gesteckt hatte. — Vielleicht ist es doch kein Zufall, daß so viele der geistigsten Männer (Kant, Goethe, E. T. A. Hoffmann, Friedrich der Große und andere) Liebhaber einer gepflegten Tafel waren.

In der gepflegten Küche sind alle Nahrungsmittel auch „*Genußmittel*". Die Genußmittel im engeren Sinne erfreuen sich nicht wegen ihres Nährwerts so großer Beliebtheit; der ist oft verschwindend gering. Was man sich von ihnen verspricht, sind bestimmte Empfindungen oder Gefühle oder besondere Fähigkeiten. Vom Alkohol, Kaffee, Tee und Kakao war schon die Rede. Ein koffeinhaltiges Genußmittel ist auch die Kolanuß. Geraucht und gegessen werden Opium, Haschisch und Tabak. Seit alten Zeiten werden Nahrungsmittel, denen man erotisierende Wirkungen zuschreibt, hoch geschätzt (Fisch, Eigelb, Sellerieknollen und ähnliches).

Zum vollkommenen Genuß gehört mehr als die Auswahl der Speisen und die überlegte Zurichtung und Zusammenstellung. Für Genuß, Freude und Bekömmlichkeit sind *der gedeckte Tisch*, das *Speisezimmer*, die ganze *Umgebung* nicht weniger bedeutungsvoll als die Küche. Eine „gepflegte" Umgebung kann — in Grenzen allerdings — die Mängel einer „ungepflegten" Küche ausgleichen. Kein Gericht ist so erlesen, daß es nicht am unordentlich gedeckten Tisch, in trübseliger, verwahrloster Umgebung ein gut Teil seines Reizes verlieren würde. Zum festlichen Mahl gehört der festlich gedeckte Tisch und das festlich geschmückte Haus. Für das Diplomatendiner in Europa gilt das genau so wie für den Festschmaus der Polynesier. Aus dieser Erkenntnis und aus den Bemühungen um künstlerische Gestaltung der Koch- und Eßgerätschaften entstand auf frühesten Kulturstufen das Kunstgewerbe. An Töpfen und Messern finden wir erste Versuche künstlerischer Betätigung. Die Vorgeschichte bezeichnet heute noch bestimmte Kulturperioden nach der Art der Topfornamente. Kunstgewerbe, Blumen und Wohlgerüche, Architektur und Raumgestaltung, Malerei und Plastik, Musik, Tanz und Dichtkunst dienen zu allen Zeiten zur Erhöhung und letzten Vollendung der Tafelfreuden. Nahrung und Ernährung werden zu Arbeitgebern des Handwerkers, des Gärtners, des Künstlers.

Ein richtiger Schnupfen kann einem alle *Freude am Essen* verderben, derweil man nichts mehr riecht. Wie wir gewisse Geschmacks- und Geruchsreize als angenehm empfinden, so kann uns ja auch jedes andere Sinnesorgan Lust, Freude, Genuß empfinden lassen. Für den *Biologen* sind alle Sinnesorgane gleichrangig, *alle Sinnesempfindungen gleichwertig*. Wir wollen uns die Verschiedenartigkeit gleichwertiger Sinnesempfindungen an drei Beispielen anschaulich machen: Endlos weit schaue ich vom Berggipfel in eine Fülle von Licht und Farbe und Formen. Es ist, wie wenn mich diese Fülle ganz durchdringt. — Tief versunken sitzt ein anderer im Konzert; er sieht nichts, er fühlt nichts, er hört nur, für ihn gibt es nichts als die Klänge. — Die Sonne brennt auf die nackte Haut; durchdrungen von Gesundheitsgefühl spürt man die Bewegung jedes einzelnen Muskels.

Die *Philosophen* haben über die *Rangordnung der Sinne* schon viel diskutiert. Keine Stufenleiter kann aber *allgemein verbindlich* sein, denn die Menschen sind in ihrer *Genußfähigkeit* viel zu verschieden. Jenes Genußgefühl bei der Betätigung des gesunden nackten Körpers kennen ja manche Menschen überhaupt nicht. Andere finden nichts Besonderes dabei, daß die Wiesen grün und die Berge blau sind, und die Dritten halten es mit Wilhelm Busch: „Musik wird störend oft empfunden, da sie meist mit Geräusch verbunden." So gut wie *alle* sind sich aber darüber einig, daß *Geruch und Geschmack die „niedersten" Sinne* sind, daß Essen und Trinken als die „niedersten" Formen des Sinnengenusses zu gelten haben.

Woher kommt das? An körperliche Voraussetzungen sind Geschmacks- und Geruchsempfindung nicht anders und nicht mehr gebunden als die übrigen Sinnesempfindungen auch. Hier sind es Luftschwingungen, elektromagnetische Strahlen, dort chemische Wirkungen gasförmiger und flüssiger Stoffe. Der eigentliche Genuß ist spätestens dann zu Ende, wenn die Umwelt das Sinnesorgan nicht mehr in der als angenehm empfundenen Weise beeinflußt. Was von den Freuden des gedeckten Tisches überbleibt, ist eine angenehm-wehmütige Erinnerung und — eine Erschlaffung! Diese mehr oder weniger anmutige, mehr oder weniger beherrschte Erschlaffung des Feinschmeckers ist seit je ein beliebter Gegenstand des Witzes und Spottes gewesen. Und darin scheint uns die wesentliche *Ursache für die Minderbewertung der Geschmacks- und Geruchsgenüsse* zu liegen: Der gemeinsame Genuß bringt die Menschen zwar einander näher, macht sie geneigter und freundlicher — die Liebe geht bekanntlich durch den Magen —, gleichzeitig aber auch nachgiebiger, widerstandsloser, schlaffer, träger. Die beflügelnde Wirkung des Tafelgenusses endet am Ende der Speisekarte. Beim Hören und Sehen ist das anders: Wer richtig zu genießen gelernt hat, kann tage- und wochenlang von einem überwältigenden Blick, von einem schönen Konzert zehren. Bilder und Gedanken sind dabei lebendig geworden, die in den Alltag hinein weiter wirken. Sie gehen nicht vorüber mit dem vorübergehenden Sinnengenuß; sie heben den Sinnengenuß über sich selbst hinaus in andere Lebenssphären. So tief in seelische Bereiche einzugreifen steht — wenn wir vorsichtig sein wollen, sagen wir: beim Europäer — nicht in der Macht der Tafelgenüsse. Ein Über-sich-hinausheben des Menschen als Folge und Nachwirkung des Genusses ist den Geruchs- und Geschmacksempfindungen fremd — Grund genug, sie zu distanzieren.

Ohne Nahrung kein Leben! Der immer neue *Zwang zur Nahrungssuche und Nahrungsbereitung* tritt an den Menschen schon auf seinen ersten Entwicklungsstufen heran. Unter diesem ständigen Zwang steht der Großstädter im 20. Jahrhundert nicht minder als der Homo heidelbergensis am Ende des Tertiärs. Dafür hat die Natur *jedem* Menschen die *Möglichkeiten des Eßgenusses* gegeben — wenn auch ein Brillat-Savarin ungleich größere und vielfältigere Genußmöglichkeiten besitzt als ein Australneger.

In diesen beiden Tatsachen liegt der Grund für die *überragende Rolle, die Nahrung und Essen zu allen Zeiten im sozialen Leben spielen.* Weil sie jeder brauchen kann, sind

Nahrungsmittel immer gängige *Zahlungsmittel.* Mit *Geschenken* in Gestalt eßbarer Dinge pflegt man Freude, Mitgefühl, Hilfsbereitschaft, Dankbarkeit, Ergebenheit und Ehrfurcht auszudrücken. In vielen heute üblichen Bräuchen und Symbolen sind diese ursprünglichen Gedanken kaum mehr zu erkennen. Nahrung braucht der Tote für seine *Reise ins Jenseits.* Und ein gut Teil aller *Beziehungen zwischen Mensch und Gottheit* entspringt der Sorge um das tägliche Brot.

Im Mittelpunkt der *Geselligkeit* aller Zeiten und Völker steht das gemeinsame Essen und Trinken. Tausendfältig sind die Formen. Das Platosche Symposion und die Tafelrunde von Sanssouci, die deutschen Badeschmäuse im 15. Jahrhundert und die spätrömischen Festmähler, die Jagdfeste der Neger und die Jagdessen der deutschen Waidmänner, die gepflegte Tafelkultur des nachrevolutionären Frankreich und die Massenfressereien des Mittelalters, der Damentee und der Stammtisch — überall konzentriert sich die Geselligkeit um den gedeckten Tisch. Nicht nur die Bauern wickeln ihre Geschäfte in der Kneipe ab. Nicht nur bei den Naturvölkern wird Politik beim Essen gemacht. „Nach einem trefflichen Mahle erfreuen sich Geist und Körper in der Tat eines ganz besonderen Wohlbefindens. In physischer Hinsicht erheitert sich das Antlitz, während das Gehirn sich erfrischt, die Gesichtsfarbe sich rötet, die Augen glänzen und eine sanfte Wärme alle Glieder durchzieht. In moralischer Hinsicht schärft sich der Geist, erhitzt sich die Phantasie, Witze entstehen und kreisen umher ... Außerdem findet man häufig um denselben Tisch alle Modifikationen versammelt, welche die äußerste Geselligkeit bei uns eingeführt hat: Liebe, Freundschaft, Geschäft, Spekulation, Macht, Bittstellerei, Ehrgeiz, Intrige — deshalb finden sich überall Beziehungen und bringen die Mahlzeiten Früchte aller Art." (Brillat-Savarin.) Und Martin Luther meint: „Das ist ein gemarterter Mann, des Weib nichts weiß von der Küchen. Es ist das erste Übel, woraus sehr viele folgen."

Auf seinen frühesten Stufen empfindet sich der Mensch in seinem *mythischen Denken* noch nicht als getrennt von der

Gesamtheit des Lebendigen, noch nicht als wesensverschieden von Tier und Pflanze. Im Totemismus tritt diese Denkweise besonders deutlich zutage: Hier bestehen enge verwandtschaftliche Beziehungen zwischen Mensch und Tier, zwischen Mensch und Pflanze, zwischen der Sippe und ihrem Totemtier oder ihrer Totempflanze. Diese Verwandtschaft ist *nicht* symbolisch gemeint — es ist eine *wirkliche, echte Verwandtschaft* im strengsten Sinne des Wortes. Das mythische Denken erfaßt die Welt nicht in der erfahrungs- und verstandesmäßigen Art, in der Form des Folgerns und Schließens, in der wir Europäer heute vorwiegend zu denken gewohnt sind. Im mythischen Denken verschmelzen Lebewesen und Gegenstände, wenn sie gemeinsam eine bestimmte magische Aufgabe erfüllen. Beide werden zu Ausdrucksformen einer hinter ihnen liegenden, beiden gemeinsamen *mythischen Einheit.* Man hat einmal geglaubt, das mythische Denken sei eine etwas rückständige Eigentümlichkeit primitiver Menschen. Man hat Riten und Gewohnheiten, die jener Denkweise entstammen, mißverstanden und infolgedessen belächelt. Wir sind bescheidener geworden, seit wir uns um das Verständnis dieser Dinge bemühen und entdeckt haben, daß das mythische Denken auch im rationalen Europa des 20. Jahrhunderts keineswegs ausgestorben ist. Viele unserer geläufigen heutigen Bräuche und Vorstellungen sind uns damit erst verständlich geworden. Und wenn in den letzten Jahren eine „naturgemäße", „echt biologische" Natur- und Lebensauffassung in Gegensatz gesetzt worden ist zu der naturwissenschaftlich-rationalen Forschungsweise, dann ist das nichts anderes als eine *Neubelebung des mythisch-magischen Denkens.*

Es war nötig, auf diese Dinge einzugehen, weil uns nur die Eigentümlichkeiten des *mythischen Denkens* gewisse *Nahrungsriten* und *Eßgewohnheiten* verstehen lassen. Wie das „Brautlager auf dem Ackerfeld" — eine weitverbreitete Sitte — die *Fruchtbarkeit* der Erde zur Folge hat, so machen umgekehrt die Früchte der Erde die Vereinigung zweier Menschen fruchtbar. Bei allen Völkern kommt dieser Gedanke in den *Hochzeitsbräuchen* zum Ausdruck. In Europa werden Getreidekörner, Bohnen, allerlei Früchte, und Mehl auf das

Brautpaar gestreut, anderswo sind es Datteln, Feigen und Reis. Die Brautleute stehen dabei manchmal in Getreidekörnern oder im Mehl. Um und auf das Brautbett legt man Weizen, Früchte, Reis. Körperteile der Brautleute und Hausrat werden mit Öl, Fett, Honig bestrichen, um die neue Familie fruchtbar zu machen. Reichtum und Fruchtbarkeit soll es dem jungen Paar bringen, wenn man es am Eingang des neuen Heims mit Essen und Trinken begrüßt. Vielfach spielt der Fisch eine Rolle: Fisch essen, über Fische springen u. ä. In der Überfülle der Eier und Samen des Fisches sieht der Mensch einen überwältigenden Ausdruck der unerschöpflichen Zeugungskraft der Natur. Nicht selten nehmen Heiratsriten auf das Ei Bezug: Eier essen macht fruchtbar. Zerbricht man bei der Hochzeit ein Ei, dann zerreißt in der Hochzeitsnacht das Jungfernhäutchen leichter. Vielleicht gehört hierher auch das Brot- und Kuchenbrechen über den Köpfen des jungen Paares, wie es in Serbien, England, Schottland und Irland üblich ist.

Die mythische Vorstellung, daß bestimmten *Früchten und tierischen Organen besondere Kräfte innewohnen* und daß diese auf den essenden Menschen übergehen, ist weit verbreitet. Die Kräfte der Früchte und der tierischen Organe gehen auf den Menschen über, weil zwischen beiden eben eine *wirkliche,* enge Verwandtschaft besteht. Sagen und Märchen berichten von wundertätigen Wirkungen von Pflanzen, Tieren, tierischen Organen.

Die Vorstellung, daß das Herz mutiger Tiere mutig macht, daß Blut Angriffslust und Kraft verleiht, ist über die ganze Erde verbreitet. Brautpaare sollen die Hoden eines Bocks oder Ebers essen, um fruchtbar zu werden. In Indien scheint die Kokosnuß eine ähnliche Bedeutung zu haben. Am Hochzeitstag Honig essen, soll die Gemüter versöhnlich und die Ehe glücklich machen. Bei den Eleusinischen *Mysterien* empfing der Weihekandidat seine Heiligung durch das Blut eines Widders oder Stiers, des Gottes, der über ihm geschlachtet wurde. Er suchte das Blut aufzufangen, stieg dann empor und trank als Zeichen des neuen Lebens eine Mischung von Milch und Honig — den Trank der Unsterblichkeit. — „Und das Weib schaute an, daß von dem Baum gut zu essen wäre und daß er lieblich anzusehen und ein lustiger Baum wäre, weil er klug machte; und sie nahm von der Frucht und aß und gab ihrem Mann auch davon und er aß. Da wurden ihrer beider Augen aufgetan" (1. Mose 3).

Ähnliche Gedanken von magischer Verbundenheit liegen der mittelalterlichen „*Signaturenlehre*" zugrunde. „Die Natur zeichnet ein jegliches Gewächs, so von ihr ausgeht, zu dem, dazu es gut ist" (Paracelsus, 1493—1541). Man kann also aus Farbe, Gestalt, Geruch, Geschmack einer Pflanze auf ihre besondere Wirkung schließen: Das gelbe Schöllkraut und der gelbe Löwenzahn sind gut gegen Gelbsucht, schlangenförmige Wurzelstücke gegen Schlangenbisse. Wer viel von den gehirnähnlich gestalteten Walnüssen ißt, wird klug. Frische Wurzelknollen des Knabenkrauts steigern den Geschlechtstrieb, ältere, runzlige setzten ihn herab. Es wäre vergebliches Mühen, nun nach experimentell-naturwissenschaftlichen Beweisen für die Richtigkeit der Signaturenlehre zu suchen. Gelegentlich mag man etwas finden, was sich als Bestätigung deuten läßt. Einer ungezwungenen naturwissenschaftlichen Deutung sind diese Dinge nicht zugänglich, weil sie eben einer ganz andern Denkweise entstammen.

Es sind nicht allein Kräfte und Eigenschaften der *Nahrung*, die beim Essen auf den Menschen übergehen. *Im gemeinsamen Essen zweier Menschen geht vom Wesen des einen auf den andern über*. Das gemeinsame Essen von Braut und Bräutigam, der Hochzeitskuchen, das Hochzeitsbrot, von dem beide essen, sind wesentliche Bestandteile jeder Hochzeit. Mann und Frau verlieben sich unweigerlich, wenn sie von *einem* Bissen oder mit *einem* Löffel essen oder gemeinsam trinken. „Trennung von Tisch und Bett", „Zerschneiden des Tischtuchs" steht auf der andern Seite. Es sind wohl dieselben Vorstellungen, die in der Sitte des gemeinsamen Trinkens unter Männern zum Ausdruck kommen. Vielleicht ist das Anstoßen mit den Gläsern eine alte Erinnerung an das Trinken aus *einem* Gefäß. — Völker mit Ahnenkult setzen ihren Ahnenbildern Speisen vor. Sie vereinen sich in gemeinsamer Mahlzeit und treten in dieser Art in unmittelbare Verbindung mit den Toten. Die verbindende Wirkung gemeinsamen Essens ist es letzten Endes, der der *Herd* seine Bedeutung als Mittelpunkt des Hauswesens verdankt.

Eine der wesentlichsten Äußerungen des mythischen Denkens ist der *Kult*. Im Kult tritt der Mensch in ein aktives Verhältnis zu seinen Göttern. Im Kult wirkt er unmittelbar auf die Gottheit ein. Je höher sich der Kult entwickelt, desto deutlicher tritt in ihm das *Opfer* in den Mittelpunkt: Das Opfer als Verzicht, den sich das Ich auferlegt, um einen bestimmten Zweck zu erreichen. Dinge des eigenen Begehrens sind nun nicht mehr Gegenstände des unmittelbaren Genusses: sie sind religiöse Ausdrucksmittel geworden.

So fällt schon auf frühen Stufen der Religionsentwicklung den Nahrungsmitteln die Aufgabe einer *Verbindung zwischen Mensch und Gott* zu. Früchte des Feldes und Tiere müssen dem Menschen als besonders geeignete Opfergaben erscheinen. Er verzichtet in ihnen auf Dinge seines unmittelbaren täglichen Bedarfs und liefert gleichzeitig den Göttern die notwendige Nahrung. Es entwickelt sich der Gedanke einer Art von Tauschgeschäft. In der Weiterentwicklung des Opfergedankens beschränkt sich dann die religiöse Betrachtung nicht mehr auf den *Inhalt* der Gabe. Die *Form* des Gebens und die *Gesinnung* des Gebers wird immer mehr in den Mittelpunkt gestellt. Für uns kommt es hier darauf an, daß die Nahrung nicht nur die Bedürfnisse des Leibes befriedigen, sondern in Gestalt des Opfers auch zum Mittler zwischen Mensch und Gottheit werden kann. Böse Mächte kann man durch nahrhafte oder sonst angenehme Opfergaben versöhnlich stimmen. Es ist übrigens merkwürdig, daß in den verschiedensten Ländern dem Salz eine ganz besonders starke Wirkung gegen böse Geister zugesprochen wird.

Je wertvoller der geopferte Gegenstand, je größer die Entsagung des Opfernden, desto wirkungsvoller ist das Opfer. So finden wir denn, bei alten Kulturvölkern nicht minder wie auf den frühesten Stufen religiöser Betätigung, überall den Gedanken der *Askese* verwirklicht: Eine *Erhöhung* bestimmter Kräfte des Ich ist an die *Beschränkung* anderer Kräfte gebunden. Jede wichtige Unternehmung erfordert aber die

Konzentration aller Kräfte auf *eine* Leistung und Enthaltsamkeit in der Befriedigung kraftfordernder natürlicher Bedürfnisse. Dem *einen* Ziel wird anderes zum Opfer gebracht: Der Mensch fastet, er verzichtet auf Schlaf, er verzichtet auf Geschlechtsverkehr. Der Asket erhebt sich damit über den Durchschnitt seiner ungehemmt-triebhaft lebenden Mitmenschen.

Bei den Naturvölkern gilt der Glaube, ohne derartige asketische „Sicherungsmaßnahmen" könne kein *Krieg,* keine *Jagd* gelingen. *Männerweihen* sind überall mit Enthaltsamkeitsvorschriften verbunden. Nicht nur bei den Primitiven muß sich das *Brautpaar* einer Reihe von Entbehrungen unterziehen: Braut und Bräutigam dürfen nicht öffentlich essen oder trinken, sie dürfen nicht viel, unter Umständen gar nichts essen. Es gibt allgemeine *Fastengebote* für die Zeit vor der Ehe und Verbote für bestimmte Nahrungsmittel (Pfeffer, Salz, Wein, Fleisch). Bei den eleusinischen *Mysterien* mußte sich der Weihekandidat 10 Tage lang des Fleisches und des Weines enthalten. Schließlich bildet der Gedanke: Kraft durch Verzicht, der Gedanke von der erhöhenden Kraft des Fastens einen Kernpunkt aller *Religionen.* Götter, Halbgötter, Religionsstifter und ihre Jünger, Heilige, Mönche haben zu allen Zeiten gefastet und werden immer wieder fasten.

Im mythischen Denken können Kräfte und Fähigkeiten der Nahrung auf den Menschen übergehen. Vielfach verschmilzt nun der Opfergedanke mit Vorstellungen von der Nahrung als dem Träger magischer Kräfte: *Das Opfertier wird verzehrt.* Im heiligen Mahl vereinigt sich die Gemeinschaft der Gläubigen mit der Gottheit. Aus ihm erneuern sich Kraft und Glaube. Die Gottheit selbst durchdringt das Opfer und hebt es heraus aus dem Bereich des Profanen: Die Früchte, das Opfertier selbst sind heilig geworden.

Aber noch weiter! In der höchsten Form durchdringt und erfüllt der Gott nicht nur die Opfergabe — *der Gott opfert sich selbst oder wird als Opfer dargebracht.* Im Opfertod und in der Wiedergeburt des Gottes vollzieht sich die innigste Vereinigung des Göttlichen mit dem Menschlichen. Hier vollzieht sich die Erhebung des menschlichen Daseins zum göttlichen Dasein und die Überwindung des Todes. Opfertod und Wiedergeburt des Gottes sind religiöse Grundvorstellungen der Menschheit. Man hat sie — zur größten Überraschung — bei der Entdeckung Amerikas in ganz gleicher Weise gefunden wie bei den Völkern der Alten Welt. Opfertod und Wiedergeburt steht im Mittelpunkt der Mysterien — jener Geheimkulte, die etwa vom 7. vorchristlichen Jahrhundert an aus dem Orient nach Europa dringen. Im thrakischen Dionysoskult z. B. erscheint der Gott in der Gestalt des Stiers. Der Stier *symbolisiert* nicht den Gott, er *ist* der Gott. Auf ihn stürzen sich die ektatisch erregten Mysten, zerreißen ihn mit ihren Händen und schlingen das rohe Fleisch hinunter — überzeugt, auf diese Weise den Gott selbst in sich aufzunehmen.

Der Gedanke der unmittelbar-körperlichen, wahrhaftigen Einverleibung des Gottes hat in der christlichen Eucharistie, in der Lehre vom heiligen Abendmahl, seinen geistigsten Ausdruck gefunden.

Nahrung und Ernährung machen die Existenz und Entwicklung jenes winzigen Schleimklümpchens möglich, aus dem einmal ein Mensch werden soll. Nahrung und Ernährung begleiten den Menschen durch sein ganzes Leben. Nahrung und Ernährung sind die Quellen vieler Mühen und vieler Freuden. Nahrung und Ernährung verbinden den Menschen mit seiner Gottheit. Nahrung und Ernährung umspannen das menschliche Leben vom Anfang bis zum Ende, von den primitivsten und allgemeinsten Vorgängen der Lebenserhaltung bis zu den persönlichsten Regungen und Schöpfungen seines Geistes.

XVI. Die Ernährung als wirtschaftliche Aufgabe.

Daß man ohne Essen nicht leben kann, und daß das Essen Geld kostet, ist eine Binsenwahrheit. Wenn sich so viele Menschen unzweckmäßig und unzureichend ernähren, so beruht das zwar zum Teil auf Unkenntnis des Nährwerts der Nahrungsmittel und der Bedürfnisse des Körpers. Die

Hauptursache mangelhafter Ernährung liegt aber darin, daß weite Kreise der arbeitenden Bevölkerung aller Berufe — Handarbeiter, Angestellte, Akademiker — nicht über die *nötigen Mittel* verfügen und sich deshalb einfach nicht ausreichend ernähren *können*. Man mag staunen oder erschrecken — über die Tatsachen kann man nicht hinwegsehen. Die umfassenden Veröffentlichungen des internationalen Arbeitsamtes und viele andere Erhebungen reden eine ernste Sprache.

Ohne ausreichende Ernährung keine volle Gesundheit, ohne volle Gesundheit aber keine volle Leistungsfähigkeit! Ausreichende Ernährung ist die unerläßliche Grundlage der körperlichen und geistigen Leistungsfähigkeit und der Wehrfähigkeit eines Volkes. *Die Sicherstellung der Ernährung aller Volksgenossen ist stets eine der wesentlichsten Sorgen jeder verantwortungsbewußten Staatsführung.* Aus dieser Erkenntnis heraus bemühen sich auch in allen Ländern der Erde staatliche und private Organisationen um eine Sicherung der Ernährung jener, die von sich aus dazu nicht in der Lage sind. In Deutschland helfen die Wohlfahrtsämter allen Minderbemittelten. Nur wenige wissen, wieviel Not und Hunger die — oft verlästerten — Wohlfahrtsämter in den langen Jahren ihres Bestehens in aller Stille gelindert haben. Die NSV. hilft den Minderbemittelten, soweit sie bestimmte Anforderungen erfüllen. Der Umfang der konfessionellen und privaten Hilfstätigkeit läßt sich kaum abschätzen, da diese sich den Augen der Öffentlichkeit zum großen Teil entzieht. Ähnliche Organisationen wie in Deutschland gibt es in den meisten Ländern. Die Unterstützung geschieht überall als unmittelbare kostenlose Nahrungsmittelzuteilung an bedürftige Haushaltungen, als Berechtigung zum Bezug verbilligter Nahrungsmittel oder in Gestalt von Massenspeisungen aus Volksküchen. Mütter und Kleinkinder bekommen kostenlos oder verbilligt Milch, größere Kinder billig oder umsonst nahrhaftes Essen aus Kindergartenküchen, Schulküchen und Schulkantinen. Hervorragend bewährt hat sich die regelmäßige Verteilung eines Milch- oder Kakaofrühstücks.

In Zeiten wirtschaftlicher Hochkonjunktur erübrigen sich Hilfsmaßnahmen größeren Stils. Man vergißt dann leicht, was *Volksküchen* für die Massenernährung in Notzeiten bedeuten können und neigt dazu, die mit jeder Massenernährung verknüpften Nachteile in den Vordergrund zu rücken. Wer aber die Kriegsjahre erlebt hat und vielleicht auch noch das Berlin der Inflationsjahre mit seinen Massenküchen, den Quäkerspeisungen, den dampfenden Feldküchen der Heilsarmee auf offener Straße — dem hat sich die ungeahnte, ja unersetzbare Wirkung solcher Hilfsmaßnahmen für immer eingeprägt.

Die Sorge für ausreichende Ernährung der Minderbemittelten bildet nur einen kleinen Teil der *ernährungswirtschaftlichen Aufgaben des Staates.* Es sollen ja *alle* Volksgenossen genug zu essen haben und *alle* Volksgenossen vor Ernährungsschäden geschützt werden.

Im nationalsozialistischen Staat ist die gesamte Ernährungswirtschaft neu aufgebaut worden. Eine der ersten Sorgen war die Erhaltung des Bauerntums. An die Stelle zahlloser Verbände und Organisationen trat mit dem 13. September 1933 der *Reichsnährstand.* Am 29. September 1933 folgte das *Reichserbhofgesetz.*

Die *Regelung der Nahrungsmittelverteilung,* die nun in jahrelanger Einzelarbeit durchgeführt wurde, stellt eine folgerichtige Fortsetzung des eingeschlagenen Weges dar. Maßgebende Gesichtspunkte dieser Marktordnung sind gerechte Preisbildung, zweckentsprechende Verteilung und Ausnutzung der inländischen Nahrungsmittel, Überwachung der Einfuhr ausländischer Nahrungsmittel. Die Marktordnung erfaßt die Nahrung vom Erzeuger bis zum Verbraucher. Entsprechend den Haupterzeugnissen entstanden 10 verschiedene *Wirtschaftsverbände,* deren Spitzen die 10 *„Hauptvereinigungen“* bilden. Heute gibt es Hauptvereinigungen für Milchwirtschaft, Eierwirtschaft, Viehwirtschaft, Getreidewirtschaft, Kartoffelwirtschaft, Gartenbauwirtschaft, Weinbauwirtschaft, Zuckerwirtschaft, Brauwirtschaft und Fischwirtschaft. Daneben stehen die *„Wirtschaftlichen Vereinigungen“.* Sie stellen Zusammenschlüsse dar von Betrieben, die sich mit besonderen Nahrungsmittelbearbeitungen befassen: Wirtschaftliche Vereinigung der Roggen- und Weizenmühlen, Wirtschaftliche

Vereinigung der Margarine- und Kunstspeisefettindustrie usw. Diese Vereinigungen besitzen die Befugnis, weitgehend in den Wirtschaftsbetrieb ihrer Mitglieder einzugreifen, um so das Ganze nach volkswirtschaftlichen Gesichtspunkten steuern zu können. Vorratswirtschaft, Marktausgleich und Einfuhrregelung gewisser Nahrungsmittel unterstehen in ihrer Gesamtheit der Aufsicht von *„Reichsstellen“*. Wir haben zur Zeit Reichsstellen für Eier, für Garten- und Weinbauerzeugnisse, für Milcherzeugnisse, Öle und Fette, für tierische Erzeugnisse, für Getreide, Futtermittel und sonstige landwirtschaftliche Erzeugnisse. Mit ihrer Hilfe steuert die Reichsregierung vor allem die agrarische Außenhandelswirtschaft.

Diese großen Regelungen der Ernährungswirtschaft finden ihre notwendige Ergänzung in der *Lebensmittelgesetzgebung*. Die unmittelbare Bedeutung der Lebensmittelgesetzgebung für die Volksgesundheit kann man kaum überschätzen. Sie erfüllt 2 Aufgaben: Schutz der Gesundheit und Schutz vor wirtschaftlichem Schaden. Manche Nahrungsmittel sind *von vornherein* gesundheitsschädlich. Dazu gehört das Fleisch kranker Tiere, die Milch von Kühen mit Tuberkulose und seuchenhaftem Verkalben, Mehl aus verunreinigtem Getreide, unreife und ausgekeimte Kartoffeln und vieles andere mehr. Andere Nahrungsmittel gefährden die Gesundheit durch bakterielle *Zersetzungen* infolge unsachgemäßer Aufbewahrung und Behandlung oder durch gesundheitsschädliche Zusätze (vgl. Abschnitt XI). Verdorbene, verfälschte oder irreführend bezeichnete Lebensmittel schädigen den betrogenen Volksgenossen stets an seinem Geldbeutel, oft dazu noch an seiner Gesundheit.

Ein schwunghafter Handel wird mit besonders „gesunden“ Nahrungsmitteln getrieben. Der Mode entsprechend stehen heute Vitamine und „natürliche“ Nahrungsmittel hoch im Kurs. An der Leichtgläubigkeit der Menschen verdienen gewisse geschäftstüchtige Industrieunternehmungen von jeher Riesensummen. Der tatsächliche geldliche und gesundheitliche Wert dieser Nahrungsmittel steht meist in gar keinem Verhältnis zum Preis: „Vitaminschokolade“, mittelmäßige Schokolade mit ein paar Stückchen Zitronenschale, kostet das Doppelte der gewöhnlichen Schokolade! Malzextrakt wird für 82 Pfennig gekauft, mit etwas Kalk versetzt (der Kalk kostet fast nichts) und — wie es in einem Fall geschah — in entsprechender Aufmachung für 11,50 Reichsmark verkauft. Das einfachste Kalkpulver läßt sich teuer an den Mann bringen, wenn man es als „natürlich", „biologisch", „elektro-radiologisch", „basenreich", „vitamingesättigt" bezeichnet. Wenn es sich um Nahrungsmittel für Kranke handelt, wird diese Geschäftspraxis zur Gefahr. Jeder Arzt kennt ernste Schädigungen durch teure „garantiert gut verträgliche" Nahrungsmittel für Zuckerkranke und durch (womöglich noch teurere) „völlig unschädliche" Kochsalzersatzmittel.

Es würde viel zu weit führen, wollten wir uns hier in alle Einzelheiten der Lebensmittelgesetzgebung vertiefen. Ein paar Andeutungen müssen genügen. Nach langen Vorarbeiten trat am 1. Oktober 1927 das Deutsche Lebensmittelgesetz in Kraft; heute gilt es in seiner Neufassung vom 17. Januar 1936. Zusammen mit dem Milchgesetz, dem „Gesetz betreffend den Verkehr mit Butter, Käse, Schmalz und deren Ersatzmitteln", dem „Gesetz betreffend die Schlachtvieh- und Fleischbeschau", dem Brotgesetz und den zahllosen ergänzenden Verordnungen und Sondergesetzen *umfaßt das Lebensmittelgesetz das gesamte Gebiet der Ernährung*. Dazu gehören auch Gesetze und Verordnungen, die nicht unmittelbar die Beschaffenheit der Lebensmittel angehen; das sind Gesetze über Maße und Gewichte, Jagd- und Steuergesetze und die gesetzliche Regelung der Schädlingsbekämpfung.

Die *Durchführung des Lebensmittelgesetzes* liegt in den Händen der Lebensmittelpolizei. Ihr stehen als Sachverständige Chemiker, Tierärzte und Ärzte, unter Umständen auch gewerbliche Sachverständige zur Verfügung. Lebensmittelchemiker sind Staatsbeamte mit besonderer Ausbildung. Als sachverständige Tierärzte werden in der Regel die beamteten Tierärzte herangezogen, als sachverständige Ärzte die beamteten Ärzte der Staatlichen Gesundheitsämter, selten andere mit amtlichen Aufgaben betraute Ärzte. Nach dem Stand von 1936 besitzt das Deutsche Reich für die Untersuchung von

Lebensmitteln 119 chemische, 31 tierärztliche und 39 ärztliche Untersuchungsanstalten.

Wie Nahrung und Ernährung die Kraft und Leistungsfähigkeit des einzelnen erhalten, so erhält der *Nährstand* die Kraft und Leistungsfähigkeit des Volkes. Wohl ließe sich ein Volk ohne Nährstand denken. Mit der Arbeit seines Geistes und seiner Hände würde es Werte schaffen und im Austausch mit anderen Völkern diese Werte in Nahrungswerte umsetzen. Nirgends sind die wirtschaftlichen und bevölkerungspolitischen Gefahren einer solchen einseitigen Entwicklung klarer erkannt worden, als in Deutschland. Und kein Land ist so sehr auf die Erhaltung und Entwicklung seines Nährstands bedacht wie Deutschland.

Vor etwa hundert Jahren lebten auf dem heutigen Reichsgebiet (ohne Österreich und Sudetenländer) noch nicht 34 Millionen Menschen — 1913 waren es 67 Millionen! *Die doppelte Zahl von Menschen mußte im gleichen Lebensraum ernährt werden, und heute sind es noch mehr.* Mit dem, was der eigene Boden lieferte, war das nicht zu schaffen. Fremde Länder mußten aushelfen. Aus bitteren Erfahrungen heraus ist es aber heute unser Ziel, die Eigenerzeugung soweit irgend möglich zu heben, um damit von der Nahrungsmitteleinfuhr unabhängig zu werden. In dieser Richtung sind denn auch in den vergangenen Jahrzehnten ganz erstaunliche Erfolge erzielt worden und wir haben allen Grund anzunehmen, daß die letzten Möglichkeiten noch keineswegs erschöpft sind. Aus der Zusammenarbeit allein wuchs und wächst der Erfolg! Chemie, Botanik, Zoologie, Vererbungslehre, Ernährungsphysiologie, Geologie und Meteorologie schufen die Grundlagen. Ackerbau, Viehzucht und Gärtnerei bauten darauf und vervielfachten so ihre Leistungen. Der Staat seinerseits unterstützte diese Entwicklung durch Gründung von Forschungsinstituten, durch finanzielle Unterstützung von Versuchen und durch Auszeichnung hervorragender Leistung.

1924 bezogen wir 25% unserer Nahrungsmittel aus dem Ausland, 1927 sogar 35%! 1936 aber waren es nur noch 19%. Das bedeutet, daß im Jahre 1927 rund 22 Millionen, im Jahre 1936 nur noch 13 Millionen Deutsche von ausländischen Nahrungsmitteln lebten. Immerhin sind wir auch heute noch bei vielen unserer wichtigsten Nahrungsmittel auf die Einfuhr angewiesen.

Die Vervielfachung der Nahrungsmittelerzeugung läuft hinaus auf eine *Vervielfachung des Ertrags der Kulturpflanzen*.

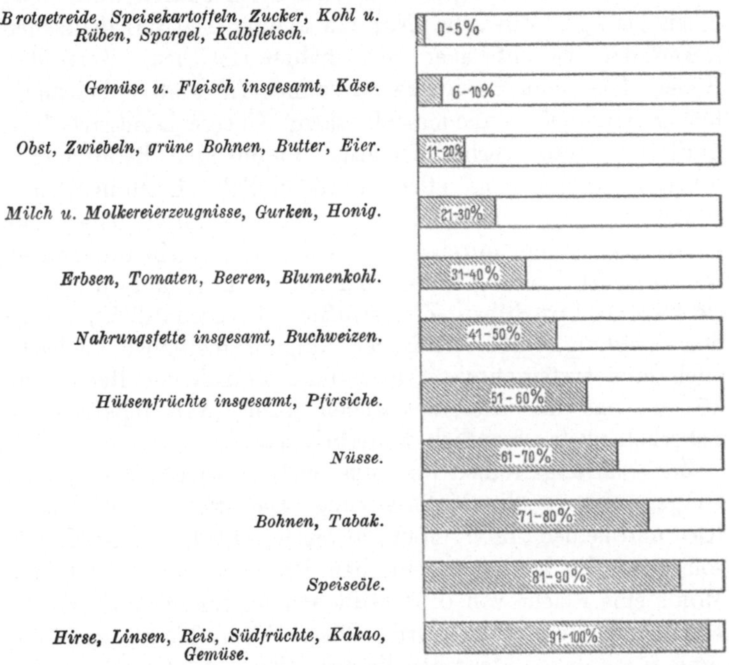

Abb. 24. Der ausländische Anteil am deutschen Gesamtverbrauch 1935/36.

An der pflanzlichen Mehrerzeugung, d. h. an einer Mehrerzeugung von Futterpflanzen, hängt zum großen Teil die Mehrerzeugung tierischer Nahrungsmittel, wenn auch die Tierzucht durch Züchtung hochwertiger Mast- und Milchrassen und durch züchterische Erhöhung der Legeleistung der Hühner sehr wesentliches dazu beigetragen hat. Erreichen wir eine Ertragssteigerung unserer Futterpflanzen um 10% — nach der Schätzung erfahrener Pflanzenzüchter liegt das im Bereich der Möglichkeit — dann benötigen wir zur Erhaltung unseres derzeitigen Viehbestands *keine* Einfuhr mehr!

An *Bodenfläche* stehen heute in Deutschland für Landwirtschaft und Gärtnerei 29—30 Millionen ha zur Verfügung. Neulandgewinnung an der Küste und Urbarmachung von Heide und Moor bringen in den nächsten Jahren wohl noch einen geringen Zuwachs. Nur ein kleiner Teil des deutschen Ackerlands besteht aber aus nährstoffreichen, wertvollen Böden. Das deutsche Klima ist sonnenarm und — bei allem trüben Himmel — niederschlagsarm. Unsere Landwirtschaft muß also unter verhältnismäßig ungünstigen Bedingungen arbeiten. Wenn trotz alledem erstaunliche Leistungssteigerungen erzielt worden sind, so geschah das durch zielbewußte Pflanzenzüchtung, durch verbesserte Bodenbearbeitung, durch vermehrte Anwendung künstlicher Düngemittel und durch verstärkten Hackfruchtbau. Zielbewußte, wissenschaftlich gegründete Züchtung, Verbesserung der Düngungsmethoden, vielleicht auch eine systematische Anwendung künstlicher Beregnung können uns in unserem Streben nach „Nahrungsfreiheit" sicherlich noch wesentlich weiterbringen.

Zur Nahrungsfreiheit hilft uns auch — so überraschend es klingen mag — die Motorisierung. Der Motor frißt keinen Klee und keinen Hafer. Man hat ausgerechnet, daß ein Ersatz von 10% des heutigen deutschen Pferdebestands durch den Motor eine Fläche von 0,43 Millionen ha für die menschliche Ernährung freimachen würde. Diese Fläche könnte die Nahrung für 800000 Menschen liefern. Wenn die fortschreitende Motorisierung in den Autobahnen Land frißt, so macht sie doch auf der andern Seite auch wieder Land für den Ackerbau frei.

Und schließlich dürfen wir im Kampf um die Nahrungsfreiheit ein Letztes nicht vergessen: *Kampf dem Verderb!* Für mehr als 4 Millionen Mark Lebensmittel und Futtermittel gehen täglich in Deutschland durch Aufbewahrung und Lagerung, durch unsachgemäße Behandlung oder Verschleuderung zugrunde. Das macht jährlich 1½ Milliarden (je die Hälfte auf dem Wege vom Erzeuger zum Verbraucher und in der

Küche und Vorratskammer). Ein Teil jener Verluste ist unvermeidbar „Schwund". Immerhin ließen sich diese gewaltigen Ausfälle — verschieden groß für verschiedene Nahrungsmittel — durch entsprechende Maßnahmen erheblich eindämmen. Jeder einzelne kann hier im Kleinsten und Alltäglichsten zur Erkämpfung der Nahrungsfreiheit beitragen. Zur *Erzeugungsschlacht* der Landwirtschaft muß die *Erhaltungsschlacht* der Hausfrau treten. Im Einzelhaushalt gehen 5—8 % der Nahrungswerte zugrunde (in öffentlichen Küchen sollen es 0,5 bis 1 % sein). Wer Einblick in verschiedene Haushaltungen hat, staunt immer wieder über die Auswirkung überlegten Einkaufs, sachgemäßer Zubereitung, Aufbewahrung und Resteverwertung auf der einen Seite, und über die Auswirkungen eines nachlässigen Wirtschaftens auf der andern. Die Hausfrau muß über sparsame und zweckmäßige Wirtschaftsführung *belehrt* werden, genau so wie sie über die Erfordernisse einer richtigen Ernährung belehrt werden muß. Von selbst können es die wenigsten. Hier liegt eine der wichtigsten Aufgaben der Volkserziehung.

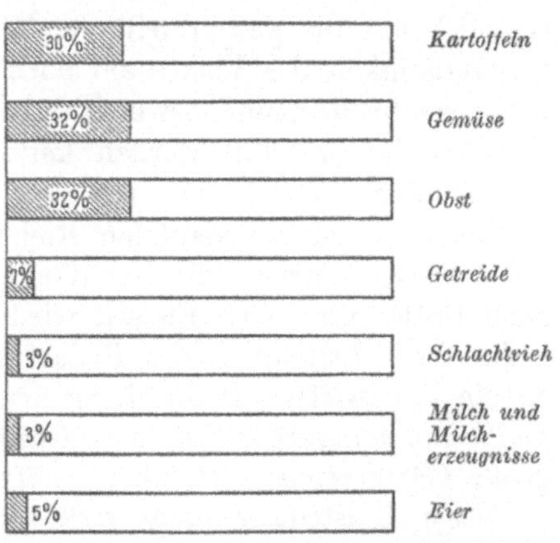

Abb. 25. Verderb und Schwund auf dem Wege vom Erzeuger zum Verbraucher (Werte in % des Wertes der Gesamterzeugung).

Unsere Nahrungserzeugung muß erstens gesteigert werden, weil unser heutiger Nahrungsbedarf noch nicht aus eigener Scholle gedeckt werden kann, und zweitens, weil *die Verschiebungen des Nahrungsmittelverzehrs den Bedarf an gewissen Nahrungsmitteln in Zukunft noch erhöhen werden.* Im XII. Abschnitt erfuhren wir, daß seit einigen Jahrzehnten der Verzehr von Fleisch, Butter, Obst und Gemüse ansteigt, daß dieser Anstieg mit sozialen Wandlungen — Industrialisierung, Verstädterung — zusammenhängt und daß er bei steigendem Lebensstandard besonders deutlich in Erscheinung tritt.

Die Verstädterung und Industrialisierung des deutschen Volkes schreitet fort. Der durchschnittliche Lebensstandard hat sich in den letzten Jahren gehoben. Nach der Schätzung maßgebender Bevölkerungspolitiker muß außerdem mit einem Anstieg der Bevölkerung bis mindestens 1945 gerechnet werden. Und schließlich wissen wir, daß im Hinblick auf die gesundheitliche Widerstandskraft und Leistungsfähigkeit des Volkes ein noch stärkerer Obst- und Gemüseverzehr dringend erwünscht ist. Sofern die Ernährung wirklich frei gewählt werden kann, wird sich also in den kommenden Jahren eine noch stärkere Verschiebung des Verzehrs in der angedeuteten Richtung bemerkbar machen. Mit anderen Worten: die Nachfrage nach Obst und Gemüse, nach Butter und nach Fleisch wird steigen.

Im Gedanken an solche Bedarfssteigerungen müssen wir an die Landwirtschaft die dringende Bitte richten: *Gebt uns mehr und billigeres Obst und Gemüse.* In Mainfranken sind große Gärtnereien entstanden, wo früher Wein wuchs. Liegt in dieser Umstellung nicht vielleicht eine breitere Möglichkeit? Man denkt dabei an die Absatzschwierigkeiten des Weins. Unsere Zeit ist nun einmal weniger weinfreudig als die Zeit unserer Großväter. — 50% unseres Nahrungsfetts kommt heute noch aus dem Ausland. Zur Schließung dieser „*Fettlücke*" führen verschiedene Wege: Ausdehnung des Ölfrüchtebaus, Ausdehnung der Milchviehhaltung, Ausdehnung der Schweinefetterzeugung, Walfang und Verringerung der industriellen Fettverwendung (Ersatz von Ölfarben durch andere Farben u. ä.). Alle fünf Wege werden mit Erfolg beschritten. — Die „*Eiweißlücke*" hat in den vergangenen Jahren zu einem großen Teil der Fisch ausfüllen können. Die Möglichkeit der *restlosen* Ausfüllung steht und fällt mit den Möglichkeiten einer ausreichenden heimischen Futtermittelerzeugung.

Klima, Lebens- und Arbeitsverhältnisse, individuelle Besonderheiten bestimmen den Bedarf. *Mit diesem Bedarf als einer feststehenden Größe muß die Ernährungswirtschaft rechnen.* Wir können uns natürlich einschränken, wenn die notwendigen Nahrungsmittel nicht zu bekommen sind. Man muß sich dann nur ganz klar darüber sein, daß unter solchen Bedingungen der Bedarf *nicht* sinkt — er ist unvermindert vorhanden, nur bleibt er eben *un*gedeckt.

Soweit der notwendige Nährstoffbedarf gedeckt wird, kann sich der Verzehr aber sehr wohl den Erzeugnissen des Heimatbodens anpassen. Wir brauchen kein ausländisches Gemüse in Zeiten, wo es inländisches in Hülle und Fülle gibt. In gemüse- und obstknappen Zeiten können wir uns an die *billigeren* ausländischen Obst- und Gemüsearten halten. Wer im April frische Kartoffeln und Tomaten verlangt und im Dezember frische Erdbeeren, der schädigt die deutsche Volkswirtschaft. Wo es irgend geht, sollen einheimische Nahrungsmittel bevorzugt werden, und zwar so, wie sie Jahreszeit und Markt bieten.

Im Hinblick auf die volkswirtschaftliche Lage Deutschlands ist heute erwünscht:

Erhöhter Verbrauch von: Kartoffeln, Zucker, Graupen und Haferflocken, deutschem Sago, einheimischem Gemüse (in der Hauptsache Kohl, Rüben und Möhren), Magermilch und Buttermilch, Quark, Magerkäse und Fisch.

Verminderter Verbrauch von: Einfuhrgemüse (insbesondere Frühgemüse), Buchweizen und Hirse, Speiseölen und -fetten, Butter, Fettkäse, Rindfleisch und Kalbfleisch.

Gleichbleibender Verbrauch von: Mehl und Brot, Erbsen, Bohnen und Linsen, Reis, Obst, Südfrüchten, Honig, Kakao, Vollmilch, Schweinefleisch, Wild, Geflügel und Eiern.

Nichts ist schwerer als die Menschen an eine ungewohnte Kost zu gewöhnen. Jeder Arzt kann ein Lied davon singen. In diesem zähen Festhalten am Hergebrachten liegt aber gleichzeitig ein wirksamer Selbstschutz. Ohne ihn hätten die zahllosen Ernährungsapostel und Ernährungsreformer noch viel mehr Schaden angerichtet. Wir wollen ganz froh sein, daß die Menschen nicht so leichthin bereit sind, ihre Ernährungsgewohnheiten über den Haufen zu werfen. Und doch müssen wir uns in vielen Fällen um eine *Änderung der Essensgewohnheiten* bemühen. Das wird einmal dort nötig, wo es sich um wirkliche *Ernährungsmängel* und *Ernährungsschäden* handelt. Fehlernährung und Mangelkrankheiten sind oft Folgen des Nicht*wissens*. Bewußte Verbrauchslenkung setzt aber auch dort ein, wo *volkswirtschaftliche Notwendigkeiten* es fordern.

Wie man bewußte *Verbrauchslenkung* durchführt, das können wir heute lernen. *Propaganda* und immer wiederholte Belehrung stehen an erster Stelle. Belehrt und aufgeklärt werden muß die Hausfrau. Als Wirtschaftsgeld gehen 80% des gesamten Geldumlaufs durch ihre Hände. Die Hausfrau muß wissen, *welche* Nahrungsmittel sie kaufen soll, was sie *gerade jetzt* kaufen soll, wie die Lebensmittel am besten *aufbewahrt* und *zubereitet* werden. Belehrt und aufgeklärt werden muß aber auch der Mann, sonst verweigert er die gutwillige Abnahme des ungewohnten Gerichtes. Auch der Mann muß wissen, warum ihm eine obst- und gemüsereiche Kost besser bekommt als immer nur Fleisch und Kartoffeln mit Gemüseverzierung und warum man in Deutschland mehr Magermilch und Quark essen soll.

Soviel durch Propaganda und Belehrung genützt werden kann, soviel kann geschadet werden. Die dem Reichsgesundheitsamt angegliederte „Reichsarbeitsgemeinschaft für Volksernährung“ hat mit der Einführung der *Rednerkontrolle* einen wichtigen Schritt getan: Wer nicht gewisse Mindestkenntnisse auf dem Gebiet der Ernährung nachweisen kann, der darf nicht öffentlich über Ernährungsfragen reden. Damit ist den nicht immer ungefährlichen Wichtigtuern und Schwärmern auf dem Gebiet der Ernährung das Handwerk gelegt. Die Reichsarbeitsgemeinschaft hat außerdem „zum Zwecke der einheitlichen Aufklärungs- und Schulungsarbeit *Richtlinien* anerkannt, die künftig allgemein beachtet werden sollen“.

„Im einzelnen lauten die Richtlinien wie folgt:

1. Der Schulung und Aufklärung wird die Ernährungsweise der ‚Gemischten Kost‘ zugrunde gelegt, d. h. die Anwendung von Nahrungsmitteln pflanzlicher und tierischer

Herkunft im zweckentsprechenden Verhältnis zueinander. Ausreichende Zugaben von Milch, Milcherzeugnissen, Obst und grünem Gemüse sind volksgesundheitlich erwünscht und im Rahmen der gegebenen volkswirtschaftlichen Möglichkeiten anzustreben.

2. Die rein vegetarische Ernährung, d. h. die ausschließliche Anwendung pflanzlicher Nahrungsmittel, wird nicht propagiert. Wenn einzelne Personen aus besonderen Gründen sich weiterhin vegetarisch ernähren wollen, so sind hiergegen keine Bedenken geltend zu machen. Jedoch sollte der Übergang von der gemischten Kost zur ausschließlichen vegetarischen Ernährung nur nach Anhörung des Arztes vorgenommen werden.

3. Rohkost ist als Zukost in Form von Salaten, Obst und anderen geeigneten Vegetabilien, als ausschließliche Nahrungsquelle jedoch nur auf ärztliches Anraten zu empfehlen.

4. Ernährungsformen mit kultischem Charakter lehnt die Reichsarbeitsgemeinschaft für Volksernährung ab.

5. Krankenernährung soll weder zum Gegenstand öffentlicher Vorträge noch des Aufklärungswerks gemacht werden. Es ist jedoch darauf hinzuweisen, daß durch eine für jeden Krankheitsfall speziell vorzuschreibende Ernährungsform oft eine Heilung überhaupt nur erreicht werden kann.

6. Die Erkenntnisse über die Erhaltung des Nährwertes der verschiedenen Nahrungsmittel durch richtige Zubereitung sind zu unterstützen. Besondere Beachtung verdienen auch die gesundheitsfördernden Momente des guten Kauens, der ruhigen und zeitlich richtigen Einnahme der Mahlzeiten.

Im übrigen soll bei Schulung und Aufklärung den landschaftlichen, erzeugungstechnisch und sozial bedingten Gegebenheiten und Unterschieden in vollem Umfang Rechnung getragen werden."

So wichtig wie Propaganda und Belehrung sind *Musterbetriebe*. In Koch- und Haushaltungsschulen müssen die künftigen Hausfrauen mit den Grundtatsachen der Ernährungslehre vertraut gemacht werden. *Arbeitsdienst und Wehrmacht* haben die Möglichkeit, den künftigen Ehemännern zu zeigen, wie und was man alles essen kann. Das ist nicht leicht. Gelegentliches Murren muß man in Kauf nehmen. Es geht aber um die Volksgesundheit, um die Wehrkraft und um die Nahrungsfreiheit Deutschlands und im Hinblick darauf möchte man dringend wünschen, Arbeitsdienst und Wehrmacht ließen diese einzigartige Gelegenheit der Volkserziehung auf dem Gebiet der Ernährung nicht ungenützt vorübergehen. Eine erzieherische Aufgabe in dieser Richtung hat auch das *Krankenhaus*. Wer krankheitshalber „Diät“ zu essen bekommt, der lernt dabei nicht selten Dinge kennen, die er dann in seinen Alltagsspeisezettel übernimmt. Der Kranke merkt die Einflüsse einer richtigen Ernährung deutlicher und schneller als der Gesunde und hat mehr Zeit, darüber nachzudenken. Leider fehlt den Verwaltungsinstanzen der Krankenhäuser manchmal das nötige Verständnis für die Tragweite dieser Aufgabe und nicht immer hat der Arzt die Macht, sich gegen das Beharrungsvermögen der Bürokratie durchzusetzen.

Ein dunkler Punkt ist die *Ernährung in der Gaststätte*. Zahllose Berufstätige sind (mindestens für ihre Mittagsmahlzeit) auf Gaststätten angewiesen. In vielen — es gibt rühmliche Ausnahmen! — hat sich die Kost in den letzten 50 Jahren kaum geändert. Immer noch gibt es vor allem Fleisch, Fett und Kartoffeln, dafür um so weniger Obst und Gemüse. Es fehlt vor allen Dingen an *frischem* Obst und an *frischem* Gemüse. Durch die Notwendigkeit wiederholten Aufkochens und stundenlangen Warmhaltens der Speisen, bildet in allen Großküchen die Vitamin C-Zerstörung eine ungleich größere Gefahr als im Einzelhaushalt. Gewiß sind Obst und Gemüse teuer. Sie brauchen viel Arbeit bei der Zubereitung. Aber mit gutem Willen, mit Erfindungsgabe und mit dem notwendigen Wissen ließe sich hier noch vieles ändern. Küchenchef *und* Gast müssen geschult werden.

Verbrauchslenkung gibt es in allen Abstufungen: Unverbindliche *Aufklärung* steht an einem Ende, unentrinnbarer *Zwang* am andern. Oft weiß der Verbraucher gar nicht, daß seine Ernährung gesteuert wird. Die wenigsten Menschen merken, wenn sie im Brot Kartoffel- und Bohnenmehl essen, wenn die Butter Margarine und das Weizenbrot Roggenmehl enthält. Erkennbar und spürbar für jeden wird aber die Verbrauchslenkung, wenn *Ersatznahrungsmittel* eingestellt werden. (Ein Ersatznahrungsmittel *muß* nicht notwendig minderwertig sein!) In gewissen Grenzen können z. B. Butter und Schweinefett durch Pflanzenöle, durch Margarine, vielleicht auch durch Waltran ersetzt werden. Haben wir erst eine brauchbare Verwendungsform für Milcheiweiß (aus Magermilch), dann können wir Fleischeiweiß damit vollwertig ersetzen. Während des Weltkrieges sollten Kohlrüben und Topinambur an die Stelle der fehlenden Kartoffeln treten.

Hier beginnt die schärfste Art der Verbrauchslenkung: die *Ernährungslenkung in der Not.* Weltkrieg, englische Hungerblockade und Zwangsernährung sind für uns untrennbare Begriffe geworden. Unsere gesamte Nahrungsmitteleinfuhr fiel weg. Da auch die Einfuhr von Futtermitteln wegfiel, mußten viel mehr Kartoffeln und Getreide als bisher verfüttert werden. Gleichzeitig gingen die Erträge des eigenen Bodens zurück, weil Menschen und Pferde für die Feldarbeit fehlten und der Stickstoffdünger immer knapper wurde. 1918/19 war der Ertrag an Brotgetreide gegenüber 1913 um ein Drittel, der Ertrag an Kartoffeln und Milch um die Hälfte gesunken! Man suchte mehr Land in Kultur zu nehmen; man suchte das Viehfutter durch Haushaltabfälle, Eicheln, Bucheckern und Laubheu zu mehren. Man suchte den Schwund und Verderb von Obst, Gemüse und Kartoffeln durch Trocknen zu mindern. Man mahnte zu Sparsamkeit und ausgiebigem Kauen („Fletschern“), empfahl neue Nahrungsmittel (Klippfisch, Nährhefe, wildwachsende Kräuter, Pilze), „streckte“ das Mehl mit minderwertigen Zusätzen (Stroh u. ä.) und ging sogar soweit zu erklären: wir haben früher 40% zuviel gegessen, knappe Ernährung ist gesund! Im XII. Abschnitt war davon die Rede, wie „gesund“ diese Kriegsernährung für das deutsche Volk war, vor allem für seine Kinder, und wie die Sterbeziffern bei dieser „gesunden“ Ernährung in die Höhe schnellten. Dann wurde die Alkoholerzeugung aus Kartoffeln und Gerste, die Stärkeherstellung aus Brotgetreide und Kartoffeln stark eingeschränkt. Weniger wertvolle Fette wanderten nicht mehr in die Seife, sondern in den Magen. Brotgetreide durfte überhaupt nicht mehr verfüttert werden. Schließlich hat man zwecks Futterersparnis 10% der Kühe und 30% der Schweine geschlachtet — Futter wurde zwar erspart, aber in der Folgezeit wurde die Nahrung noch eiweißärmer als sie ohnehin schon war.

Eine spürbare Erleichterung der Notlage brachten alle diese Maßnahmen nicht. Die Hauptsache blieb die *Erfassung sämtlicher verfügbarer Nahrungsmittel, die planmäßige Verteilung und die Einschränkung des Verbrauchs*. Zum erstenmal wurde die Nahrungsrationierung für ein Millionenvolk durchgeführt. Der 28. Juni 1915 ist der Geburtstag der Brotkarte, der 21. August 1916 der Geburtstag der Fleischkarte. Nicht mehr nach dem physiologischen *Bedarf* richtete sich nun die dem einzelnen zustehende Ration — der konnte ja längst nicht mehr gedeckt werden —, sie richtete sich allein nach den vorhandenen *Vorräten*. Anfangs waren es noch 225 g Mehl je Kopf und Tag — im April 1917 nur noch 170 g. Gleichzeitig stieg der Ausmahlungsgrad des Mehls auf 94%, der Kartoffelmehlzusatz auf über 20%. Einer ganz ähnlichen Rationierung wurden alle übrigen Nahrungsmittel unterworfen. Wir sind erschüttert, wenn wir heute lesen, wie sich die Menschen in jenen Notzeiten durchgehungert haben. Die älteren von uns wissen, wie sehr das tägliche Leben damals im Zeichen des Essens und Hungers stand, welche Kämpfe um das tägliche Brot ausgefochten wurden und was es bedeutet, Kinder hungern zu sehen und sie nicht sattmachen zu können. Im Dezember 1918 kam in Berlin auf den Kopf und Tag 336 g Brot, 500 g Kartoffeln, 27 g Zukker, 36 g Fleisch und 10 g Fett. Vollmilch gab es nur noch für Kinder, Schwangere und Kranke, Eier in 10 Wochen 2 Stück. Diese Ration schwankte im Laufe der Monate. Sie war auch nicht überall gleich. Der Gehalt der Tageskost betrug im Sommer 1916 rund 2000 Kalorien mit 54 g Eiweiß, Mitte Juni 1917 (in der schlechtesten Zeit) 1100 Kalorien mit 30 g Eiweiß. *Damit konnte sich kein Mensch ausreichend ernähren!* Nur der ungesetzliche Erwerb von Nahrungsmitteln, Schleichhandel und „Hamstern“ bewahrte viele

Menschen vor Krankheit und Hungertod. Vor allem litten natürlich die Städter. Sie hatten nicht die Möglichkeit, selbsterzeugte oder von Freunden erzeugte Lebensmittel zuzusetzen. Auf dem Lande war die Nahrungsversorgung besser und selbstverständlich wurde auch die Wehrmacht bevorzugt beliefert. In geschlossenen Anstalten aber, wo jede Zufuhr außerhalb der gesetzlichen Ration ausgeschlossen war, starben bis zu 50% der Insassen.

Wohl war die Nahrungsrationierung während des Kriegs mit Mängeln behaftet. Daß die Ernährungslenkung in diesen Notjahren trotz allem eine gewaltige volkswirtschaftliche Leistung war, steht ganz außer Frage. Selbst bei bester Verteilung und Organisation wäre eine ausreichende Nahrungsversorgung nicht möglich gewesen, weil eben einfach nichts da war.

Alle jene, die heute über Unbequemlichkeiten stöhnen, die *Vierjahresplan und Erzeugungsschlacht* mit sich bringen, sollten sich einmal diese Tatsachen aus dem Weltkrieg vor Augen halten. Sie sollten sich vor Augen halten, wieviel Not, Verzweiflung und Erbitterung hinter den nüchternen Zahlen steckt. Der Kampf um die Nahrungsfreiheit geht alle an: den Arzt und den Ernährungsphysiologen, den Botaniker, den Züchtungsforscher und den Chemiker, den Bauern und den Gärtner, den Bäcker, den Schlachter, den Kolonialwarenhändler, den Volkswirt und den Lehrer, den Koch und den Gastwirt, die Hausfrau und den Familienvater. Keinen einzigen Volksgenossen gibt es, den Nahrung und Ernährung nichts angehen. Nahrung und Ernährung bestimmen die Gesundheit und Leistungsfähigkeit eines jeden von uns. Von den Nahrungswahl jedes einzelnen, von seinem guten Willen und seiner Einsicht hängt es aber auch ab, wie schnell und wie vollständig wir das große Ziel erreichen: *Deutschlands Nahrungsfreiheit.*

Fremdsprachliche Fachausdrücke.

Aleuronatschicht: die eiweißhaltige äußere Zellschicht des Weizen- und Roggenkornes von aleuron (griech.) = Weizenmehl.

Amylase: stärkespaltendes Ferment von amylum (lat.) = Stärke.

Assimilation: Angleichung, Eingliederung von Stoffen in den Bestand des Körpers; im engeren Sinn die Bildung von Kohlehydrat aus Kohlensäure unter dem Einfluß der Sonnenstrahlen in der grünen Pflanze von ad (lat.) = dazu und similis (lat.) = ähnlich.

Autolyse: Selbstauflösung von autos (griech.) = selbst und lyo (griech.) = löse.

Autotrophe Organismen: Organismen, die ihre Nahrung der unbelebten Natur entnehmen von autos (griech.) = selbst und trophe (griech.) = Nahrung.

Chromoproteide: farbstoffhaltige Eiweißkörper von chromos (griech.) = Farbe; vgl. Proteide.

Diabetes insipidus: Durstkrankheit von diabainein (griech.) = durchfließen und sapere (lat.) = schmecken: insipidus = nicht schmeckend im Gegensatz zu Diabetes mellitus, Zuckerharnruhr von mel (lat). = Honig.

Disaccharid: Doppelzucker von dis (griech.) = zweimal und sakchar (griech.) = Zucker.

Emulsion: Flüssigkeit, in der feste oder flüssige Teile ganz fein verteilt sind wie das Fett in der Milch von emulgere (lat.) = ausmelken.

Eucharistie: das heilige Abendmahl in der christlichen Lehre von eucharistia (griech.) = Dankbarkeit.

Fermente: organische Stoffe, die biologische Vorgänge in Gang bringen oder beschleunigen, ohne selbst in den Endprodukten der Umsetzungen zu erscheinen von fervere (lat.) = gären. Musterbeispiel einer Fermentwirkung ist die alkoholische Gärung unter dem Einfluß des Hefefermentes.

Finale Forschungsweise: Erforschung des Zweckes von finis (lat.) = Zweck.

Gastronomie: Feinschmeckerei von gaster (griech.) = Magen und nomos (griech.) = Gesetz.

Gastrosophie: Weisheit des Essens von gaster (griech.) = Magen und sophia (griech.) = Weisheit.

Heterotrophe Organismen: Organismen, die ihre Nahrung der belebten Natur entnehmen von heteros (griech.) = ein anderer und trophe (griech.) = Nahrung.

Hygiene: die Lehre von der Gesundheit von hygies (griech.) = gesund.

Hypervitaminose: Krankheitsbild, das auf dem Boden übermäßiger Vitaminzufuhr entsteht von hyper (griech.) = über und Vitamin (vgl. dort).

Hypovitaminose: Krankheitsbild, das auf dem Boden ungenügender Vitaminzufuhr entsteht von hypo (griech.) = unter und Vitamin (vgl. dort).

Isodynamie: Gleichwertigkeit hinsichtlich des Brennwertes im Körper von isos (griech.) = gleich und dynamis (griech.) = Kraft.

Isomer sind Stoffe, die aus der gleichen Anzahl gleicher Moleküle bestehen von isos (griech.) = gleich und meros (griech.) = Teil.

Kausale Forschungsweise: Erforschung der Ursachen von causa (lat.) = Ursache.

Konservieren: Frischhalten von conservare (lat.) = unversehrt erhalten.

Laktoflavin: der Wachstumsfaktor der Vitamin B_2-Gruppe von lac (lat.) = Milch und flavus (lat.) = gelb.

Lipoide: fettähnliche Stoffe von lipos (griech.) = Fett und eidos (griech.) = Ähnlichkeit.

Micellen: kleinste Stoffteile (Molekülkomplexe) von mica (lat.) = Krümchen.

Monosaccarid: einfacher Zucker von monos (griech.) = eins und sakchar (griech.) = Zucker.

Nukleoproteide: Kerneiweiße von nucleus (lat.) = Kern; vgl. Proteide.

Parasit: Schmarotzer von para (griech.) = neben und sitos (griech.) = Speise.

Polysaccharid: aus vielen Zuckermolekülen aufgebauter Stoff von polys (griech.) = viel und sakchar (griech.) = Zucker.

Proteid: eiweißähnlicher Körper von protos (griech.) = der erste und eidos (griech.) = Ähnlichkeit.

Protein: Eiweißkörper von protos (griech.) = der erste; Eiweiß der Grundstoff des Lebens!

Resorption: Aufsaugung (z. B. der Nahrung im Darm) von resorbere (lat.) = zurückschlürfen.

Sterilisieren: keimfrei machen von stereos (griech.) = unfruchtbar.

Symbiose: das Zusammenleben zweier verschiedener Organismen zu gegenseitigem Nutzen von syn (griech.) = zusammen und bios (griech.) = Leben.

Teleologische Forschungsweise: Erforschung des Zweckes von teleos (griech.) = vollkommen. Gleichbedeutend mit finaler Forschungsweise.

Vitamin: lebensnotwendiger, fermentartig wirkender Stoff von vita (lat.) = Leben und Amin, einer chemischen Stoffgruppe (NH_2), von der man früher irrtümlicherweise glaubte, sie sei in allen diesen Stoffen enthalten.

Literaturverzeichnis.

Wer sich über Einzelfragen genauer unterrichten will, findet ausführlichere Darstellungen in den folgenden Werken.

I.

Hesse-Doflein: Tierbau und Tierleben. Leipzig 1910 und 1914.

II. und III.

Handbuch der normalen und pathologischen Physiologie. Berlin 1926—1932.
Lehnartz: Einführung in die chemische Physiologie. Berlin 1937.
Sherman: Chemistry of Food and Nutrition. New York 1937.

IV. V. VI.

Behre: Kurzgefaßtes Handbuch der Lebensmittelkontrolle. Leipzig 1935.
Daniel-Munsell: Vitamin contend of foods. Washington 1937.
v. Noorden: Handbuch der Ernährungslehre. Berlin 1920.

VII.

Ziegelmayer: Unsere Lebensmittel. Dresden/Leipzig 1933.

VIII. und IX.

Rein: Einführung in die Physiologie des Menschen. Berlin 1938.

X.

Durig: Appetit. Wiener klinische Wochenschrift 1924.
Lauter: Hunger, Appetit und Ernährung. Leipzig 1937.

XII und XIII.

v. d. Decken: Die Verschiebungen bei dem Nahrungsmittelverbrauch seit der Vorkriegszeit. Ernährung 1937.
Durig: Betrachtungen über die Schaffung internationaler Standardwerte. Wiener klinische Wochenschrift 1938.
Tornau: Verbrauchsstatistik und Ernährung. Leipzig 1938.
v. Tyszka: Ernährung und Lebenshaltung des Deutschen Volkes. Berlin 1934.
Workers nutrition and sozial policy. Internat. Lab. Office. Genf 1936.
The Problem of Nutrition. II. Report on the physiolog. bases of nutrition. Genf 1936.
The Problem of Nutrition. IV. Statistics of food production, consumption and prices. Genf 1936.

XIV.

Bircher-Benner: Eine neue Ernährungslehre. Zürich, Leipzig, Wien 1933.
Glatzel: Aktuelle Fragen der Volksernährung. Med. Welt 1936 und 1937.

XV.

Brillat-Savarin: Physiologie des Geschmacks. Übersetzt von Karl Vogt, Braunschweig 1888.
Westermarck: The history of human marriage. London 1925.

XVI.

Bames-Ertel: Lebensmittelverkehr. Berlin 1937.
v. d. Decken: Entwicklung der Selbstversorgung Deutschlands mit landwirtschaftlichen Erzeugnissen. Berlin 1938.
v. Sengbusch: Pflanzenzüchtung und Rohstoffversorgung. Leipzig 1937.

Druck der Spamer A.-G. in Leipzig.